高等职业院校精品教材系列

院级精品课
配套教材

电路与电子技术
（第2版）

张建碧　王万刚　主　编

杨　槐　蔡　川　副主编

电子工业出版社
Publishing House of Electronics Industry
北京·BEIJING

<h2 style="text-align:center">内 容 简 介</h2>

本书在第 1 版得到广泛使用的基础上，充分听取职教专家和教师意见，结合国家示范专业建设与课程改革新成果进行修订编写。本书注重行业技术发展和职业岗位技能需求，主要内容包括：电路的基本概念和基本定律，直流电阻性电路的分析，正弦交流电路，三相交流电路，变压器，RLC 谐振电路，常用低压电器及控制电路，半导体器件，基本放大电路，集成运算放大电路，正弦波振荡电路，直流稳压电源等。全书各章设有多个实例及技能训练项目、思考与练习题等，有利于学生掌握所学知识，巩固操作技能。

本书为高等职业本专科院校对应课程的教材，以及开放大学、成人教育、自学考试、中职学校及培训班的教材，同时也是工程技术人员的一本好参考书。

本书配有免费的电子教学课件和练习题参考答案，详见前言。

图书在版编目（CIP）数据

电路与电子技术/张建碧，王万刚主编. —2 版. —北京：电子工业出版社，2016.8（2022.7 重印）
高等职业院校精品教材系列
ISBN 978-7-121-29566-9

Ⅰ. ①电… Ⅱ. ①张… ②王… Ⅲ. ①电路理论－高等学校－教材②电子技术－高等学校－教材
Ⅳ. ①TM13 ②TN

中国版本图书馆 CIP 数据核字（2016）第 178478 号

策划编辑：陈健德（E-mail：chenjd@phei.com.cn）
责任编辑：徐　萍
印　　刷：北京盛通商印快线网络科技有限公司
装　　订：北京盛通商印快线网络科技有限公司
出版发行：电子工业出版社
　　　　　北京市海淀区万寿路 173 信箱　邮编　100036
开　　本：787×1 092　1/16　印张：18.75　字数：480 千字
版　　次：2012 年 8 月第 1 版
　　　　　2016 年 8 月第 2 版
印　　次：2022 年 7 月第 5 次印刷
定　　价：53.00 元

职业教育　继往开来（序）

自我国经济在 21 世纪快速发展以来，各行各业都取得了前所未有的进步。随着我国工业生产规模的扩大和经济发展水平的提高，教育行业受到了各方面的重视。尤其对高等职业教育来说，近几年在教育部和财政部实施的国家示范性院校建设政策鼓舞下，高职院校以服务为宗旨、以就业为导向，开展工学结合与校企合作，进行了较大范围的专业建设和课程改革，涌现出一批示范专业课程和精品课程。高职教育在为区域经济建设服务的前提下，逐步加大校内生产性实训比例，引入企业参与教学过程和质量评价。在这种开放式人才培养模式下，教学以育人为目标，以掌握知识和技能为根本，克服了以学科体系进行教学的缺点和不足，为学生的定岗实习和顺利就业创造了条件。

中国电子教育学会立足于电子行业企事业单位，为行业教育事业的改革和发展，为实施"科教兴国"战略做了许多工作。电子工业出版社作为职业教育教材出版大社，具有优秀的编辑人才队伍和丰富的职业教育教材出版经验，有义务和能力与广大的高职院校密切合作，参与创新职业教育的新方法，出版反映最新教学改革成果的新教材。中国电子教育学会经常与电子工业出版社开展交流与合作，在职业教育新的教学模式下，将共同为培养符合当今社会需要的、合格的职业技能人才而提供优质服务。

近期由电子工业出版社组织策划和编辑出版的"全国高职高专院校规划教材·精品与示范系列"，具有以下几个突出特点，特向全国的职业教育院校进行推荐。

（1）本系列教材的课程研究专家和作者主要来自于教育部和各省市评审通过的多所示范院校。他们对教育部倡导的职业教育教学改革精神理解得透彻准确，并且具有多年的职业教育教学经验及工学结合、校企合作经验，能够准确地对职业教育相关专业的知识点和技能点进行横向与纵向设计，能够把握创新型教材的出版方向。

（2）本系列教材的编写以多所示范院校的课程改革成果为基础，体现重点突出、实用为主、够用为度的原则，采用项目驱动的教学方式。学习任务主要对本行业工作岗位群中的典型实例提炼后进行设置，项目实例较多，应用范围较广，图片数量较大，还引入了一些经验性的公式、表格等，文字叙述浅显易懂。增强了教学过程的互动性与趣味性，对全国许多职业教育院校具有较大的适用性，同时对企业技术人员具有可参考性。

（3）根据职业教育的特点，本系列教材在全国独创性地提出"职业导航、教学导航、知识分布网络、知识梳理与总结"及"封面重点知识"等内容，有利于老师选择合适的教材并有重点地开展教学过程，也有利于学生了解该教材相关的职业特点和对教材内容进行高效率的学习与总结。

（4）根据每门课程的内容特点，为方便教学过程对教材配备相应的电子教学课件、习题答案与指导、教学素材资源、程序源代码、教学网站支持等立体化教学资源。

职业教育要不断进行改革，创新型教材建设是一项长期而艰巨的任务。为了使职业教育能够更好地为区域经济和企业服务，殷切希望高职高专院校的各位职教专家和老师提出建议和撰写精品教材（联系邮箱：chenjd@phei.com.cn，电话：010-88254585），共同为我国的职业教育发展尽自己的责任与义务！

中国电子教育学会

第 2 版前言

本书在第 1 版得到广泛使用的基础上，充分听取职教专家和教师意见，结合国家示范专业建设与课程改革新成果进行修订编写。近年来随着各行各业技术的快速发展，对本课程内容的构成和形式提出新的要求，各院校根据教育部高职高专的培养目标和课程基本要求都在进行课程改革，使职业教育教学更加符合行业岗位技能需求和职业发展需要。编者在充分研究行业企业对职业技术人才的需求和高等职业技术院校学生的特点、知识结构及教学规律、培养目标的基础上，通过与多所院校老师交流，本着理论知识够用、实践能力过硬、快速培养急需人才的目标，认真组织教材内容，努力使教材符合多个专业的实际教学需要。

本书在修订编写过程中，力求突出核心知识，强化实践性内容，注重教学过程的便利性和有效性，并注意以下方面：

（1）教材内容与高职学生的知识、能力结构相适应，重点突出职业特色，加强工程针对性、实用性；

（2）降低理论分析的难度，注重理论分析结果的应用能力培养；

（3）基本理论本着必需、够用的原则，尽量减少理论性推导和论证，突出实践应用，以掌握概念、培养技能为教学重点；

（4）各章设有多个实例及技能训练项目、知识梳理与总结、思考与练习题，以利于学生理解和掌握所学知识，巩固操作技能。

全书共分为 12 章，内容包括：电路的基本概念和基本定律，直流电阻性电路的分析，正弦交流电路，三相交流电路，变压器，RLC 谐振电路，常用低压电器及控制电路，半导体器件，基本放大电路，集成运算放大电路，正弦波振荡电路，直流稳压电源等。其中，第 6 章 "RLC 谐振电路" 和第 7 章 "常用低压电器及控制电路" 可根据专业的不同进行选择。

本书为高等职业本专科院校对应课程的教材，以及开放大学、成人教育、自学考试、中职学校及培训班的教材，同时也是工程技术人员的一本好参考书。

本书由重庆城市管理职业技术学院张建碧、王万刚任主编，杨槐和蔡川任副主编。其中，第 1～3 章由蔡川编写及修订；第 4～7 章由王万刚编写及修订；其余章节由张建碧编写及修订、并负责全书的组织与统稿工作。参加本书修订和整理资料工作的老师还有电子工程学院的彭勇、杨槐等。

在本书的编写过程中参考了多篇文献资料，受益匪浅，并得到重庆城市管理职业学院教务处、电子工程学院许多老师的关心与支持，在此一并致以衷心的感谢。

随着行业技术的发展，本课程的教学改革任重而道远。由于编者学识有限，书中不妥之处在所难免，敬请读者批评指正。

为了方便教师教学，本书配有免费的电子教学课件、练习题参考答案，请有需要的教师登录华信教育资源网（http://www.hxedu.com.cn）免费注册后进行下载，有问题时请在网站留言或与电子工业出版社联系（E-mail:hxedu@phei.com.cn）。

编 者

目　录

第 1 章

电路的基本概念和基本定律

教学导航

教	知识重点	电路的基本物理量：电流、电压、电位、功率； 电路的基本元件：电阻、电容、电感； 电路的基本定律：KCL、KVL、欧姆定律； 电路的工作状态：短路、断路、通路
	知识难点	电压的参考方向与电流的参考方向的关联关系； 计算电路中的电位
	推荐教学方式	启发性（实际应用电路模型）课堂教学讲授、学生互动探讨 教学方式等
	建议学时	6（理论 4+实践 2）
学	必须掌握的 理论知识	电路的基本物理量：电流、电压、电位、功率； 电路的基本元件：电阻、电容、电感； 电路的基本定律：KCL、KVL、欧姆定律； 电路的工作状态：短路、断路、通路； 电路的电位
	必须掌握的技能	基本元件的识别； 基本仪器的使用

1.1 电路

电路，即电流的通路，是由若干电气设备或电子元件按一定方式用导线连接起来，能使电流流通的通路。

实际应用的电路种类繁多，形式和结构也各不相同，但基本作用可归纳为以下两方面。

（1）实现电能的传送、分配和能量的转换。典型应用是电力电路。发电机产生电能，经过变压器和输电线输送到各用电单位，再由负载把电能转换为其他形式的能量。

（2）实现信号的变换、传递和处理功能的电路。电视机可将接收到的信号经过处理、转换成图像和声音。

1.1.1　电路的组成

实际电路一般由最基本的三大部分组成，即电源、负载及将它们连接在一起的中间环节（导线、开关等），如图 1-1（a）所示的手电筒电路。

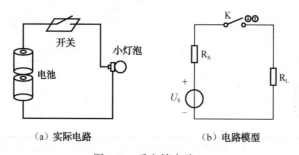

图 1-1　手电筒电路

电源：将其他形式的能量（机械能、化学能等）转换为电能的装置，它是电路中能量的供给者，常用的电源有电池、发电机等。

负载：即用电器，它将电能转换为其他形式的能量。例如，白炽灯将电能转换为光能和热能；电动机将电能转换为机械能；扬声器将电能转换为声能等。

中间环节：除电源和负载以外的其他部分。包括导线、开关和保护电器（如熔断器）等。

1.1.2　电路模型

实际电路是由一些起不同作用的实际电路元件组成的，如发电机、变压器、电池、电阻器等。它们的电磁性质很复杂，最简单的例子是日光灯，它除具有消耗电能的性质（电阻性）外，当有电流通过时还会产生磁场，说明日光灯还有电感性，但电感作用非常微小，可以忽略不计。所以，可以认为日光灯就是一个电阻性元件。

为了便于对电路进行分析计算，常将实际电路元件理性化（称模型化），即在一定条件下突出元件的主要电和磁性质，忽略次要因素，把它看成理想电路元件。由理想电路元件组成的电路称为电路模型，如图 1-1（b）所示。

理想电路元件主要有电阻元件、电感元件、电容元件和电源元件，其电路模型遵照国家标准规定，如表 1-1 所示。

表 1-1 四个理想电路元件的电路模型

电路元件名称	电气符号	电磁性质	电路模型符号
电阻元件	R	消耗电能	R
电感元件	L	存储磁场能量	L
电容元件	C	存储电场能量	C
电源元件	U_S 或 I_S	产生电能	$+\ U_R\ -$ I_S

1.2 电路的基本物理量

1.2.1 电流

1. 电流的概念

在电场力的作用下电荷有规则的定向运动形成电流。规定以正电荷运动的方向作为电流的实际方向。电流的大小用电流强度（简称电流）来表示，电流在数值上等于单位时间内通过导体某一横截面积的电荷量。设在极短的时间 $\mathrm{d}t$ 内通过导体某一横截面的电荷量为 $\mathrm{d}q$，则通过该截面的电流为：

$$i = \frac{\mathrm{d}q}{\mathrm{d}t}（交流） \tag{1-1}$$

大小和方向都不随时间变化的电流称为恒定电流，简称直流电流，用大写字母 I 表示，则有：

$$I = \frac{Q}{t}（直流） \tag{1-2}$$

在国际单位制（SI）中电流的单位是安培（A），实用中还有千安（kA）、毫安（mA）、微安（μA）等。它们的换算关系是：

$$1\,\mathrm{kA} = 10^3\,\mathrm{A}；\ 1\,\mathrm{A} = 10^3\,\mathrm{mA} = 10^6\,\mathrm{\mu A}$$

2. 电流的方向

在分析电路时不仅要计算电流的大小，还应了解电流的方向。对于比较复杂的直流电路往往不能确定电流的实际方向；对于交流电因其电流方向随时间变化而变化，更难以判断。因此，为便于分析电路引入了电流参考方向的概念。电流的参考方向，也称假定方向，可以任意选定，在电路中常用一个箭头表示。当电流的实际方向与参考方向一致时，电流为正，即 $i > 0$，如图 1-2（a）所示；当电流的实际方向与参考方向相反时电流为负值，即 $i < 0$，如图 1-2（b）所示。

有时，还可以用双下标表示，如 i_{ab}（表示电流从 a 流向 b），i_{ba}（表示电流从 b 流向 a），即 $i_{ab} = -i_{ba}$，其中负号表示两电流的方向相反。

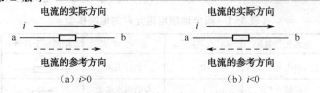

图 1-2　电流的参考方向与实际方向的关系

实例 1-1　已知电流 i 的参考方向如图 1-2（a）所示，求下列两种情况下电流的实际方向：①$i = 3\,\text{mA}$；②$i = -3\,\text{mA}$。

解　（1）$i = 3\,\text{mA}$，其值为正，则电流的实际方向与参考方向相同，即由 a 指向 b。

（2）$i = -3\,\text{mA}$，其值为负，则电流的实际方向与参考方向相反，即由 b 指向 a。

说明：（1）在分析电路时，首先假设电流的参考方向，并以此为标准去分析计算，最后从结果的正负来确定电流的实际方向；

（2）在电路分析时，参考方向一经选定，中途就不能再变；

（3）在未规定参考方向的情况下，电流的正、负是没有意义的。

1.2.2　电压

1. 电压的概念

电路中 a、b 两点的电压就是将单位正电荷由 a 点移动到 b 点时电场力所做的功，用 u_{ab} 表示。即

$$u_{ab} = \frac{\mathrm{d}W_{ab}}{\mathrm{d}q} \qquad （交流） \tag{1-3}$$

大小和方向都不随时间变化的电压称为恒定电压，简称直流电压，用大写字母 U 表示，如 a、b 两点间的直流电压为：

$$U_{ab} = \frac{W}{q} \qquad （直流） \tag{1-4}$$

在 SI 中电压的单位为伏特，简称伏（V），实用中还有千伏（kV）、毫伏（mV）、微伏（μV）等。常用的换算关系有：

$$1\,\text{kV} = 10^3\,\text{V} = 10^6\,\text{mV}$$

2. 电压的方向

电压和电流一样，不但有大小，而且还有方向。习惯上规定电压的实际方向是从高电位端指向低电位端。在实际分析和计算中，电压的实际方向也常常难以确定，这时也要采用参考方向。电路中两点间的电压可任意选定一个参考方向，且规定当电压的参考方向与实际方向一致时电压为正值，即 $u > 0$，如图 1-3（a）所示；相反时电压为负值，即 $u < 0$，如图 1-3（b）所示。

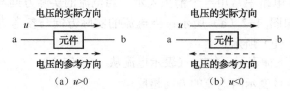

图 1-3　电压的参考方向与实际方向的关系

电压的参考方向可用箭头表示，也可用正（+）、负（-）极性表示，还可用双下标表示，如 u_{ab} 表示 a 和 b 之间的电压参考方向由 a 指向 b。图 1-4 所示是电压的三种表示方法，其方向均为参考方向。

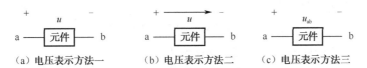

（a）电压表示方法一　　　（b）电压表示方法二　　　（c）电压表示方法三

图 1-4　电压的三种表示方法

要点：采用图 1-4（c）所示的表示方法时，要将高电位点写在角标前面，低电位点写在后面。

实例 1-2　电路如图 1-4（a）所示，电压的参考方向已知，试求下列两种情况下 U 的实际方向：① $U = 10\,\text{V}$；② $U = -10\,\text{V}$。

解　（1）$U = 10\,\text{V}$ 时，其值为正，故电压 U 的实际方向与图示方向相同，a 点为高电位端。

（2）$U = -10\,\text{V}$ 时，其值为负，故电压 U 的实际方向与图示方向相反，b 点为高电位端。

3. 同一元件电压与电流的关联方向

任一电路的电流参考方向和电压的参考方向都可以分别独立假设。但为了便于电路分析，常使同一元件的电压参考方向和电流参考方向一致，即电流从电压的正极性端流入该元件而从它的负极性端流出，电流和电压的这种参考方向称为关联参考方向，如图 1-5（a）所示；当电压参考方向和电流参考方向不一致时，称为非关联参考方向，如图 1-5（b）所示。

（a）关联参考方向　　　　　（b）非关联参考方向

图 1-5　关联与非关联参考方向

说明：（1）在分析和计算电路时，是选取关联方向还是非关联方向，原则上可以任意。但习惯上常对无源元件取关联方向，有源元件取非关联方向；

（2）u 和 i 的参考方向一经选定，中途就不能再变动；电路图中所标的方向均是参考方向。

1.2.3　电功率

在电路的分析和计算中，电能和功率的计算是十分重要的。这是因为电路在工作状况下总伴随着电能与其他形式能量的相互转换；另一方面，电气设备、电路元件本身都有功率的限制，在使用时要注意其电流值或电压值是否超过额定值。

在电气工程中，电功率简称功率，即电能量相对于时间的变化率。当元件上的电压和电流取关联参考方向时，电功率表示为：

$$p = \frac{\mathrm{d}w}{\mathrm{d}t} = ui \tag{1-5}$$

对于直流电路有：

$$P = UI \tag{1-6}$$

在国际单位制中，功率的单位是瓦（W），有时还可用千瓦（kW）、毫瓦（mW）作为单位，它们之间的换算关系为：

$$1\,\text{mW} = 10^3\,\text{kW}, \quad 1\,\text{W} = 10^3\,\text{mW}$$

当电压、电流取非关联参考方向时，功率应为：

$$p = -ui \quad \text{或} \quad P = -UI \tag{1-7}$$

对于某一段电路，若功率 $p > 0$，则表明该段电路吸收（消耗）功率，为负载；若功率 $p < 0$，则表明该段电路实际发出（提供）功率，为电源。

电能等于电场力所做的功，用大写字母 W 表示，单位是焦耳（J）。

$$W = Pt \tag{1-8}$$

实例 1-3　如图 1-6 所示，用方框代表某一电路元件，其电压、电流如图中所示，求图中各元件功率，并说明该元件实际上是吸收功率还是提供功率？

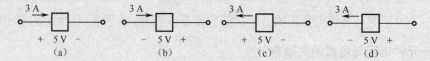

图 1-6

解　（1）电压、电流的参考方向为关联方向，元件的功率为：

$$P = UI = 5 \times 3 = 15\,\text{W} > 0$$

该元件吸收能量，是负载。

（2）电压、电流的参考方向为非关联方向，元件的功率为：

$$P = -UI = -5 \times 3 = -15\,\text{W} < 0$$

该元件提供能量，是电源。

（3）电压、电流的参考方向为非关联方向，元件的功率为：

$$P = -UI = -5 \times 3 = -15\,\text{W} < 0$$

该元件提供能量，是电源。

（4）电压、电流的参考方向为关联方向，元件的功率为：

$$P = UI = 5 \times 3 = 15\,\text{W} > 0$$

该元件吸收能量，是负载。

1.3　电路的基本元件

电阻 R、电感 L 和电容 C 是三种具有不同物理性质的电路元件，也称为电路结构的基本元件。

1.3.1　电阻元件

电阻元件一般是反映实际电路耗能作用的元件，其电气符号如图 1-7 所示，用字母 R 表示。在 SI 中，电阻的单位为欧姆，简称欧，符号为 Ω。常用的电阻单位还有千欧

（kΩ）和兆欧（mΩ），它们之间的换算关系为：

$$1\,\text{k}\Omega = 10^3\,\Omega,\quad 1\,\text{m}\Omega = 10^6\,\Omega$$

当电阻两端的电压与通过电阻的电流取关联参考方向时，如图 1-7（a）所示，根据欧姆定律得：

$$u = Ri \tag{1-9}$$

当电阻两端的电压与通过电阻的电流为非关联参考方向时，如图 1-7（b）所示，根据欧姆定律得：

$$u = -Ri \tag{1-10}$$

电阻的倒数称为电导，用符号 G 表示，其单位是"西门子"（S），即：

$$G = \frac{1}{R} \tag{1-11}$$

在关联参考方向下，当 $R = \dfrac{u}{i}$ 是个常数时，则称为线性电阻。线性电阻的伏安特性如图 1-8 所示，是一条过原点的直线。

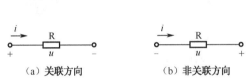

（a）关联方向　　　　（b）非关联方向

图 1-7　电阻元件电压与电流关系

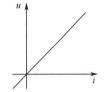

图 1-8　线性电阻的伏安特性

当电阻两端的电压与通过电阻的电流不成正比关系时，电阻不是一个常数，它随电压和电流变化而变化，这种电阻称为非线性电阻。本书只讨论线性电阻电路。

下面介绍电阻元件 R 消耗的功率与能量。

当电阻元件上电压 u 与电流 i 为关联参考方向时，由欧姆定律 $u = iR$ 得元件吸收的功率为：

$$p = ui = Ri^2 = \frac{u^2}{R} = Gu^2 \tag{1-12}$$

当电阻元件上电压 u 与电流 i 为非关联参考方向时，由欧姆定律 $u = -iR$ 得元件吸收的功率为：

$$p = -ui = Ri^2 = \frac{u^2}{R} = Gu^2 \tag{1-13}$$

由式（1-12）和式（1-13）可知，功率大于等于零。这说明：任何时候电阻元件都不可能输出电能，而只能从电路中吸收电能，所以电阻元件是耗能元件。

对于一个实际的电阻元件，其元件参数主要有两个：一个是阻值，另一个是功率。如果在使用时超过其额定功率（是考虑电阻安全工作的限额值），则元件将被烧毁。

例如，一个 1 kΩ、1 W 的金属膜电阻误接到 110 V 电源上，立即会冒烟、烧毁。这是因为金属膜电阻吸收的功率为：

$$p = \frac{110^2}{1\,000} = 12.1\,\text{W}$$

而这个金属膜电阻按设计仅能承受1W的功率，所以引起电阻烧毁。

常见电阻元件有金属膜电阻、碳膜电阻、金属氧化膜电阻、水泥电阻、大功率电阻、贴片电阻、热敏电阻、可调电阻等，部分电阻元件外形如图1-9所示。

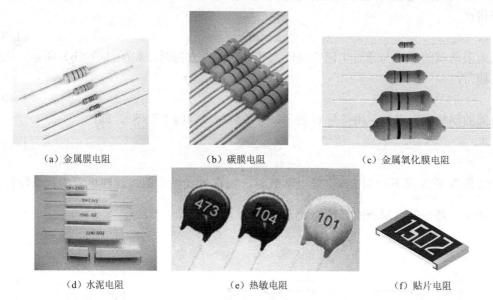

（a）金属膜电阻　　　　　（b）碳膜电阻　　　　　（c）金属氧化膜电阻

（d）水泥电阻　　　　　（e）热敏电阻　　　　　（f）贴片电阻

图1-9　部分电阻元件外形图

1.3.2　电感元件

电感元件简称电感，是用来反映具有存储磁场能量的电路元件，如继电器线圈、变压器绕组及轭流圈等。工作时线圈内存储磁场能量，而磁场能量是通过电源提供的电能转换来的，具有这种能量转换作用的负载，用电感元件来表示，如图1-10所示。

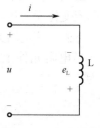

电感元件通过电流i后，产生的磁通Φ与N匝线圈交链的磁通链$\Psi = N\Phi$。磁通链Ψ与电流i的比值称为元件的电感，即：

$$L = \frac{\Psi}{i} \qquad (1\text{-}14)$$

图1-10　电感元件

式（1-14）中L为元件的电感，单位为亨利（H），有时用毫亨（mH），$1\,\text{mH} = 10^{-3}\,\text{H}$。$L$为常数的，称为线性电感，$L$不为常数的称为非线性电感。本书中除特别指明为非线性之外，讨论的均为线性电感。

当通过电感元件的电流i随时间变化而变化时，则要产生自感电动势e_L，元件两端就有电压u。若电感元件i、e_L、u的参考方向为图1-10所示的关联参考方向时，则瞬时值关系为：

$$\begin{cases} e_\text{L} = -\dfrac{\text{d}\psi}{\text{d}t} = -L\dfrac{\text{d}i}{\text{d}t} \\[2mm] u = -e_\text{L} = L\dfrac{\text{d}i}{\text{d}t} \end{cases} \qquad (1\text{-}15)$$

式（1-15）表明，线性电感两端电压在任意瞬间与$\dfrac{\text{d}i}{\text{d}t}$成正比。对于直流电流，电感元件的端电压为零，故电感元件对直流电路而言相当于短路。

常见电感元件有空心电感、环形电感、可调电感、贴片电感、色环电感、磁棒绕线电感等，部分电感元件外形如图 1-11 所示。

（a）空心电感

（b）贴片线绕电感

（c）环形电感

（d）可调电感

图 1-11　部分电感元件外形图

1.3.3　电容元件

电容元件简称电容，是用来反映存储电荷作用的电路元件。电路中使用的各种类型的电容器均可用电容元件这个模型来描述，如图 1-12 所示。

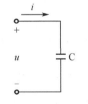

图 1-12　电容元件

我们知道，电容元件极板上的电荷量 q 与极板间电压 u 之比称为电容元件的电容，即：

$$C = \frac{q}{u} \qquad (1\text{-}16)$$

式（1-16）中 C 为元件的电容，单位为法拉（F），$1\,\text{F} = 10^6\ \mu\text{F} = 10^{12}\ \text{pF}$。线性电容元件的电容 C 是常数，与极板上存储电荷量的多少等有关，本书只讨论线性电容。

当电容元件两端的电压 u 随时间变化而变化时，极板上存储的电荷量就随之变化，与极板相接的导线中就有电流 i。如果 u、i 的参考方向为图 1-12 所示的关联参考方向，则：

$$i = \frac{\mathrm{d}q}{\mathrm{d}t} = C\frac{\mathrm{d}u}{\mathrm{d}t} \qquad (1\text{-}17)$$

式（1-17）的瞬时值关系表明，线性电容的电流 i 在任意瞬间与 $\frac{\mathrm{d}u}{\mathrm{d}t}$ 成正比。对于直流电压，电容的电流为零，故电容元件对直流电路而言相当于开路。

常见电容元件有电解电容、涤纶电容、独石电容、钽电容、贴片电容、可调电容等，部分电容元件外形如图 1-13 所示。

（a）电解电容　　　　　　（b）涤纶电容（聚酯电容）　　　　　（c）独石电容

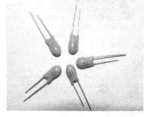

（d）钽电容　　　　　　　（e）贴片电容　　　　　（f）金属化聚酯膜电容

图 1-13　部分电容元件外形图

1.4　基尔霍夫定律

欧姆定律、基尔霍夫定律和焦耳定律是电路的三个基本定律，这三个定律揭示了电路中各物理量之间的关系，是分析电路的依据。

基尔霍夫定律（Kirchoff's Law）是德国科学家基尔霍夫在 1845 年论证的。它描述了电路元件在互相连接之后电路各电流的约束关系和各电压的约束关系，由电流定律（KCL）和电压定律（KVL）两部分组成。基尔霍夫定律是求解复杂电路最基本的定律。

1.4.1　电路结构名词

为便于学习，先介绍几个有关电路结构的名词。

（1）支路：由单个或几个电路元件串联而成的电路分支称为一条支路，如图 1-14 所示的电路中有 3 条支路。

（2）节点：电路中 3 条或 3 条以上支路的连接点称为节点，如图 1-14 中的 A 点和 B 点。

（3）回路：电路中任一闭合路径称为回路，图 1-14 中有 3 个回路。

（4）网孔：内部不含支路的回路称为网孔。网孔是最简单的回路，如图 1-14 中有两个网孔。

1.4.2　基尔霍夫电流定律

1．定律内容

基尔霍夫电流定律（Kirchhoff's Current Law）简称 KCL，内容为：在电路中对于任一节点，在任一时刻流进该节点的电流之和等于流出该节点的电流之和，即：

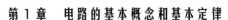
$$\sum I_入 = \sum I_出 \text{ 或 } \sum i_入 = \sum i_出 \tag{1-18}$$

例如，对于图 1-14 所示电路，在节点 A 有：

$$i_1 + i_3 = i_2$$

若规定流入节点的电流为正，流出节点的电流为负（或反之），式（1-18）可表示为：

$$\sum I = 0 \text{ 或 } \sum i = 0 \tag{1-19}$$

它表明：在电路中，任一时刻任一节点上，所有支路电流代数和等于零。

则图 1-14 所示电路中节点 A 的 KCL 方程为：

$$i_1 - i_2 + i_3 = 0$$

注意：在应用 KCL 方程时，先规定电流的参考方向。

2．定律的推广

基尔霍夫电流定律不仅适用于节点，也适用于任一闭合面。这种闭合面有时也称为广义节点。

例如，图 1-15（a）由广义节点用 KCL 可得：

$$I_a + I_b + I_c = 0$$

再比如图 1-15（b）所示的三极管，同样有：

$$I_E = I_B + I_C$$

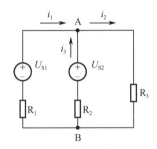

图 1-14 电路结构名词定义用图

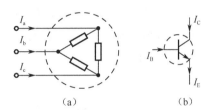

图 1-15 KCL 的推广应用

基尔霍夫电流定律可以推广为：在任一时刻，流出一个封闭面的电流之和等于流入该封闭面的电流之和。

KCL 反映了电流连续性这一基本规律。

1.4.3 基尔霍夫电压定律

1．定律内容

基尔霍夫电压定律（Kirchhoff's Voltage Law）简称 KVL，可表述为：在电路中任一时刻，沿任一闭合回路绕行一周，各段电压代数和等于零，即

$$\sum u = 0 \text{ 或 } \sum U = 0 \tag{1-20}$$

说明：（1）根据式（1-20）列 KVL 方程，必须先标定回路的绕行方向，据此确定各段电压的正负；

（2）凡元件或支路电压的参考方向与绕行方向一致，该电压取正，相反取负。

以图 1-16（a）所示回路为例，从 B 点出发，取顺时针方向为绕行方向，绕行一周，再

回到 B 点。回路电压方程为：

$$-U_2 - U_{S2} + U_3 + U_4 + U_1 + U_{S1} = 0 \qquad (1\text{-}21)$$

式（1-21）是基尔霍夫电压定律普遍适用的形式。由于不涉及电路元件的性质，所以既适用于线性电路，也适用于非线性电路。

如果图 1-16（a）中的元件是电阻元件，参考电流与参考电压如图 1-16（b）所示，则根据其电压电流关系（VCR）有：

电阻 R_1：　　$U_1 = I_1 R_1$（参考电流与参考电压关联）

电阻 R_2：　　$U_2 = I_2 R_2$（参考电流与参考电压关联）

电阻 R_3：　　$U_3 = -I_3 R_3$（参考电流与参考电压非关联）

电阻 R_4：　　$U_4 = I_4 R_4$（参考电流与参考电压关联）

代入式（1-21），则回路方程变为：

$$-I_2 R_2 - U_{S2} - I_3 R_3 + I_4 R_4 + I_1 R_1 + U_{S1} = 0 \qquad (1\text{-}22)$$

式（1-22）实际上是电阻元件上电压和电流的约束关系与基尔霍夫电压定律结合在一起的表现。

要点：根据式（1-22）列 KVL 方程，也必须先标定回路的绕行方向，据此确定各段电压正负；如果元件电流 $I(i)$ 的参考方向与绕行方向一致，电压降取正；若电流 $I(i)$ 的参考方向与绕行方向相反，电压降取负。若电压源电压降的方向与绕行方向一致取正号，相反取负号。

2．KVL 定律的推广

基尔霍夫电压定律不仅可以用在任一闭合回路，还可推广到任一不闭合的电路上，但要将开口处的电压列入方程。如图 1-17 所示电路，在 a、b 点处没有闭合，沿绕行方向一周，根据 KVL，则有：

$$I_1 R_1 + U_{S1} - U_{S2} + I_2 R_2 - U_{ab} = 0$$

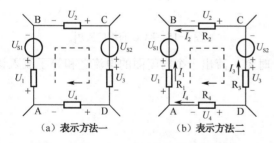

（a）表示方法一　　（b）表示方法二

图 1-16　KVL 定律举例

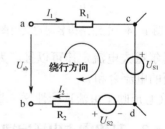

图 1-17　KVL 应用在不闭合电路

可得到任何一段有源支路的电压和电流的表达式。一个不闭合电路开口处从 a 到 b 的电压降 U 应等于由 a 到 b 路径上全部电压降的代数和。

实例 1-4　一段有源支路 ab 如图 1-18 所示，已知 $U_{ab} = 5\,\text{V}$，$U_{S1} = 6\,\text{V}$，$U_{S2} = 14\,\text{V}$，$R_1 = 2\,\Omega$，$R_2 = 3\,\Omega$。设电流参考方向如图所示，求 I 的大小。

解　这一段有源支路可看成是一个不闭合回路，端口 a、b 处可看成是一个电压大小为 U_{ab} 的电压源，那么根据 KVL，选择顺时针绕行方向，

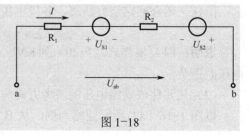

图 1-18

可得：

$$IR_1 + U_{S1} + IR_2 - U_{S2} - U_{ab} = 0$$

$$I = \frac{U_{ab} + U_{S2} - U_{S1}}{R_1 + R_2} = \left(\frac{5 + 14 - 6}{2 + 3}\right)A = 2.6\,A$$

1.5　电路的工作状态

实际应用中，电源与负载不能任意连接，如果连接不当，会使电源或负载损毁。为了正确选用电源和负载，必须知道它们的额定值。

1.5.1　电路的基本状态

了解电路的基本状态及特点，对正确而安全地用电有非常重要的指导作用。综合实际电路的状态，有通路、开路和短路三种基本工作状态。

1. 通路

如图 1-19（a）所示，将开关 S 闭合，电源和负载接通，称为通路或有载状态。通路时，电源向负载提供电流，电源的端电压与负载端电压相等。

2. 开路

如图 1-19（b）所示，将开关 S 断开或由于其他原因切断电源与负载间的连接，称为电路的开路状态。显然，电路开路时，电路中电流 $I = 0$，因此负载的电流、电压和得到的功率都为零。对电源来说称为空载状态，不向负载提供电压、电流和功率。

3. 短路

由于工作不慎或负载的绝缘破损等原因，致使电源两端被阻值近似为零的导体连通，称为短路，如图 1-19（c）所示。

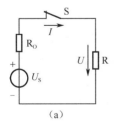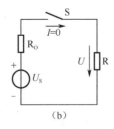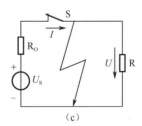

图 1-19　电路的基本状态

电路短路时，电源的端电压即负载的电压 $U = 0$，负载的电流与功率也为零。此时，通过电源的电流最大，电源产生的功率很大，且全部被内阻所消耗，若不采取防范措施，将会使电源设备烧毁，导致火灾事故的发生。因此，短路一般是一种事故，要尽量避免。严格遵守操作规程和经常检查电气设备及线路的绝缘情况，是避免出现短路事故的重要安全措施。另外，为了防止一旦出现短路而造成严重后果，通常在电路中接入熔断器进行短路保护。

注意：在某些情况下是需要电路短路的，如测量变压器的铜损，则是通过对变压器进行短路试验完成的，但必须给变压器施加很小的电压。有时为了某种需要，也常将电路中

的某一部分短路，这种情况常称为"短接"以示区别。

1.5.2 电气设备的额定值

电气设备的额定值是指导用户正确使用电气设备的技术数据，这些技术数据是根据生产过程的要求和条件的需要设计制定的，通常标在设备的铭牌上或在说明书中给出。

电气设备的绝缘材料是根据其额定电压设计选用的。施加的电压太高，超过额定值时，绝缘材料可能被击穿。绝缘材料的绝缘强度随材料的老化变质而降低，温度越高，材料老化得越快，当老化到一定程度时，会丧失绝缘性能。

设备运行时，电流在导体电阻上产生的热量和其他原因产生的热量一起使设备的温度升高。多数绝缘材料是可燃体，温度过高会迅速碳化燃烧，引起火灾，因此，电气设备的额定值主要有额定电压、额定电流、额定功率和额定温升等。温升是指在规定的冷却方式下高出周围介质的温度（周围介质温度定为 40 ℃）。本书中额定值用表示物理量的文字符号加下标"N"表示，如额定电压 U_N 和额定电流 I_N。某些额定值间有着某种确定的、简单的数学关系，因此某些设备的额定值并不一定全部标出。例如，电阻上常标出其阻值和额定功率，额定电流可由 $P_N = I_N R$ 关系得出。

电源设备的额定功率代表着电源的供电能力，是其长期运行时允许的上限值。电源在有载状态工作时，输出的功率由其外电路决定，并不一定等于电源的额定功率。电力工程中，电源向负载提供近似恒定的电压，因此，电源的负荷大小可用通过的电流来表达。当电流等于额定电流时称为满载，超过额定电流时称为过载，小于额定电流时称为欠载。电源设备通常工作于欠载或满载状态，只有满载时才能被充分利用。

负载设备通常工作于额定状态，小于额定值时达不到预期效果，超过额定值运行时设备将遭到毁坏或缩短使用寿命。只有按照额定值使用才最安全可靠、经济合理，所以使用电器设备之前必须仔细阅读其铭牌和说明书。

1.6 电位

在分析电子电路时，通常要应用电位这个概念，比如在分析二极管导通与截止时，只有当它的阳极电位高于阴极电位时，二极管才能导通，否则就截止。在分析和计算电路时，常常将电路中的某一点选为参考点，并将参考点的电位规定为零。在电力工程中规定大地为零电位的参考点，在电子电路中，通常以与机壳连接的输入、输出的公共导线为参考点，称之为"地"，在电路图中用符号"⊥"表示。

1.6.1 电路中的电位

电路中某点的电位，就是从该点出发，沿任一条路径"走"到参考点的电压，用大写字母"V"表示，单位与电压相同。因此，计算电位的方法，与计算两点间电压的方法完全一样。

计算电路中某点电位的步骤可归纳为：

（1）选好零电位点；

（2）确定绕行路径；

（3）计算回路中的电流，并确定各元件两端电压的正负；

（4）某点的电位即等于此路径上各段电压的代数和。

要点： 在研究同一电路系统时，只能选取一个电位参考点。

图 1-20（a）所示电路选择了 e 点为参考点，这时各点的电位是：

$$V_e = 0\,\text{V}, \quad V_a = U_{ae} = 10\,\text{V}, \quad V_d = U_{de} = -5\,\text{V}$$

$$V_b = U_{bd} + U_{de} = (5+6)\,\text{k}\Omega \times I + V_d = (5+6)\,\text{k}\Omega \times 1\,\text{mA} + (-5) = 6\,\text{V}$$

$$V_c = U_{cd} + U_{de} = 6 + (-5) = 1\,\text{V}$$

参考点可以任意选择，但是参考点不同，各点的电位值就不一样，只有参考点选定之后，电路中各点的电位值才能确定，例如，图 1-20（a）所示电路，如果将参考点选定为 d 点，则各点的电位将是：

$$V_d = 0\,\text{V}, \quad V_a = 15\,\text{V}, \quad V_b = 11\,\text{V}, \quad V_c = 6\,\text{V}, \quad V_e = 5\,\text{V}$$

由此可见，电路中电位与参考点的选择有关，而电压则与参考点的选择无关；并且两点之间的电压总是等于这两点间的电位之差，如 $U_{ab} = V_a - V_b$。

1.6.2　电子电路中的电位图

电位概念的引入，给电路分析带来了方便，因此，在电子电路中往往不再画出电源，而在电源的非接地的一端注明其电位的数值，如图 1-20（b）所示。又例如图 1-21（b）就是图 1-21（a）电子电路的习惯画法，图中正的电位值表示该端接电源正极，负极接"地"。

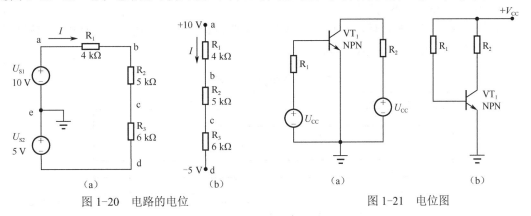

图 1-20　电路的电位　　　　　　　　　　图 1-21　电位图

在分析计算电路时应注意：参考点一旦选定，在电路分析计算过程中不得再更改。

实例 1-5　试求图 1-22 所示电路中，当开关 S 断开和闭合两种情况下 c 点的电位 V_c。

解　（1）当开关 S 断开时，三个电阻串联。因此可得：

$$\frac{V_a - V_c}{(5+5)} = \frac{V_c - V_d}{10} \Rightarrow \frac{10 - V_c}{(5+5)} = \frac{V_c - (-5)}{10}$$

求得 $V_c = 2.5\,\text{V}$。

（2）当开关 S 闭合时，$V_b = 0$，R_2 和 R_3 为同一电流。因此可得：

$$\frac{V_c}{5} = \frac{V_d - V_c}{10} \Rightarrow \frac{V_c}{5} = \frac{(-5) - V_c}{10}$$

求得 $V_a = -1.67\,\text{V}$。

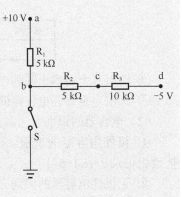

图 1-22

技能训练1 基本元件的识别与基本仪器的使用

1．训练目的

（1）了解基本电子元器件的性能、主要技术指标、用途等。

（2）掌握用色标法读取色环电阻标称值及其允许偏差的方法。

（3）学会万用表的使用。

（4）学会用万用表测量电路中的电位。

（5）学会查询、收集相关资料。

2．训练设备（见表1-2）

表1-2　训练设备

序号	名称	型号与规格	数量	备注	序号	名称	型号与规格	数量	备注
1	电阻器	各种型号	若干		3	电感器	各种型号	若干	
2	电容器	各种型号	若干		4	万用表		1个	

3．训练内容

1）基本元件的识别

（1）电阻器和电位器的识别。

① 分别取出两个5色环电阻和两个4色环电阻，记下色标并读出该色环电阻的标称阻值及允许偏差，用万用表测量其阻值，并把数据记录于表1-3中。

表1-3　电阻器识别数据

色　　环	标　称　值	允　许　偏　差	测　量　值	相　对　误　差

② 取出1个电位器，读出其标称值。用万用表测量其阻值并观测其最大阻值 R_{max} 和最小阻值 R_{min}，判断其质量好坏，并把数据记录于表1-4中。

表1-4　电位器识别数据

标　称　值	测量 R_{min}	测量 R_{max}	质　量　好　坏

③ 取出几个功率不同的电阻，观察电阻体积大小，将会得出什么结论？

④ 画出电阻器、电位器的电气符号。

（2）电容器的识别（注意万用表测量范围）。

① 极性电容器的识别。取出任意两个电解电容，读出其耐压值和容量标称值，并把数据记录于表1-5中。

② 无极性电容器的识别。取出两个不同的无极性电容（3位数字表示法），读出电容值并记录于表1-6中。

表1-5 极性电容器的识别

电容值	耐压值

表1-6 无极性电容器的识别

3位数字	电容值

③ 画出极性电容器、无极性电容器的电气符号。

2）用万用表测量电路中的电位

（1）在实验板上正确搭接电路，如图1-23所示。

（2）检查无误后，接通电源。

（3）用万用表测量 a、b、c、d 点电位，并记录于表1-7中。

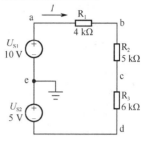

图1-23 电路图

表1-7 用万用表测量电路中的电位

电位	U_a	U_b	U_c	U_d
测量值				

4．训练报告

完成训练报告。

知识梳理与总结

1．电路中的基本物理量——电流、电压和电功率

（1）在计算电流时，首先要设定电流的参考方向，一般用实线箭头表示。如果计算结果 I 为正值，表示实际方向与参考方向相同，若为负值表示相反。

（2）电压的参考方向一般用"+"、"−"极性表示，如果计算结果为正值，表示实际方向与参考方向相同，若为负值表示相反。

（3）在 U 与 I 为关联参考方向时，电功率 $p=UI$，且 $p>0$，表示元件吸收（或消耗）功率；如果 $p<0$，表示元件输出（或提供）功率。

2．理想电路中的基本元件——电阻、电感、电容（电压与电流的方向为关联方向）

电阻：$u=Ri$；电感：$u=L\dfrac{\mathrm{d}i}{\mathrm{d}t}$；电容：$i=C\dfrac{\mathrm{d}u}{\mathrm{d}t}$。

3．基本定律——基尔霍夫电流定律、基尔霍夫电压定律、欧姆定律

基尔霍夫电流定律是反映电路中，对任意一节点相关联的所有支路电流之间的相互约束关系。
基尔霍夫电压定律是反映电路中，对组成任一回路的所有支路电压的相互约束关系。
欧姆定律主要是讨论电阻元件两端电压与通过电流关系。

4．电路中的工作状态

短路、断路、通路。

思考与练习题 1

1. 填空题

（1）电路由_____、_____和_____三个基本部分组成。

（2）电路的主要作用有_____和_____。

（3）电路中，元件功率 $P>0$ 时，说明该元件_____功率，该元件在电路中是_____。

（4）电路有_____、_____和_____三种基本工作状态。

（5）电路中基本元件有_____、_____和_____。

（6）电源就是将其他形式的能量转换成_____。

（7）如果电流的_____和_____均不随时间变化，就称为直流。

（8）负载就是所有用电设备，即是把_____转换成其他形式能量的设备。

（9）把单位时间内通过某一导体横截面的_____定义为电流强度（简称电流），用 I 来表示。

（10）为防止电源出现短路故障，通常在电路中安装_____。

（11）某点的电位就是该点到_____的电压。

（12）任意两点间的电压就是这两点的_____。

（13）电气设备工作的电压高于额定电压时称为_____；电气设备工作的电压低于额定电压时称为_____；电气设备工作的电压等于额定电压时称为_____。

2. 分析与计算题

（1）在图 1-24 中，已知 $I=-2$ A，试通过计算指出哪些元件是电源，哪些是负载。

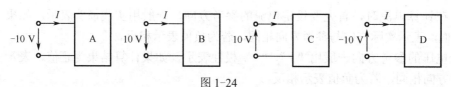

图 1-24

（2）用 KVL、KCL 求图 1-25 所示电路中的 U_X、I_X。

（3）电路如图 1-26 所示，计算电阻元件的功率。

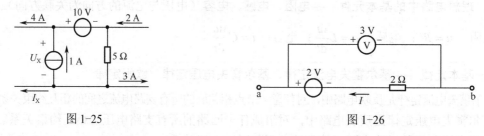

图 1-25   图 1-26

（4）如图 1-27 所示，求电路中 A、B 之间的电压 U_{AB} 和通过 1 Ω 电阻的电流 I。

（5）如图 1-28 所示电路中，求：

① 当开关 K 闭合时，$U_{AB}=?$ 、$U_{CD}=?$

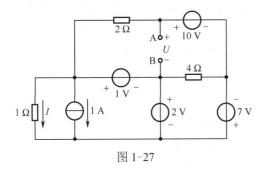

图 1-27

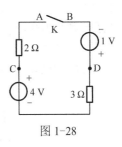

图 1-28

② 当开关 K 断开时，U_{AB}=?、U_{CD}=?

（6）如图 1-29 所示电路中，R_1=2 Ω，R_2=4 Ω，R_3=8 Ω，R_4=12 Ω，E_1=8 V，要使 R_2 中的电流 I_1 为 0，求 E_2 的值为多大？

（7）如图 1-30 所示电路中，U_1= 10 V，E_1=4 V，E_2=2 V，R_1=4 Ω，R_2=2 Ω，R_3=5 Ω，当 1、2 两点处于断开状态时，试求电路的开路电压 U_2。

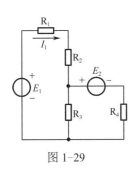

图 1-29

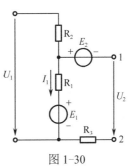

图 1-30

（8）电路如图 1-31 所示，试计算电流 I_1 和 I_2。

（9）求图 1-32 所示电路中 A、B 两点的电位和电位差。

（10）已知图 1-33 所示电路中的 B 点开路，求 B 点的电位。

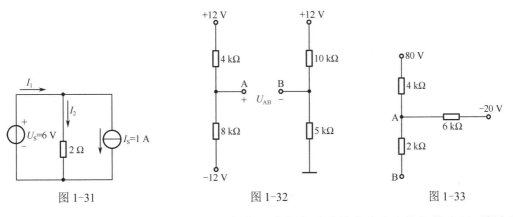

图 1-31　　　　　　　　图 1-32　　　　　　　　图 1-33

（11）一个 5 kΩ、0.5 W 的电阻器，在使用时允许通过的电流和允许加的电压不得超过多少？

（12）一个 110 V、8 W 的指示灯，现在接在 220 V 的电源上，问要串联多大阻值的电阻指示灯才能正常工作？

（13）有一可变电阻器，允许通过的最大电流为0.4 A，电阻值为3 kΩ，求电阻器两端允许加的最大电压，此时消耗的功率是多少？

（14）某教学楼有100 W、220 V的灯泡100个，平均每天使用3 h，计算每月消耗的电能。

（15）在图 1-34 所示电路中，已知 C 点电位 V_C=36 V，I_{S1}=7 A，I_{S2}=4 A，R_3=14 Ω，R_4=8 Ω，R_5=12 Ω，用基尔霍夫定律求电流 I_1。

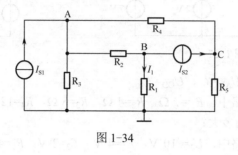

图 1-34

第2章

直流电阻性电路的分析

教学导航

教	知识重点	电阻串联、并联及其特点； 电压源、电流源及等效电路； 求解复杂电路方法：支路电流法、叠加定理、戴维宁定理； 最大功率传输定理
	知识难点	求解复杂电路方法：支路电流法、叠加定理、戴维宁定理
	推荐教学方式	以实际应用电路为主，结合实验与仿真用不同方法分析直流性电阻的各种电路的电路参数
	建议学时	10（理论8+实践2）
学	必须掌握的理论知识	电阻串联、并联电路及其特点； 电压源、电流源及等效电路、特点； 求解复杂电路方法：支路电流法、叠加定理、戴维宁定理； 最大功率传输定理
	必须掌握的技能	搭接、识别电路图； 万用表的使用

2.1 电阻的串联、并联

在电路分析中，把由多个元器件组成的电路作为一个整体看待，若这个整体只有两个端钮与外电路相连，则称为二端网络。二端网络的端钮电流称为端口电流 I，两个端钮之间的电压称为端口电压 U（如图 2-1 所示）。

一个二端网络的特性由网络端口电压 u 与端口电流 i 的关系（即伏安关系）来表征。若两个二端网络内部结构完全不同，但端钮具有相同的伏安关系，则称这两个二端网络对同一负载（或外电路）而言是等效的，即互为等效网络。相互等效的电路对外电路的影响是完全相同的，也就是说"等效"是指"对外等效"。

二端网络分为无源二端网络和有源二端网络（2.5 节介绍）。无源二端网络的等效电路为一个电阻，故本节仅介绍无源二端网络。

2.1.1 电阻的串联

1. 电阻串联

两个或两个以上电阻首尾相连，中间没有分支，各电阻通过同一电流的连接方式，称为电阻的串联。图 2-2（a）为二个电阻串联电路，a、b 两端外加电压 U，各电阻通过电流 I，参考方向如图所示。

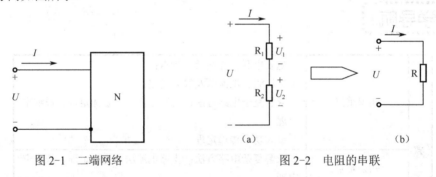

图 2-1　二端网络　　　　　图 2-2　电阻的串联

2. 电阻串联的等效电阻

如图 2-2（a）所示，根据 KVL 和欧姆定律，可得：

$$U = U_1 + U_2 = IR_1 + IR_2 = I(R_1 + R_2) \tag{2-1}$$

由图 2-2（b）可得：

$$U = IR \tag{2-2}$$

两个电路等效的条件是具有完全相同的伏安特性，即式（2-1）与式（2-2）完全一致，由此可得：

$$R = R_1 + R_2 \tag{2-3}$$

式（2-3）中 R 称为串联等效电阻，表明串联电阻的等效电阻等于各电阻之和。

推广到一般情况：n 个电阻串联等效电阻等于各个电阻之和，即：

$$R = \sum_{k=1}^{n} R_k \tag{2-4}$$

3. 电阻串联的分压作用

电阻串联时电流相等，各电阻上的电压为：

$$U_1 = IR_1 = \frac{R_1}{R_1 + R_2}U$$

$$U_2 = IR_2 = \frac{R_2}{R_1 + R_2}U$$

（2-5）

写成一般形式为：

$$U_k = \frac{R_k}{R}U$$

（2-6）

式（2-6）为串联电阻的分压公式。

由此可见，电阻串联时，各个电阻上的电压与电阻阻值成正比，这就是串联电阻的分压作用。同理，电阻串联时每个电阻的功率也与电阻阻值成正比。

4. 电阻串联电路的应用

串联电阻的分压作用在实际电路中有广泛应用，如电压表扩大量程、电子电路中的信号分压、直流电动机的串联电阻启动等。

实例 2-1　收音机的音量调节电路就是采用串联电阻的分压作用实现的，原电路如图 2-3 所示，$U_I = 2\,\text{V}$，电阻 $R = 510\,\Omega$、电位器的阻值 R_P 可在 $0 \sim 5.1\,\text{k}\Omega$ 范围内连续调节。计算输出电压的调节范围。

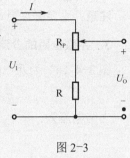

解　当电位器的滑动触头移至最上端时，输出电压最高，为：

$$U_O = U_I = 2\,\text{V}$$

电位器的滑动触头滑到最下端时，输出电压最低，为：

$$U_O = \frac{R}{R + R_O}U_I = \frac{510}{510 + 5100} = 0.09\,\text{V}$$

即输出电压 U_O 能够在 $0.09 \sim 2\,\text{V}$ 的范围内连续可调。

图 2-3

2.1.2　电阻的并联

1. 电阻并联

两个或两个以上电阻的首尾两端分别连接在两个节点上，每个电阻两端的电压都相同的连接方式，称为电阻的并联。图 2-4（a）为两个电阻并联电路，两端外加电压 U，总电流为 I，各支路电流分别为 I_1 和 I_2，参考方向如图 2-4（a）所示。

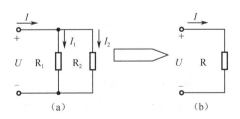

（a）　　　　　　　（b）

图 2-4　电阻并联电路

2. 电阻并联的等效电阻

在图 2-4（a）中，根据 KCL 和欧姆定律，可得：

$$I = I_1 + I_2 = \frac{U}{R_1} + \frac{U}{R_2} = \left(\frac{1}{R_1} + \frac{1}{R_2}\right)U$$

（2-7）

对图 2-4（b），根据欧姆定律，有：

$$I = \frac{U}{R} \tag{2-8}$$

两个电路等效的条件是具有完全相同的伏安特性，即式（2-7）与式（2-8）完全一致，由此可得：

$$\frac{1}{R} = \frac{1}{R_1} + \frac{1}{R_2} \tag{2-9}$$

或

$$G = G_1 + G_2 \tag{2-10}$$

式（2-9）中 R 称为并联等效电阻；式（2-10）中 G_1、G_2 为各电阻的电导，G 称为并联等效电导。

推广到一般情况：n 个电阻并联，其等效电阻的倒数等于各个电阻的倒数之和。n 个电阻并联的等效电导等于各个电导之和。即：

$$\frac{1}{R} = \sum_{k=1}^{n} \frac{1}{R_k} \quad 或 \quad G = \sum_{k=1}^{n} G_k \tag{2-11}$$

电阻并联等效时，计算等效电阻的表示式常用 $R = R_1 // R_2 // R_3 \ldots$ 表示。

注意：电阻并联时的等效电阻一定小于并联电路中的任何一个电阻。

3．并联电阻的分流作用

图 2-4（a）为两电阻并联电路，根据 VCR 有：

$$I_1 = \frac{U}{R_1}$$

支路电流为：

$$I_2 = \frac{U}{R_2}$$

又因为：

$$U = IR = I \cdot \frac{R_1 R_2}{R_1 + R_2}$$

所以两电阻分流公式为：

$$\begin{cases} I_1 = \dfrac{U}{R_1} = \dfrac{R_2}{R_1 + R_2} I \\ I_2 = \dfrac{U}{R_2} = \dfrac{R_1}{R_1 + R_2} I \end{cases} \tag{2-12}$$

4．并联电路的应用

在实际工程中，并联电路可以起到分流或调节电流的目的，如电流表扩大量程等。

实例 2-2 如图 2-5 所示，一直流电流表的表头允许通过的最大电流 $I_g = 40\,\mu A$，表头电阻 $R_g = 3.75\,k\Omega$，现要用该表头构成 $1\,mA$ 和 $100\,mA$ 的电流表，分别计算两个并联电阻的阻值。

解 由于 R_f 与 R_g 并联，所以有：

$$I_g R_g = I_f R_f$$

当电流表量程为1mA（即 $I=1\,\text{mA}$ ）时，分流电阻为：

$$R_{\text{f}}=\frac{I_{g}R_{g}}{I_{\text{f}}}=\frac{40\times10^{-6}\times3.75\times10^{3}}{1\times10^{-3}-40\times10^{-6}}=156.25\,\Omega$$

当电流表量程为100mA（即 $I=100\,\text{mA}$ ）时，分流电阻为：

$$R_{\text{f}}=\frac{40\times10^{-6}\times3.75\times10^{3}}{100\times10^{-3}-40\times10^{-6}}=1.5\,\Omega$$

即该表头在构成1mA 和100 mA 的电流表时，应该分别并联 $156.25\,\Omega$ 和 $1.5\,\Omega$ 的电阻。

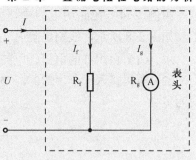

图 2-5

2.1.3　电阻的混联

电阻的混联是指在电阻的连接中既有串联又有并联。求解混联电路的关键是能辨别电路中的电阻是串联还是并联，最终将电路简化为一个等效电阻。

对于较简单的电路，如图 2-6 所示的混联电路，可以通过观察直接看出 $R_1\sim R_4$ 的串/并联关系，故可求出 a、b 两端的等效电阻为：

$$R_{\text{ab}}=R_1+\frac{R_2(R_3+R_4)}{R_2+R_3+R_4}$$

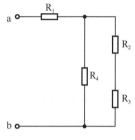

图 2-6　电阻混联电路

对于较复杂的电路，可以在不改变元件之间连接关系的情况下将电路画成比较容易判断串、并联关系的直观图。下面以实例 2-3 来说明。

实例 2-3　求图 2-7（a）所示电路中 a、b 两端的等效电阻 R_{ab} 。

解　对于这样的电路，可以按如下步骤分析：

（1）将电路中有分支的连接点依次用字母或数字编号并排序，如图 2-7（a）中的 a、c、c′、d、b。导线（即短路线）两端的点 c、c′ 合并为同一点 c（c′）；

（2）依次把电路元器件画在各点之间，得到直观图，如图 2-7（b）所示；

（3）根据直观图，利用串、并联等效电阻公式求出其等效电阻。

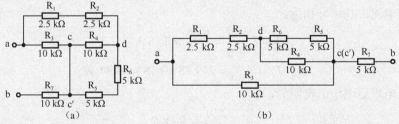

图 2-7

从图 2-7（b）所示电路可知：

（1）电阻 R_5、R_6 串联：$R_5+R_6=5\,\text{k}\Omega+5\,\text{k}\Omega=10\,\text{k}\Omega$ ；

（2）电阻 R_5、R_6 串联后与电阻 R_4 并联，得电阻 $R_{\text{dc}}=10\,\text{k}\Omega\,//\,10\,\text{k}\Omega=5\,\text{k}\Omega$ ；

（3）电阻 R_{dc} 与电阻 R_1、R_2 串联：$R_1+R_2+R_{\text{dc}}=2.5\,\text{k}\Omega+2.5\,\text{k}\Omega+5\,\text{k}\Omega=10\,\text{k}\Omega$ ；

（4）最后与电阻 R_3 并联，所以总电阻 $R_{\text{ab}}=10\,\text{k}\Omega\,//\,10\,\text{k}\Omega=5\,\text{k}\Omega$ 。

实例 2-4 在照明电路中，两盏"220 V、40 W"的白炽灯接到 $U_S = 220$ V 的电压源上，如图 2-8 所示，线路电阻 $R_L = 2\ \Omega$。

求：（1）白炽灯的电压、电流和功率；

（2）若再接入一个"220 V、500 W"的电炉（图中的 R_3），白炽灯的电压、电流、功率变为多少？

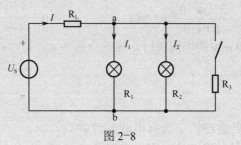

图 2-8

解 （1）每盏白炽灯的电阻为：

$$R_1 = R_2 = \frac{220^2}{40} = 1\,210\ \Omega$$

两盏并联白炽灯的等效电阻为：

$$R_{ab} = \frac{R_1}{2} = \frac{1\,210}{2} = 605\ \Omega$$

R_L 和 R_{ab} 串联的等效电阻，即网络的等效电阻为：

$$R_i = R_L + R_{ab} = 2 + 605 = 607\ \Omega$$

电路总电流为：

$$I = \frac{U_S}{R_i} = \frac{220}{607} = 0.36\ \text{A}$$

线路电阻上的电压为：

$$U_L = R_L I = 2 \times 0.36 = 0.72\ \text{V}$$

白炽灯电压为：

$$U_{ab} = U_S - U_L = 220 - 0.72 = 219.28\ \text{V}$$

白炽灯的电流、功率分别为：

$$I_1 = I_2 = \frac{I}{2} = \frac{0.36}{2} = 0.18\ \text{A}$$

$$P_1 = P_2 = U_{ab} I_1 = 219.28 \times 0.18 = 39.74\ \text{W}$$

（2）接入电炉后电炉的电阻为：

$$R_3 = \frac{220^2}{500} = 96.8\ \Omega$$

并联负载（即用电设备）的等效电阻为：

$$R'_{ab} = \frac{\dfrac{R_1}{2} R_3}{\dfrac{R_1}{2} + R_3} = \frac{605 \times 96.8}{605 + 96.8} = 83.45\ \Omega$$

网络的等效电阻、总电流、线路电阻电压分别为：

$$R_i' = 2 + 83.45 = 85.45 \ \Omega$$

$$I' = \frac{U_S}{R_i'} = \frac{220}{85.45} = 2.58 \ \Omega$$

$$U_L' = R_L I' = 2 \times 2.58 = 5.15 \ \Omega$$

负载电压为：

$$U_{ab}' = U_S - U_L' = 220 - 5.15 = 214.85 \ V$$

每盏白炽灯的电流、功率分别为：

$$I_1' = I_2' = \frac{U_{ab}'}{R_1} = \frac{214.85}{1210} = 0.18 \ A$$

$$P_1' = P_2' = U_{ab}' I_1' = 214.85 \times 0.18 = 38.17 \ W$$

2.2 电压源、电流源及等效电路

任何一种实际电路要保持正常工作都必须有电源来持续不断地提供能量。电源有多种，如干电池、蓄电池、光电池、纽扣电池、发电机及电子电路中的信号源等。为了对实际电源进行模拟，定义了两种独立电源模型。独立电源一般分为电压源和电流源。

2.2.1 电压源

1．理想电压源

理想电压源简称电压源，其特点是：①不管外部电路状态如何，其端电压总保持恒定值 U_S 或者是一定的时间函数，而与通过它的电流无关；②通过的电流由与其相连的外电路负载 R_L 的阻值决定，即 $I_S = \dfrac{U_S}{R_L}$ 。

交流电压源的符号如图 2-9（a）所示，直流电压源的符号如图 2-9（b）所示。显然，直流理想电压源的端电压是恒定值，交流理想电压源端电压是一个时间函数。

电压源的电压与电流关系，又称伏安特性曲线，是一根平行于电流轴的直线，如图 2-9（c）所示。

（a）交流电压源 　　（b）直流电压源 　　（c）伏安特性曲线

图 2-9 理想电压源及伏安特性

2．实际电压源的电路模型

实际电源不具备上述理想电压源的特性，即当外电阻 R_L 变化时电源输出的端电压会发生变化，理想电压源实际上是不存在的。例如，当电池接上电阻性负载后，其端电压会降低，这是因为电池内部消耗能量的缘故。所以，实际电源的电压源模型可以用一个内阻 R_S

和电压源U_S串联的形式来表示，如图 2-10（a）所示。电路中的电流I和电压U分别为：

$$I = \frac{U_S}{R_S + R_L} \tag{2-13}$$

$$U = U_S - IR_S \tag{2-14}$$

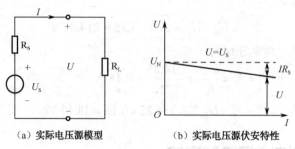

（a）实际电压源模型　　　　　（b）实际电压源伏安特性

图 2-10　实际电压源电路模型及伏安特性

由式（2-13）和式（2-14）可知，当负载R_l减小时，其输出电流I增大，在电源内阻R_S上的电压降就增大，而电源的端电压U就降低，其伏安特性曲线如图 2-10（b）所示。显然，内阻R_S越小，伏安特性曲线越平坦，其输出电压越稳定，越接近于电压源的开路电压U_S。

注意：由于实际电压源内阻很小，故实际电压源在使用中严禁短路。

2.2.2　电流源

1．理想电流源

理想电流源又称恒流源，其特点是：①不管外部电路状态如何，其输出电流总保持恒定值I_S或是一定的时间函数，而与其端电压无关；②理想电流源的端电压由与其相连的外电路负载R_L的阻值决定，即$U = I_S R_L$。

理想电流源的电路模型符号如图 2-11（a）所示，其中I_S是电流源输出的电流，箭头标出了它的参考方向，电路中电流源输出电流I_S与其端电压U为非关联参考方向。

电流源的伏安特性如图 2-11（b）所示，它是一条垂直于电流轴的直线。

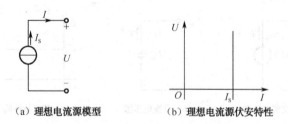

（a）理想电流源模型　　　　　（b）理想电流源伏安特性

图 2-11　理想电流源模型及伏安特性

2．实际电流源

实际电流源一般不具备理想电流源的特性，理想电流源实际上也是不存在的。当外接电阻R_L发生变化时，其输出电流会有波动。实际电流源内也会有能量消耗，所以实际的电流源模型可以用一个内阻R_s与理想电流源I_S的并联来表示，如图 2-12（a）所示。

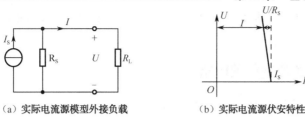

(a) 实际电流源模型外接负载　　　　(b) 实际电流源伏安特性

图 2-12　实际电流源模型及其伏安特性

由图 2-12（a）可知，输出电流 $I = I_S - \dfrac{U}{R_S}$，显然，输出电流 I 的数值不是恒定的。当负载 R_L 短路时，输出电压 $U = 0$，输出电流 $I = I_S$；当负载 R_L 开路时，输出电压 $U = I_S R_S$，输出电流 $I = 0$，其伏安特性曲线如图 2-12（b）所示。

2.2.3　电源的连接

1. 理想电压源的串联

多个理想电压源串联，对外可以等效为一个电压源，其输出电压为各个理想电压源输出电压的代数和，即：

$$U_S = \sum_{i=1}^{n} U_{Si} \tag{2-15}$$

如图 2-13 所示，其中 $U_S = U_{S1} - U_{S2}$。在应用式（2-15）时，各电压源电压的参考方向如果与等效电压源电压的参考方向一致则取正，反之取负。

注意：几个理想电压源的并联只能是电压数值相同又实际方向相同的电压源，对外可以等效为一个电压源，其值仍为原值。其余的理想电压源不允许并联，否则违背了基尔霍夫电压定律。

2. 理想电流源并联

多个理想电流源并联，对外可等效为一个电流源，其电流为各个理想电流源电流的代数和，即：

$$I_S = \sum_{i=1}^{n} I_{Si} \tag{2-16}$$

如图 2-14 所示，其中 $I_S = I_{S1} - I_{S2}$。在应用式（2-16）时，如果各电流源电流的参考方向与等效电流源电流的参考方向一致则取正，反之取负。

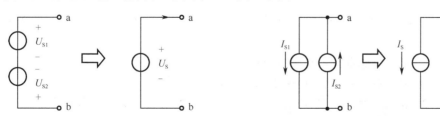

图 2-13　电压源串联及等效电路　　　图 2-14　电流源并联及其等效电路

注意：几个理想电流源的串联只能是电流数值相同且实际方向相同的电流源，对外可

以等效为一个理想电流源，其数值仍为原值。其余的理想电流源不允许串联，否则违背基尔霍夫电流定律。

2.2.4 两种电源模型等效电路

电压源与电流源的等效是指对外电路等效，即把它们分别接入相同的负载电阻电路时，两个电源的输出电压和输出电流均相等。应用两种电源的等效变换，可以简化某些电路计算。

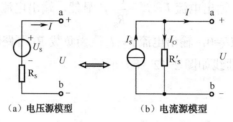

（a）电压源模型　　　　（b）电流源模型

图 2-15　电压源模型和电流源模型的等效变换

在图 2-15 中，当实际电源由电压源表示时，外电路电流为：

$$I = \frac{U_s - U}{R_s} = \frac{U_s}{R_s} - \frac{U}{R_s} \tag{2-17}$$

当实际电源由电流源表示时，外电路电流为：

$$I = I_s - I_O = I_s - \frac{U}{R'_s} \tag{2-18}$$

为了满足等效条件，以上两式的各对应项必须相等，由此可得：

$$I_s = \frac{U_s}{R_s}, \quad R_s = R'_s \tag{2-19}$$

由此得出，电压源模型转化为电流源模型时，只需把电压源的短路电流 $\frac{U_s}{I_s}$ 作为恒定电流源的电流 I_s，内阻数值保持不变，元件的连接方式由串联改为并联即可。

电流源模型转化为电压源模型时，将电流源的开路电压 $I_s R_s$ 作为恒定电压源的电压 U_s，内阻保持不变，元件连接方式由并联改为串联。

注意：（1）电压源模型与电流源模型在等效变换时，U_s 与 I_s 的方向必须保持一致，即电流源流出电流的一端与电压源的正极性端相对应；

（2）电压源模型与电流源模型的等效关系，只是对相同的外部电路而言，其内部并不等效；

（3）理想电压源与理想电流源之间不能相互等效变换。

实例 2-5　求图 2-16（a）所示电路中的电流 I。

解　将图 2-16（a）所示电路简化为图 2-16（d）的形式，简化过程如图 2-16（b）、（c）、（d）所示，由简化后电路可得：

$$I = \frac{9-4}{1+2+7} = 0.5 \text{ A}$$

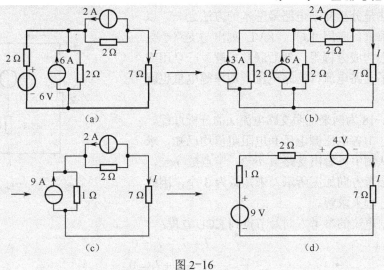

图 2-16

实例 2-6　将图 2-17（a）所示电路简化成实际电流源模型。

解　将图 2-17（a）所示电路简化为电流源模型，其简化过程如图 2-17（b）、（c）、（d）、（e）所示。

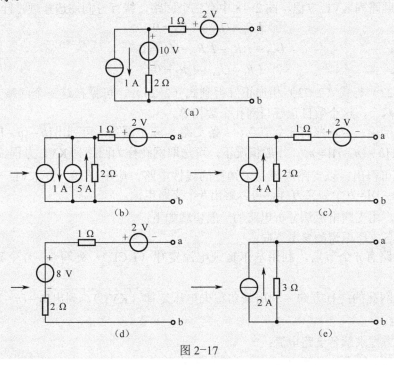

图 2-17

2.3　支路电流法

电路分析的主要任务是在给定电路结构及元件参数的情况下，计算出各支路电流和电压等物理量。本节介绍一种最基本、最直观的电路分析方法——支路电流法。

支路电流法是分析复杂电路最基本的方法之一。以支路电流为待求量，应用 KCL、KVL 列出与支路个数相同的电路方程构成方程组，然后联立求解。一旦用支路电流法确定了支路电流，支路电压、功率等电量也就迎刃而解了。

下面以图 2-18 为例来说明支路电流法的分析过程。

设图 2-18 中各电压源电压和电阻阻值均已知，求各支路电流。从图中可看出支路数 $b=3$，节点数 $n=2$，各支路电流的参考方向如图所示。未知量为 3 个，因此需要列出 3 个方程来求解。

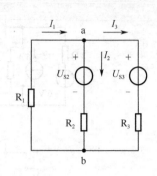

图 2-18 支路电流法举例

首先，根据电流的参考方向对节点列 KCL 方程：

节点 a：
$$I_1 - I_2 - I_3 = 0 \qquad (2-20)$$

节点 b：
$$-I_1 + I_2 + I_3 = 0 \qquad (2-21)$$

可以看出，式（2-20）、式（2-21）完全相同，故只有一个方程是独立的。这一结果可以推广到一般电路：具有 n 个节点的电路，只能列出（$n-1$）个独立的 KCL 方程。其中（$n-1$）个节点称为独立节点。

其次，对回路列 KVL 方程，图 2-18 中有三个回路，绕行方向均选择顺时针方向。

左边回路：
$$I_1 R_1 + U_{S2} + I_2 R_2 = 0 \qquad (2-22)$$

右边回路：
$$U_{S3} + I_3 R_3 - I_2 R_2 - U_{S2} = 0 \qquad (2-23)$$

整个回路：
$$I_1 R_1 + U_{S3} + I_3 R_3 = 0 \qquad (2-24)$$

将式（2-22）与式（2-23）相加正好得到式（2-24），可见在这三个回路方程中独立的方程为任意两个，这个数目正好与网孔个数相等。

由此可以推论：若电路有 n 个节点、b 条支路、m 个网孔，可列出 $[b-(n-1)]$ 个独立的 KVL 方程，且 $[b-(n-1)]=m$。一般情况下，可选取网孔作为回路列 KVL 方程。

通过上述可得出：以支路电流为未知量的线性电路，应用 KCL 和 KVL 一共可列出 $(n-1)+[b-(n-1)]=b$ 个独立方程，可以解出 b 个支路电流。

综上所述，用支路电流法分析电路的一般步骤如下：

（1）假设各支路电流的参考方向；

（2）若电路有 n 个节点，利用基尔霍夫电流定律（KCL），列写 $(n-1)$ 个独立的电流方程；

（3）设定网孔的绕行方向，利用基尔霍夫电压定律（KVL），列出 $[b-(n-1)]=m$ 个网孔的电压方程；

（4）联立方程求解各支路电流；

（5）根据各支路电流求解电压、功率等物理量。

实例 2-7 在图 2-19 电路中，已知 $R_1 = 6\,\text{k}\Omega$，$R_2 = R_3 = 5\,\text{k}\Omega$，$U_{S1} = 80\,\text{V}$，$U_{S2} = 90\,\text{V}$，试求各支路电流。

解 设各支路电流的参考方向、网孔的绕行方向如图 2-19 所示，应用 KCL 和 KVL 列出各支路电流的方程组，并将数据代入，可得：

节点 a：$I_1 - I_2 - I_3 = 0$（KCL）

左边网孔 1：$6 \times 10^3 I_1 + 80 + 5 \times 10^3 I_2 = 0$（KVL）

右边网孔 2：$90 + 5 \times 10^3 I_3 - 5 \times 10^3 I_2 - 80 = 0$（KVL）

解得：

$$I_1 = -10 \text{ mA}, \quad I_2 = -4 \text{ mA}, \quad I_3 = -6 \text{ mA}$$

其中电流 I_1、I_2、I_3 为负，说明电流的实际方向与参考电流相反。

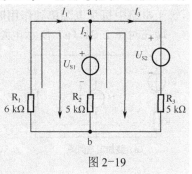

图 2-19

实例 2-8 求图 2-20 中的电流 I_3。

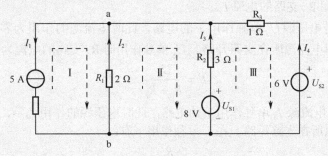

图 2-20

解 假设各支路电流的参考方向和网孔的绕行方向如图 2-20 所示。根据 KCL、KVL，图中有 a、b 两个节点，可列一个电流方程，三个网孔列出三个回路电压方程，即：

节点 a：$I_2 + I_3 + I_4 = I_1$

网孔 I：$I_1 = 5$

网孔 II：$I_2 R_1 - I_3 R_2 + U_{S1} = 0$

网孔 III：$-U_{S1} I_3 R_2 - I_4 R_3 + U_{S2} = 0$

代入数据，联立方程组，有：

$$I_2 + I_3 + I_4 = I_1$$
$$I_1 = 5$$
$$2I_2 - 3I_3 = -8$$
$$3I_3 - I_4 = 2$$

解得 $I_3 = 2.7 \text{ A}$。

说明：对于含有电流源的支路列方程时，由于该支路电流已知，所以只需列写支路电流等于电流源电流即可，如实例 2-8 中的网孔方程实际是 $I_1 = 5 \text{ A}$。

2.4 叠加定理

叠加性是线性电路的一个重要特征，叠加定理则是描述线性电路叠加性的重要定理，利用它可以把多电源作用下复杂电路的计算问题转化为单电源作用下简单电路的计算。

叠加定理的内容是：在有多个电源独立作用的线性电路中，任何一条支路的电流或电

压等于电路中每个电源单独作用时对该支路所产生的电流或电压的代数和。

现在对图 2-21（a）所示电路用叠加定理求 R_2 支路的电流 I。

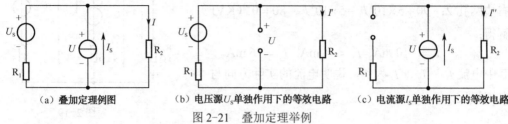

（a）叠加定理例图　　（b）电压源 U_S 单独作用下的等效电路　　（c）电流源 I_S 单独作用下的等效电路

图 2-21　叠加定理举例

该电路有电压源 U_S 和电流源 I_S，分别求出电源单独作用情况下的 I' 和 I''，再用叠加定理 $I = I' + I''$ 得出电阻 R_2 支路的电流 I。

图 2-21（b）是电压源 U_S 单独作用下的电路，此时电流源的作用为零，零电流源意味着电阻为无限大，即电流源所在支路开路。U_S 单独作用时 R_2 支路的电流为：

$$I' = \frac{U_S}{R_1 + R_2}$$

图 2-21（c）是电流源 I_S 单独作用下的电路，此时电压源的作用为零，零电压源意味着电阻为零，即电压源所在支路短路。在 I_S 单独作用下有：

$$I'' = \frac{R_1}{R_1 + R_2} I_S$$

两个电源同时作用时，R_2 支路电流的代数和为：

$$I = I' + I'' = \frac{U_S}{R_1 + R_2} + \frac{R_1}{R_1 + R_2} I_S$$

应用叠加定理时注意以下几个问题。

（1）"零"电源的处理。当某一个电源单独作用时，其他电源不作用，对它做"零"处理，即电压源将其短路，通电流源将其开路，但其内电阻必须保留在电路中。

（2）"代数和"中正、负号的确定以原电路中的电量参考方向为准，对应电量的分量参考方向与之一致的取正号；反之取负号。

（3）叠加定理的适用性。叠加定理只适用于线性电路，不适用于非线性电路。即使在线性电路中，叠加定理也只适用于电流和电压的计算，而不能用于功率的计算。因为功率与电压（电流）之间是平方关系，而不是简单的线性正比关系。

实例 2-9　已知 $R_1 = R_2 = R_3 = R_4 = 4\,\Omega$，$U_{S1} = 12\,V$，$U_{S2} = 6\,V$，试用叠加定理计算图 2-23 所示电路中的电流 I_3。

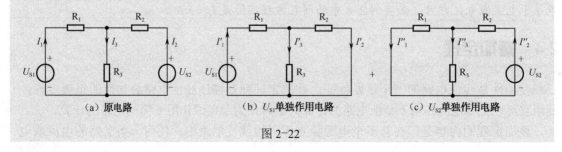

（a）原电路　　　　　（b）U_{S1} 单独作用电路　　　　（c）U_{S2} 单独作用电路

图 2-22

解 电源 U_{S1} 单独作用时，如图 2-22（b）所示，此时有：

$$R' = R_1 + R_2 \mathbin{/\!/} R_3 = 4 + \frac{4 \times 4}{4 + 4} = 6\,\Omega$$

$$I_1' = \frac{U_{S1}}{R'} = \frac{12}{6} = 2\,\text{A}$$

$$I_3' = \frac{R_2}{R_2 + R_3} I_1' = \frac{4}{4 + 4} \times 2 = 1\,\text{A}$$

电源 U_{S2} 单独作用时，如图 2-22（c）所示，此时有：

$$R'' = R_1 \mathbin{/\!/} R_3 + R_2 = \frac{4 \times 4}{4} + 4 = 6\,\Omega$$

$$I_2'' = \frac{U_{S2}}{R''} = \frac{6}{6} = 1\,\text{A}$$

$$I_3'' = \frac{R_1}{R_1 + R_3} I_2'' = \frac{4}{4 + 4} \times 1 = 0.5\,\text{A}$$

因此

$$I_3 = I_3' + I'' = 1 + 0.5 = 1.5\,\text{A}$$

实例 2-10 已知 U_{S1}=25 V，U_{S2}=10 V，I_S=10 mA，R_1=0.6 kΩ，R_2=1.1 kΩ，R_3=0.75 kΩ，R_4=0.9 kΩ，用叠加定理计算图 2-23（a）所示电路中 R_3 支路电流 I_3。

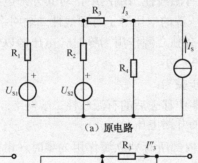

（a）原电路

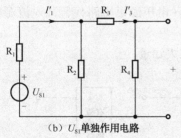

（b）U_{S1} 单独作用电路

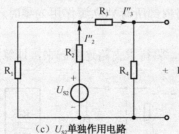

（c）U_{S2} 单独作用电路

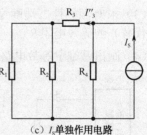

（c）I_S 单独作用电路

图 2-23

解 （1）当电压源 U_{S1} 单独作用时，如图 2-23（b）所示，即：

$$I_1' = \frac{U_{S1}}{(R_3 + R_4) \mathbin{/\!/} R_2 + R_1} = \frac{25}{\dfrac{(0.75 + 0.9) \times 1.1}{(0.75 + 0.9) + 1.1} + 0.6} = 19.84\,\text{mA}$$

$$I_3' = \frac{R_2}{R_2 + R_3 + R_4} I_1' = \frac{1.1}{1.1 + 0.75 + 0.9} \times 19.84 = 7.94\,\text{mA}$$

（2）当电压源 U_{S2} 单独作用时，如图 2-23（c）所示，即

$$I_2'' = \frac{U_{S2}}{(R_3 + R_4) // R_1 + R_2} = \frac{10}{\dfrac{(0.75 + 0.9) \times 0.6}{(0.75 + 0.9) + 0.6} + 1.1} = 6.49 \text{ mA}$$

$$I_3'' = \frac{R_1}{R_1 + R_3 + R_4} I_2'' = \frac{0.6}{0.6 + 0.75 + 0.9} \times 6.49 = 1.73 \text{ mA}$$

（3）当电流源 I_S 单独作用时，如图 2-23（d）所示，即

$$I_3''' = \frac{R_4}{R_1 // R_2 + R_3 + R_4} I_S = \frac{0.9}{\dfrac{0.6 \times 1.1}{0.6 + 1.1} + 0.75 + 0.9} \times 10 = 4.42 \text{ mA}$$

（4）计算 I_3 的代数和，即

$$I_3 = I_3' + I_3'' - I_3''' = 7.94 + 1.73 - 4.42 = 5.25 \text{ mA}$$

2.5　戴维宁定理

在电路分析中，常常只需要计算电路中某一条支路的电流或电压。从这条支路的两端来看，电路的其余部分是一个含有电源，具有两个端钮的网络，戴维宁定理能将含有电源的二端网络等效成一个电压源与电阻相串联的形式，从而使电路的计算简化。

戴维宁定理是指任何一个有源线性二端网络，对其外部电路而言，都可以用电压源与电阻串联的电路等效代替。电压源的电压等于有源线性二端网络 N 的开路电压，电阻等于有源线性二端网络 N_O 内部所有独立源作用为零时（电压源以短路代替，电流源以开路代替）的等效电阻 R_O，如图 2-24 所示。

用戴维宁定理求解电路的步骤为：

（1）画出把待求支路从电路中移去后的有源线性二端网络；

（2）求有源线性二端网络的开路电压 U_{OC}；

（3）求有源线性二端网络内部所有独立源作用为零时（电压源以短路代替，电流源以开路代替）的等效电阻 R_O；

（4）画出戴维宁等效电路，将待求支路连接起来，计算未知量。

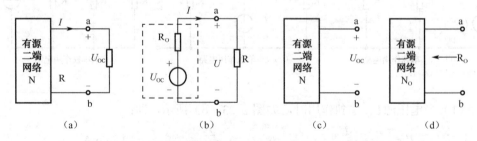

图 2-24　戴维宁定理电路图

注意： 画戴维宁等效电路时，电压源的极性必须与开路电压的极性保持一致。

实例 2-11　二端网络如图 2-25（a）所示，求此二端网络的戴维宁等效电路。

解　在图 2-25（a）中求开路电压 U_{OC}，得：

$$U_{OC} = 3 \times 1 + 6 + 3 \times 2 = 15 \text{ V}$$

在图 2-25（b）中求等效电阻 R_O，得

$$R_O = 2 + 1 = 3 \ \Omega$$

画出 U_{OC} 和 R_O 构成的戴维宁等效电路，如图 2-25（c）所示。

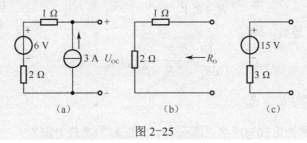

图 2-25

实例 2-12　用戴维宁定理求图 2-26（a）所示电路中电路 R_L 上的电流 I。

解　将 R_L 支路断开，得到图 2-26（b）所示电路，开路电压 U_{OC} 为：

$$U_{OC} = -7 + \frac{7+8}{2+3} \times 3 = 2 \text{ V}$$

根据图 2-26（c），二端网络所有独立源作用为零时的等效电阻 R_O 为：

$$R_O = \frac{3 \times 2}{3 + 2} = 1.2 \ \Omega$$

画出戴维宁等效电路，如图 2-26（d）所示，可求 R_L 的电流为：

$$I = \frac{2}{1.2 + 2} = \frac{5}{8} \text{ A}$$

应用戴维宁定理时注意戴维宁等效电路中电压源极性应与开路电压极性一致。

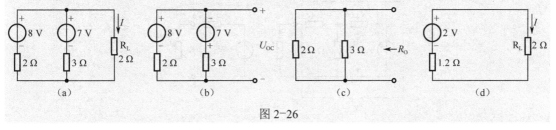

图 2-26

2.6　最大功率传输定理

　　在电子技术中，往往要求负载获得最大功率。而负载电阻为多大时，从网络获得的功率最大呢？最大功率传输理论可用来分析电源向负载提供最大功率的条件。

　　最大功率传输定理的内容是：当负载电阻等于电源内电阻（$R_L = R_S$）时，或当负载电阻等于有源二端网络的等效电阻（$R_L = R_{OC}$）时，电源可向负载提供最大功率。

　　任何一个线性有源二端网络都可以用戴维宁等效电路来代替。因此，当一个电路的负载电阻等于用戴维宁定理或诺顿定理等效的有源二端网络的内电阻时，网络向负载提供最大功率。

　　设负载电阻 R_L 所接网络的开路电压为 U_{OC}，网络除源后的等效电阻为 R_O，如图 2-27

所示，则负载 R_L 上的电流及功率分别为：

$$I = \frac{U_{OC}}{R_O + R_L}$$

$$P = I^2 R_L = \frac{U_{OC}^2 R_L}{(R_O + R_L)^2}$$

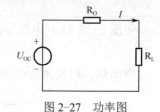

图 2-27 功率图

对上式求 R_L 一阶导数，即：

$$\frac{\mathrm{d}P}{\mathrm{d}R_L} = \frac{R_O - R_L}{(R_O + R_L)^3} U_{OC}^2$$

当 $\frac{\mathrm{d}P}{\mathrm{d}R_L} = 0$ 时，可得 $R_L = R_O$。

当 $R_L = R_{OC}$ 时，称为负载与网络"匹配"。匹配时的负载电流为：

$$I = \frac{U_{OC}}{R_O + R_1} = \frac{U_{OC}}{2R_O}$$

负载获得的最大功率为：

$$P_{max} = \left(\frac{U_{OC}}{2R_O}\right)^2 \times R_S = \frac{U_{OC}^2}{4R_O}$$

最大功率传输的理论应用十分广泛，例如，手机、音响等音频设备中，负载元器件通常为扬声器，而驱动扬声器的有源二端网络为放大器。只要扬声器的电阻等于放大器等效电路的内电阻，就可从放大器向扬声器输送最大功率，从而扬声器可获得最大音量。

实例 2-13 电路如图 2-28（a）所示，试求：①R_L 为何值时获得最大功率；②R_L 获得的最大功率；③电压源的功率传输效率。

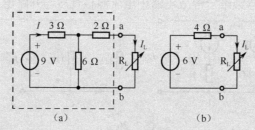

图 2-28

解 断开图 2-28（a）所示电路中负载 R_L，求虚线框中有源二端网络的戴维宁等效电路的参数：

$$U_{OC} = \left(6 \times \frac{9}{3+6}\right)\text{V} = 6\text{ V}, \quad R_O = \left(\frac{3 \times 6}{3+6} + 2\right)\Omega = 4\ \Omega$$

由图 2-28（b）可知，当 $R_L = R = 4\ \Omega$ 时可获得最大功率。此时最大功率为：

$$P_{L\max} = \frac{U_{OC}^2}{4R_O} = \left(\frac{6^2}{4 \times 4}\right)\text{W} = 2.25\text{ W}$$

9V 电压源发出的功率为：

$$P_S = -9I = (-9 \times 1.5)\text{ W} = 13.5\text{ W}$$

功率传输效率为：

$$\eta=\left|\frac{P_{L\max}}{P_S}\right|=\frac{2.25}{13.5}=16.7\%$$

在电子技术中，常常注重将微弱信号进行放大，而不注重效率的提高，因此常利用最大功率传输的条件，要求负载与电源之间实现阻抗匹配。例如，扩音器的负载扬声器，应使扬声器的电阻等于扩音器的电阻，使扬声器获得最大的功率。在电力系统中，输送功率很大，效率非常重要，要求尽可能提高电源的效率，以便充分利用能源，故应使电源内阻（及输电线路电阻）远小于负载电阻。

技能训练 2　戴维宁定理的验证

1．训练目的

（1）验证戴维宁定理的正确性。

（2）掌握测量有源二端网络等效参数的一般方法。

2．训练设备（见表 2-1）

表 2-1　训练设备

序号	名　称	型号与规格	数量	备　注
1	可调直流稳压电源	0～10 V	1	
2	可调直流恒流源	0～200 mA	1	
3	直流数字电压表		1	
4	直流数字毫安表		1	
5	万用表		1	
6	电位器	1 kΩ/1 W	1	

3．训练内容

被测有源二端网络如图 2-29（a）所示。

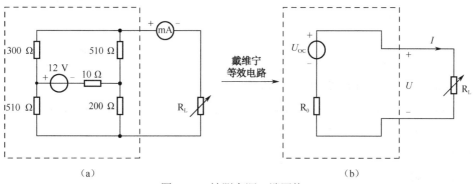

图 2-29　被测有源二端网络

（1）用开路电压、短路电流法测定戴维宁等效电路的 U_{OC} 和 R_O。按图 2-29（a）所示电路接入稳压电源 E_S 和恒流源 I_S 及可变电阻箱 R_L，测定 U_{OC} 和 R_O，并将测得数据填入表 2-2 中。

表2-2　戴维宁等效电路参数

U_{OC}（v）	I_{SC}（mA）	$R_0 = U_{OC}/I_{SC}$（Ω）

（2）负载实验。按图 2-29（a）改变 R_L 的阻值，测量有源二端网络的外特性，并将实验数据填入表 2-3 中。

表2-3　负载实验数据记录

R_L（Ω）	0					∞
U（V）						
I（mA）						

（3）验证戴维宁定理。用一个 1 kΩ 的电位器，将其阻值调整到等于按步骤（1）所得的等效电阻 R_0 之值，然后令其与直流稳压电源[调到步骤（1）时所测得的开路电压 U_{OC} 之值]相串联，如图 2-29（b）所示，仿照步骤（2）测其外特性，对戴维宁定理进行验证，并将实验数据填入表 2-4 中。

表2-4　戴维宁定理实验数据验证

R_L（Ω）	0					∞
U（V）						
I（mA）						

（4）测定有源二端网络等效电阻（又称入端电阻）的其他方法：将被测有源二端网络内的所有独立源置零（将电流源 I_S 断开；去掉电压源，并在原电压端所接的两点用一根短路导线相连），然后用伏安法或者直接用万用表的欧姆挡去测定负载 R_L 开路后输出端两点间的电阻，此即为被测网络的等效内阻 R_0 或称网络的入端电阻 R_i。

（5）用半电压法测量被测网络的等效内阻 R_0，用零示法测量其开路电压 U_{OC}，线路及实验数据表格自拟。

4．实验注意事项

（1）注意测量时电流表量程的更换。

（2）步骤（4）中，电源置零时不可将稳压源短接。

（3）用万用表直接测 R_0 时，网络内的独立源必须先置零，以免损坏万用表，其次，欧姆挡必须经调零后再进行测量。

（4）改接线路时，要关掉电源。

5．预习思考题

（1）在求戴维宁等效电路时，做短路实验，测 I_{SC} 的条件是什么？在本实验中可否直接做负载短路实验？在实验前对电路图 2-29（a）预先做好计算，以便调整实验电路及测量时可准确地选取电表的量程。

（2）说明测有源二端网络开路电压及等效内阻的几种方法，并比较其优缺点。

6．实验报告

（1）根据步骤（2）和步骤（3），分别绘出曲线，验证戴维宁定理的正确性，并分析产生误差的原因；

（2）将步骤（1）、（4）、（5）各种方法测得的 U_{OC} 与 R_O 与预习时电路计算的结果进行比较，你能得出什么结论？

（3）归纳、总结实验结果；

（4）心得体会及其他。

知识梳理与总结

1．电阻串联时，通过每个电阻的电流相等；电阻并联时，并联电阻两端的端电压相等。

2．支路电流法分析电路的一般步骤如下：

（1）假设各支路电流的参考方向；

（2）若电路有 n 个节点，利用基尔霍夫电流定律（KCL），列写 $(n-1)$ 个独立的电流方程；

（3）设定网孔的绕行方向，利用基尔霍夫电压定律（KVL），列出 $[b-(n-1)]=m$ 个网孔的电压方程；

（4）联立方程求解各支路电流；

（5）根据各支路电流求解电压、功率等物理量。

3．叠加定理的内容是：在有多个电源独立作用的线性电路中，任何一条支路的电流或电压等于电路中每个电源单独作用时对该支路所产生的电流或电压的代数和。叠加定理只适用于线性电路，不适用于非线性电路。即使在线性电路中，叠加定理也只适用于电流和电压的计算，而不能用于功率的计算。

4．戴维宁定理是指任何一个有源线性二端网络，对其外部电路而言，都可以用电压源与电阻串联的电路等效代替。

5．最大功率传输定理的内容是：当负载电阻等于电源内电阻（$R_L=R_S$）时，或当负载电阻等于有源二端网络的等效电阻（$R_L=R_{OC}$）时，电源可向负载提供最大功率，$P_{max}=\left(\dfrac{U_{OC}}{2R_O}\right)^2 \times R_S = \dfrac{U_{OC}^2}{4R_O}$。

思考与练习题 2

1．单选题

（1）在图 2-30 所示电路中，当 R_1 增加时，电压 U_2 将（　　）。

A．变大；　　　　　　B．变小；　　　　　　C．不变；　　　　　　D．不能确定

（2）在图 2-31 所示电路中，当电压源 U_S 单独作用时，电阻 R_L 的端电压 $U_L=5$ V，那么当电流源 I_S 单独作用时，电阻 R_L 的端电压 U_L 又将变为（　　）。

A．10 V；　　　　　　B．20 V；　　　　　　C．–20 V；　　　　　　D．0 V

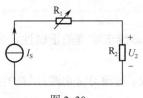

图 2-30

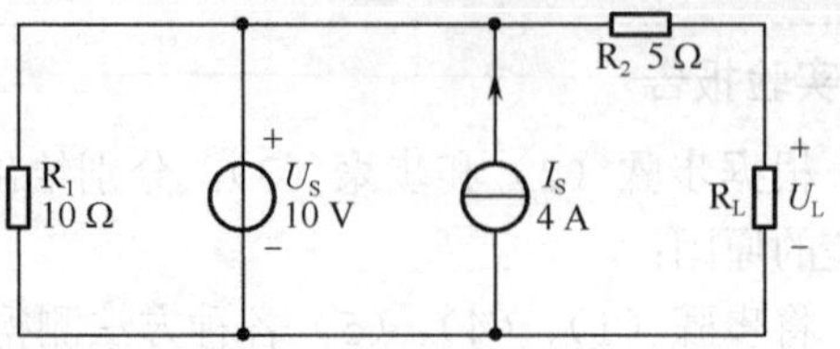

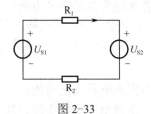

图 2-31

（3）在图 2-32 所示电路中，I_{S1}、I_{S2} 和 U_S 均为正值，且 $I_{S2}>I_{S1}$，则输出功率的电源是（　　）。

A．电压源 U_S；

B．电流源 I_{S2}；

C．电流源 I_{S2} 和电压源 U_S；

D．电流源 I_{S1}

（4）在图 2-33 所示电路中，U_{S1}、U_{S2} 和 I 均为正值，则输出功率的电源是（　　）。

A．电压源 U_{S1}；

B．电压源 U_{S2}；

C．电压源 U_{S1} 和 U_{S2}；

D．电阻

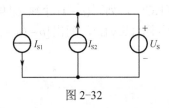

图 2-32

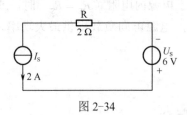

图 2-33

（5）在图 2-34 所示电路中，输出功率的电源是（　　）。

A．理想电压源；

B．理想电流源；

C．理想电压源与理想电流源；

D．电阻

（6）图 2-35 所示的电路用一个等效电源代替，应该是一个（　　）。

A．2 A 的理想电流源；

B．2 V 的理想电压源；

C．不能代替，仍为原电路；

D．4 V 的理想电压源

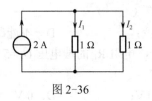

图 2-34

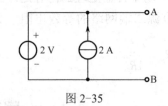

图 2-35

（7）把图 2-36 所示的电路改为图 2-37 所示电路，其负载电流 I_1 和 I_2 将（　　）。

A．增大；　　　　B．不变；　　　　C．减小；　　　　D．不能确定

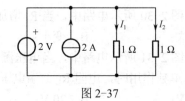

图 2-36

图 2-37

（8）在图 2-38 所示电路中，当 R_1 增加时，电流 I_2 将（　　）。

A．变大；　　　　　　　B．变小；　　　　　　　C．不变；　　　　　　　D．不能确定

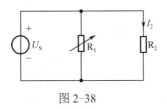

图 2-38

2．分析与计算题

（1）试求图 2-39 所示电路的等效电阻。

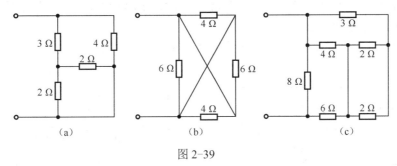

（a）　　　　　　　　　　（b）　　　　　　　　　　（c）

图 2-39

（2）如图 2-40 所示电路，电压 $U = 10\,\text{V}$，$R_1 = 5\,\text{k}\Omega$，$R_2 = 10\,\text{k}\Omega$，$R_3 = 5\,\text{k}\Omega$，滑动触头可上下滑动，当输出端开路时，输出电压调节范围是多少？

（3）如图 2-41 所示电路，求在开关打开和闭合时的电流。

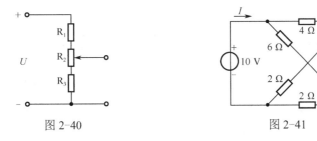

图 2-40　　　　　　　　　　　　　图 2-41

（4）试用电压源与电流源等效变换的方法计算图 2-42 中 2 Ω电阻上的电流 I。

（5）试用电压源与电流源等效变换的方法计算图 2-43 中 6 Ω电阻上的电流 I_3。

（6）试用支路电流法计算图 2-44 中各支路电流。

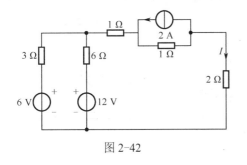

图 2-42

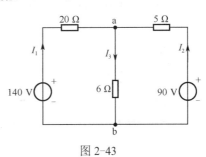

图 2-43

（7）试用叠加原理求图 2-45 中各支路电流。

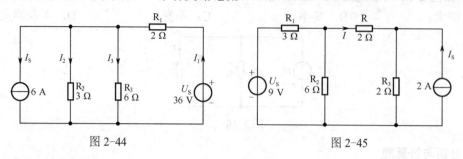

图 2-44   图 2-45

（8）试用叠加原理求图 2-46 所示电路中的电流 I。

（9）试用叠加原理计算图 2-46 所示电路中各支路的电流和各元件（电源和电阻）两端的电压，并说明功率平衡关系。

（10）试用戴维宁定理计算图 2-47 所示电路中 R_1 上的电流 I。

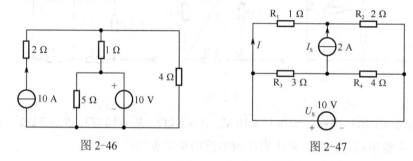

图 2-46   图 2-47

（11）试用叠加原理计算图 2-48 所示电路中各元件的电流和两端的电压，并说明功率平衡关系。

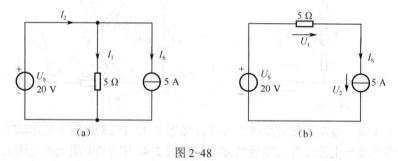

（a）   （b）

图 2-48

（12）试用戴维宁定理将图 2-49 所示的各电路化为等效电压源。

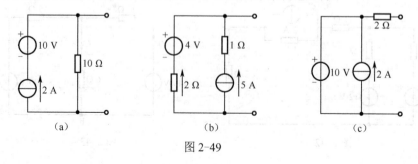

（a）   （b）   （c）

图 2-49

 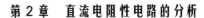

（13）试求图 2-50 电路中的电流 I 及恒流源 I_S 的功率。

（14）试求图 2-51 所示电路中的电流 I。

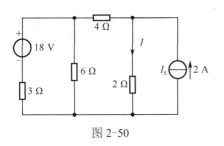

图 2-50

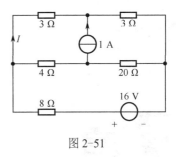

图 2-51

（15）试用戴维宁定理求图 2-52 所示电路中的电流 I。

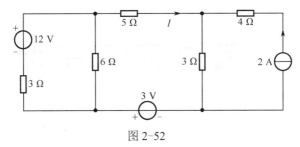

图 2-52

（16）如图 2-53 所示，电路中 R 的值是连续变化的，求 R 为何值时获得的功率最大？最大功率是多少？

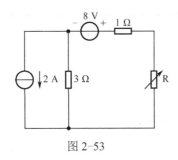

图 2-53

第3章

正弦交流电路

教学导航

教	知识重点	正弦量的三要素； 正弦量的相量表示法； 电阻、电感、电容元件伏安关系的相量关系； 正弦交流电路的相量分析法及相量图； 电路的功率
	知识难点	正弦量的相量表示法； 正弦交流电路的相量分析法及相量图
	推荐教学方式	启发式（实际应用电路）课堂教学讲授、学生互动探讨教学方式等
	建议学时	10（理论 8+实践 2）
学	必须掌握的理论知识	正弦量的三要素； 正弦量的相量表示法； 电阻、电感、电容元件伏安关系的相量关系； 正弦交流电路的相量分析法及相量图； 正弦交流电路的有功功率、无功功率、视在功率
	必须掌握的技能	交流电三要素的测试； 示波器的使用

3.1　正弦交流电的三要素

交流电是指大小和方向随时间作周期性变化且在一个周期内平均值为零的电流（或电压）。交流电的变化形式是多种多样的，如图 3-1 所示。随时间按正弦规律变化的电流、电压称为正弦交流电，图 3-1（c）就是一个正弦交流电流的波形。正弦交流电流和电压统称为正弦量。正弦量可以用正弦函数表示，也可用余弦函数表示。本书用正弦函数的形式来表示正弦量。

正弦量的表达式为：

$$u = U_{\mathrm{m}}\sin(\omega t + \varphi_{\mathrm{u}}) \tag{3-1}$$

$$i = I_{\mathrm{m}}\sin(\omega t + \varphi_{\mathrm{i}}) \tag{3-2}$$

正弦交流电的特征表现在其变化的大小、快慢和相位初始值三方面，用以描述上述三方面特征的是正弦交流电的三要素，即振幅、角频率和初相，其波形如图 3-2 所示。

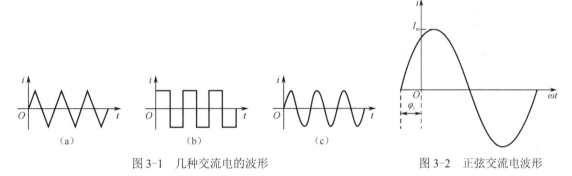

图 3-1　几种交流电的波形　　　　图 3-2　正弦交流电波形

1. 周期、频率、角频率

正弦量变化的快慢用周期、频率或角频率表示。

（1）周期。正弦量完整变化一周所需要的时间称为一个周期，用符号 T 来表示，其单位是秒（s）。

（2）频率。正弦量每秒变化的周期数称为频率，用符号 f 来表示，单位为赫兹（Hz）。

周期与频率互为倒数关系，即：

$$f = \frac{1}{T} \tag{3-3}$$

（3）角频率。正弦量每秒变化的幅度称为角频率，用 ω 表示，单位为弧度每秒（rad/s）。角频率与周期及频率的关系是：

$$\omega = 2\pi f = \frac{2\pi}{T} \tag{3-4}$$

注意： 我国和大多数国家都采用 50 Hz 作为电力系统的供电频率，而美国、日本等国家采用 60 Hz，这种频率习惯上称为工频（工业频率）。

正弦量变化的快慢用周期、频率或角频率表示。正弦量的周期越小，即频率或角频率越高，正弦量的变化就越快；反之，正弦量的变化就越慢。

2. 振幅与有效值

（1）振幅。正弦量瞬时值的最大幅值称为正弦量的最大值，也称幅值或振幅，用带下标 m 的大写字母表示，如 U_m、I_m。图 3-2 为电流的正弦波形。

（2）有效值。有效值是用电流的热效应来定义交流量大小的一个物理量。如果一个交流电通在通过某一电阻时，在一个周期时间内产生的热量和某一直流电流通过同一电阻，在相同时间内所产生的热量相同，那么这个直流电流的数值就称为该交流电流的有效值，即交流电流的有效值就是与它具有相同热效应的直流电流的数值。交流电的有效值用大写英文字母 U、I 表示。

根据证明，得知正弦量的有效值等于相应最大值的 $\dfrac{1}{\sqrt{2}}$，即：

$$I = \frac{I_m}{\sqrt{2}} \qquad (3-5)$$

$$U = \frac{U_m}{\sqrt{2}} \qquad (3-6)$$

注意： 在交流电路中，如果没有特别说明，一般所说的电压或电流大小都是指有效值。例如，交流电压 220 V，就是说该正弦交流电压的有效值 U 为 220 V，其最大值 U_m 为 310 V。一般电压表和电流表的读数是指被测电量的有效值。

实例 3-1 写出下列正弦量的有效值。

（1）$u(t) = 100\sin(628t + 60^\circ)(\mathrm{V})$。

（2）$i(t) = 7.07\sin 314t(\mathrm{A})$。

解 （1）$U = \dfrac{U_m}{\sqrt{2}} = \dfrac{100}{\sqrt{2}} = 70.7 \mathrm{V}$

（2）$I = \dfrac{I_m}{\sqrt{2}} = \dfrac{7.07}{\sqrt{2}} = 5 \mathrm{A}$

实例 3-2 设电路中电流 $i = I_m\sin\left(\omega t + \dfrac{2\pi}{3}\right)$，已知连接在电路中的安培表读数为 1.3 A，求 $t = 0$ 时 i 的瞬时值。

解 电路中安培表的读数即是有效值，故 $I = 1.3 \mathrm{A}$。最大值为：

$$I_m = \sqrt{2}I = 1.414 \times 1.3 = 1.84 \mathrm{A}$$

$t = 0$ 时，电流的瞬时值为：

$$i = I_m\sin\frac{2\pi}{3} = 1.84 \times 0.866 = 1.6 \mathrm{A}$$

即 $t = 0$ 时 i 的瞬时值是 1.6 A。

3. 相位、初相和相位差

（1）相位、初相。$\omega t + \varphi_i$ 称为相位，反应了正弦量随时间变化的进程；$t = 0$ 时的相位称为初相 φ_i，是确定正弦量初始值的一个要素。$\varphi_i = 0$ 时波形图如图 3-3（a）所示；$\varphi_i > 0$ 时波形图如图 3-3（b）所示。

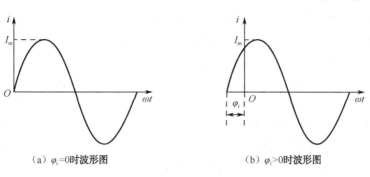

（a）$\varphi_i=0$ 时波形图　　　　　　　　（b）$\varphi_i>0$ 时波形图

图 3-3　正弦交流电波形图

（2）相位差 φ。相位差指两个同频率正弦量的相位之差，其值等于它们的初相之差。例如，同频率的正弦电压 u 与正弦电流 i 为：

$$u=U_{m}\sin(\omega t+\varphi_{u})$$
$$i=I_{m}\sin(\omega t+\varphi_{i})$$

其相位差为：

$$\varphi=(\omega t+\varphi_{u})-(\omega t+\varphi_{i})=\varphi_{u}-\varphi_{i} \qquad (3-7)$$

说明：相位差的概念建立在同频率正弦量的基础之上，不同频率的正弦量不能进行相位比较。

根据相位差的正负可以判断两个同频率正弦量的超前、滞后关系，考虑到相位差 φ 的取值范围为 $-\pi\leqslant\varphi\leqslant\pi$，则式（3-7）中两正弦量间的相位关系可描述为：

（1）$\varphi=0$ 时，u 与 i 同相，如图 3-4（a）所示；

（2）$\varphi>0$ 时，u 超前 i，如图 3-4（b）所示；

（3）$\varphi<0$ 时，u 滞后于 i，如图 3-4（c）所示；

（4）还有两种特例：当 $\varphi=\pi$ 时，称 u 与 i 反相；当 $\varphi=\dfrac{\pi}{2}$ 时，称 u 与 i 正交。

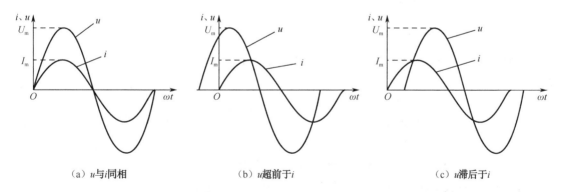

（a）u 与 i 同相　　　　　　（b）u 超前于 i　　　　　　（c）u 滞后于 i

图 3-4　电压 u 与电流 i 的相位关系

要点：从波形图判断两个同频率正弦量相位关系的方法是看它们波形的起点，起点靠左的正弦量相位超前，靠右的滞后。

实例 3-3 已知正弦电压 u 的幅值为 $U_m = 310\,\text{V}$，频率 $f = 50\,\text{Hz}$，初相位 $\varphi_u = 45°$。求：①此电压的周期和角频率；②写出电压 u 的三角函数表达式；③画出波形图。

解 （1）周期 $T = \dfrac{1}{f} = \dfrac{1}{50} = 0.02\,\text{s}$

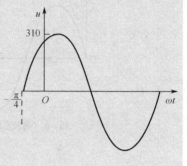

角频率 $\omega = 2\pi f = 2 \times 3.14 \times 50 = 314\,\text{rad/s}$

（2）电压 u 的三角函数表达式为：

$$u = U_m\sin(\omega t + \varphi_u) = 310\sin(314t + 45°)\,(\text{V})$$

（3）作波形图，以 $\omega t(\text{rad})$ 为横坐标较为方便，电压 u 的波形如图 3-5 所示。

图 3-5　电压 u 的波形图

3.2　正弦交流电的相量表示法

本节将介绍一种分析正弦交流电路的重要方法——相量法。由于相量法要涉及复数的运算，所以在介绍相量法之前，先扼要地介绍一下复数的相关知识。

3.2.1　复数及其运算

一个复数 A 可以表示成代数形式：

$$A = a + jb$$

式中，a 称为 A 的实部，b 称为 A 的虚部。$j = \sqrt{-1}$ 称为虚数单位。

复数 A 可以用复平面上的矢量 OA 表示，OA 在实轴的投影就是实部 a。OA 在虚轴的投影就是虚部 b，如图 3-6 所示。矢量 OA 的长度就是复数的模，用 $|A|$ 表示；矢量 OA 与实轴正向的夹角 φ 称为复数的幅角。

复数的模和幅角可由其实部和虚部求得，由图 3-6 可知：

$$\left.\begin{aligned}|A| &= \sqrt{a^2 + b^2}\\ \varphi &= \arctan\frac{b}{a}\end{aligned}\right\} \tag{3-8}$$

一个复数也可表示为三角函数形式，由图 3-6 可知：

$$\left.\begin{aligned}a &= |A|\cos\varphi\\ b &= |A|\sin\varphi\end{aligned}\right\} \tag{3-9}$$

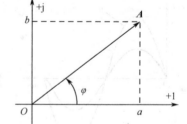

图 3-6　复数的表示

所以复数 A 又可表示为

$$A = |A|\cos\varphi + j|A|\sin\varphi = |A|(\cos\varphi + j\sin\varphi) \tag{3-10}$$

利用欧拉公式 $\cos\varphi + j\sin\varphi = e^{j\varphi}$，因而复数 A 还可表示为指数形式：

$$A = |A|e^{j\varphi} \tag{3-11}$$

在电工中常简写成极坐标形式，即：

$$A = |A|\angle\varphi \tag{3-12}$$

由上面的关系式不难得出：

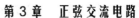

$$e^{j0} = 1\angle 0° = 1; \quad e^{j90°} = 1\angle 90° = j; \quad e^{-j90°} = 1\angle -90° = -j; \quad e^{j180°} = 1\angle 180° = -1$$

在以后的运算中，经常会用到复数的代数形式和极坐标形式，它们之间的换算应十分熟练。

实例 3-4 写出复数 $A_1 = 4 - j3$ 和 $A_2 = 3 + j4$ 的指数形式和极坐标形式。

解 （1） A_1 的模 $|A_1| = \sqrt{4^2 + (-3)^2} = 5$；辐角 $\varphi = \arctan \dfrac{-3}{4} = -36.9°$ （在第四象限）；

A_1 的指数形式为 $A_1 = 5e^{-j36.9°}$；A_1 的极坐标形式为 $A_1 = 5\angle -36.9°$。

（2） A_2 的模 $|A| = \sqrt{(-3)^2 + 4^2} = 5$；辐角 $\varphi = \arctan \dfrac{4}{-3} = 126.9°$ （在第二象限）；

A_2 的指数形式为 $A_2 = 5e^{j126.9°}$；A_2 极坐标形式为 $A_2 = 5\angle 126.9°$。

3.2.2 复数的四则运算

1. 复数的加减法

复数的加、减运算应用代数形式较为方便。设有两个复数：

$$A_1 = a_1 + jb_1, \quad A_2 = a_2 + jb_2$$

则两复数之和为：

$$A = A_1 + A_2 = (a_1 + a_2) + j(b_1 + b_2) \tag{3-13}$$

两复数相加可以在复平面上用平行四边形法则求和的方法进行，如图 3-7 所示。复数相加符合"平行四边形法则"，复数相减符合"三角形法则"。

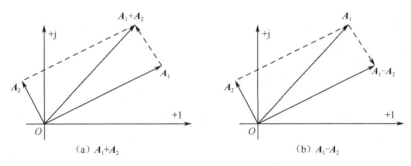

（a） $A_1 + A_2$　　　　　　　　　　　　　　（b） $A_1 - A_2$

图 3-7　复数代数和的图解法

2. 复数的乘除法

复数相乘或相除时，以指数形式和极坐标式表示较方便。

设有两个复数 $A_1 = |A_1| \angle \varphi_1$，$A_2 = |A_2| \angle \varphi_2$，则有：

$$A_1 \cdot A_2 = |A_1| \angle \varphi_1 \cdot |A_2| \angle \varphi_2 = |A_1||A_2| \angle (\varphi_1 + \varphi_2) \tag{3-14}$$

$$\frac{A_1}{A_2} = \frac{|A_1| \angle \varphi_1}{|A_2| \angle \varphi_2} = \frac{|A_1|}{|A_2|} \angle (\varphi_1 - \varphi_2) \tag{3-15}$$

即复数相乘，模相乘，辐角相加；复数相除，模相除，辐角相减。

实例 3-5 已知复数 $A_1 = 6 + j8$，$A_2 = 8 - j6$。求 $A_1 + A_2$、$\dfrac{A_1}{A_2}$、jA_2。

解：

$$A_1 + A_2 = (6 + j8) + (8 - j6) = 14 + j2$$

$$\frac{A_1}{A_2} = \frac{6 + j8}{8 - j6} = \frac{10\angle 53.1°}{10\angle -36.9°} = 1\angle 90°$$

$$jA_2 = 1\angle 90° \times 10\angle -36.9° = 10\angle 53.1°$$

3.2.3　正弦量的相量表示法

1. 旋转因子

若复数 $A = |A|\angle\theta$ 乘以 j，则为 $A = |A|\angle(\theta + 90°)$。这表明，任意一个复数乘以 j，其模值不变，辐角增加 90°，相当于在复平面上把复数矢量逆时针旋转 90°，如图 3-8 所示。因此，j 称为旋转 90° 的因子。

例如，复数 $A = |A|_1 \mathrm{e}^{j\theta_1} = |A|_1\angle\theta_1$，则 $A\cdot\mathrm{e}^{j\theta} = |A|_1\angle\theta_1\cdot\angle\theta = |A|_1\angle(\theta_1 + \theta)$，即任意复数乘以旋转因子后，其模不变，辐角在原来的基础上增加了，这就相当于把该复数矢量逆时针旋转 θ，如图 3-9 所示。

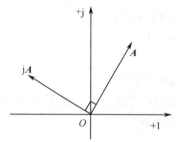

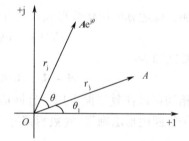

图 3-8　复数 A 乘以 j 的几何意义　　　图 3-9　复数的乘运算

2. 正弦量的旋转矢量表示法

旋转因子 $1\angle\theta$ 的辐角 θ 为一常量，此时任意复数乘以该旋转因子后就会旋转 θ。假使 $\theta = \omega t$ 是一个随时间匀速变化的角，其角速度为 ω，不难想象，若任意复数乘以这个旋转因子 $\mathrm{e}^{j\omega t} = 1\angle\omega t$ 后，其复数矢量就会在原来的基础上逆时针旋转起来，且旋转的角速度也是 ω。

假设有一个正弦电流 $i = I_\mathrm{m}\sin(\omega t + \psi)$，在复平面上过原点作一个矢量，如图 3-10 所示。矢量与横轴正方向的夹角等于正弦电流的初相，它的长度等于正弦电流的最大值 I_m，并令矢量以角速度逆时针旋转，旋转中的矢量在纵轴的投影是变化的。当 $t=0$ 时，该矢量在纵轴上的投影 $Oa = I_\mathrm{m}\sin\psi$；经过 t_1 时间，矢量旋转的角度为 t_1，与横轴的夹角为 $(\omega t_1 + \psi)$，

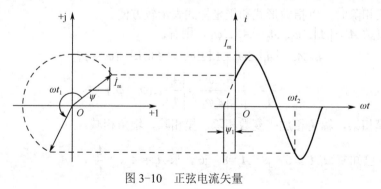

图 3-10　正弦电流矢量

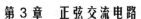

它在纵轴的投影 $Ob = I_m \sin(\omega t_1 + \psi)$，刚好等于正弦电流在 t_1 时刻的瞬时值。因此，在任意时刻，以角速度逆时针旋转的矢量在纵轴上的投影，都与正弦电流在该时刻的瞬时值保持一一相等的对应关系。所以复平面上的一个旋转矢量可以完整地表示一个正弦量；这也是正弦量的一种表示方法。

复平面上的矢量与复数是一一对应的，用复数 $I_m e^{j\varphi}$ 来表示复数的起始位置，再乘以旋转因子 $e^{j\omega t}$ 便为上述旋转矢量，即：

$$I_m e^{j\psi} e^{j\omega t} = I_m e^{j(\omega t + \psi)} = I_m \cos(\omega t + \psi) + j I_m \sin(\omega t + \psi)$$

该矢量的虚部即为正弦量的解析式，这与旋转矢量的纵轴投影为正弦量的瞬时值是同样意思。由于复数本身并不等于正弦函数，因此用复数可以相对应地表示一个正弦量，但两者并不相等。

3. 正弦量的相量表示

在正弦交流电路中，若输入的信号是角频率的正弦量，则电路中任何一处的电压、电流均为同角频率的正弦量，它们的角速度相同，相对位置不变，可以不考虑它们的旋转，只用起始位置的矢量来表示正弦量，即把旋转因子 $e^{j\omega t}$ 省去，而用复数 $I_m e^{j\varphi}$ 对应地表示正弦量 i。

这种能表示正弦量特征的复数就称为相量，规定相量用上面带小圆点的大写字母来表示，如 $\dot{I}$ 表示电流相量，$\dot{U}$ 表示电压相量。这就是正弦量的相量表示法。

例如，对于正弦电流 $i = I_m \sin(\omega t + \varphi_i)$ 的相量，其幅值相量为：

$$\dot{I}_m = I_m e^{j\varphi_i} = I_m \angle \varphi_i$$

有效值相量为：

$$\dot{I} = I e^{j\varphi_i} = I \angle \varphi_i$$

一般来说未特别指明的相量表示有效值相量。在运算过程中，相量与一般复数没有区别。

4. 相量图

将一些相同频率的正弦量的相量画在同一个复平面上所构成的图形称为相量图。

（1）画法。每个相量用一条有向线段表示，其长度表示相量的模，有向线段与横轴正向的夹角表示该相量的辐角（初相）。

（2）加法、减法运算。按平行四边形法则计算。

注意：只有对同频率的正弦量，才能应用对应的相量进行代数运算。

实例 3-6　写出下列正弦量的相量，并画出相量图。

（1）$u(t) = 100\sin(314t + 60°)(V)$；

（2）$i(t) = 7.07\cos 314t(A)$。

解　（1）根据三要素法及有效值的定义，得：

$$U_m = 100 \text{ V}, \quad U = \frac{100}{\sqrt{2}} = 70.7 \text{ V}, \quad \varphi_u = 60°$$

$$\dot{U}_m = 100\angle 60°, \quad \dot{U} = 70.7\angle 60°$$

相量图如图 3-11（a）所示。

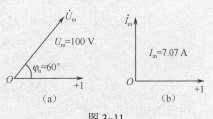

图 3-11

（2）先将式中的余弦函数转换为正弦函数，得：

$$i(t) = 7.07 \cos 314t = 7.07 \sin(314t + 90°)$$

根据正弦量的三要素及有效值的定义，得：

$$I_m = 7.07, I = \frac{7.07}{\sqrt{2}} = 5, \varphi_i = 90° \qquad \dot{I}_m = 7.07\angle 90°, \dot{I} = 5\angle 90°$$

相量图如图 3-11（b）所示。

实例 3-7 写出下列相量所对应的正弦量，已知 $\omega = 1\,000\,\text{rad/s}$。

（1）$\dot{U}_1 = 50\angle -30°\,\text{V}$。

（2）$\dot{U}_2 = 50\angle 60°\,\text{V}$。

解 根据题意，可得：

$$u_1 = 50 \sin(1\,000t - 30°)(\text{V})$$
$$u_2 = 50\sqrt{2} \sin(1\,000t + 60°)(\text{V})$$

3.2.4 同频率正弦相量的运算规则

在分析正弦交流电路时，常遇到两个（或两个以上）同频率量的求和问题。用相量表示正弦量进行交流电路运算的方法称为相量法。例如，一条支路上有两个同频率的正弦电压，其解析式为：

$$u_1 = U_{1m} \sin(\omega t + \psi_1) = \sqrt{2}U_1(\omega t + \psi_1)$$
$$u_2 = U_{2m} \sin(\omega t + \psi_2) = \sqrt{2}U_2(\omega t + \psi_2)$$

求总电压 u。根据 KVL 可得 $u = u_1 + u_2$。对该式采用三角函数式展开运算，非常烦琐，也不易求解。若采用相量法求解就很简单了。

因为 $u = u_1 + u_2$，则 $\dot{U}_m = \dot{U}_{1m} + \dot{U}_{2m}$ 或 $\dot{U} = \dot{U}_1 + \dot{U}_2$。值得注意的是，虽然 $i = i_1 + i_2$，但 $I_m = I_{1m} + I_{2m}$ 及 $I = I_1 + I_2$ 不成立。

对于同频率正弦量的求和可按以下步骤进行：

（1）已知 u_1、u_2，求解其相量表示 $\dot{U}_{1m}$、$\dot{U}_{2m}$（或 $\dot{U}_1$、$\dot{U}_2$）；

（2）相量求和计算 $\dot{U}_m = \dot{U}_{1m} + \dot{U}_{2m}$（或 $\dot{U} = \dot{U}_1 + \dot{U}_2$）。

（3）根据相量 $\dot{U}_m$ 或 $\dot{U}$，求 u。

实例 3-8 已知两个同频率的正弦电压 $u_2 = 150\sqrt{2} \sin(\omega t - 120°)(\text{V})$ 和 $u_1 = 100\sqrt{2} \sin \omega t(\text{V})$。求 $u_1 + u_2$，并画出相量图。

解：
$$\dot{U}_1 = 100\angle 0° = 100\,\text{V}$$
$$\dot{U}_2 = 150\angle -120° = (-75 - \text{j}130)\,\text{V}$$
$$\dot{U}_1 + \dot{U}_2 = 100 + (-75 - \text{j}130) = (25 - \text{j}130)\,\text{V}$$
$$= 132.3\angle -79.1°\,\text{V}$$

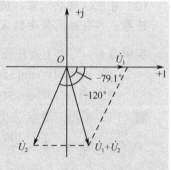

图 3-12 相量图

所以

$$u_1 + u_2 = 132.3\sqrt{2} \sin(\omega t - 79.1°)\,\text{V}$$

相量图如图 3-12 所示。

注意： u_1 与 u_2 之和的有效值不等于 u_1 的有效值加 u_2 的有效值。

3.3 电阻、电感、电容元件的电压电流关系

由电阻、电感、电容等单个元件组成的正弦交流电路是最简单的交流电路，下面将分别对电阻、电感、电容元件电压、电流的有效值之间及它们的初相位之间的关系进行讨论。

3.3.1 电阻元件

在正弦交流电路中，假定任一瞬时电压 u_R 和电流 i_R 均为关联参考方向，如图 3-13（a）所示。

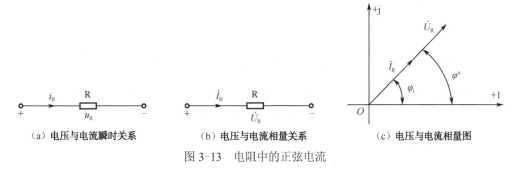

（a）电压与电流瞬时关系　　（b）电压与电流相量关系　　（c）电压与电流相量图

图 3-13　电阻中的正弦电流

1. 瞬时关系

设电阻通过的正弦电流为：

$$i_R = \sqrt{2} I_R \sin(\omega t + \varphi_i)$$

根据欧姆定律有：

$$u_R = R i_R = \sqrt{2} R I_R \sin(\omega t + \varphi_i) = \sqrt{2} U_R \sin(\omega t + \varphi_i) \tag{3-16}$$

2. 相量关系

因 $i_R = \sqrt{2} I_R \sin(\omega t + \varphi_i) \rightarrow \dot{I}_R = I_R \angle \varphi_i$，根据式（3-12）可得电阻元件电压与电流的相量关系为：

$$\dot{U}_R = R \dot{I}_R = R I_R \angle \varphi_i = U_R \angle \varphi_u \tag{3-17}$$

其中，振幅 $U_R = R I_R$，相位 $\varphi_u = \varphi_i$。相量关系如图 3-13（b）所示。

3. 相量图［如图 3-13（c）所示］

结论：在电阻元件的交流电路中，电流和电压是同相的；电压的幅值（或有效值）与电流的幅值（或有效值）的比值，就是电阻 R。

实例 3-9　在如图 3-13（b）所示电路中，已知 $R = 10 \text{ k}\Omega$，$\dot{U}_R = 220 \angle 45° \text{ V}$，$\omega = 314 \text{ rad/s}$。试求电流 $i_R(t)$。

解

因为　$\dot{U}_R = 220 \angle 45° \text{ V}$，$R = 10 \text{ k}\Omega$

所以有：

$$\dot{I} = \frac{\dot{U}_R}{R} = 22 \angle 45° \text{ (mA)}$$

即 $\qquad I = 22\,\text{mA}$ ， $\varphi_1 = 45°$

又因为 $\omega = 314(\text{rad/s})$ ，故得：

$$i_R(t) = 22\sqrt{2}\sin(314t + 45°)(\text{mA})$$

3.3.2 电感元件

电感元件通过的电流 i_L 与电感元件两端的电压 u_L 均为关联参考方向，如图 3-14（a）所示。

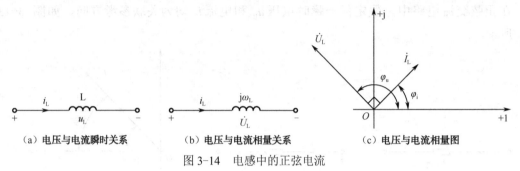

（a）电压与电流瞬时关系　　（b）电压与电流相量关系　　（c）电压与电流相量图

图 3-14　电感中的正弦电流

1. 电压电流关系

（1）瞬时关系。根据前面知识可知通过单一电感元件的电流与元件两端的电压的瞬时关系为：

$$u_L = L\frac{\mathrm{d}i_L}{\mathrm{d}t} \tag{3-18}$$

（2）相量关系。令 $i_L = I_L\sin(\omega t + \varphi_i)$ ，即 $\dot{I}_L = I_L\angle\varphi_i$ ，其电压电流关系为：

$$u_L = L\frac{\mathrm{d}I_L\sin(\omega t + \varphi_i)}{\mathrm{d}t} = \omega L I_L\cos(\omega t + \varphi_i) = \omega L I_L\sin\left(\omega t + \frac{\pi}{2} + \varphi_i\right)$$

所以，电压与电流的相量关系为：

$$\dot{U}_L = U_L\angle\varphi_u = \omega L I_L\angle\left(-\frac{\pi}{2} + \varphi_i\right) = \mathrm{j}X_L\dot{I}_L \tag{3-19}$$

相量关系如图 3-13（b）所示。

在式（3-19）中，振幅 $U_L = \omega L I_L = X_L I_L$ ，则：

$$X_L = \frac{U_L}{I_L} = \omega L = 2\pi f L \tag{3-20}$$

式（3-20）称为电感的感抗，用 X_L 表示，单位为欧姆。同一个电感线圈（L 为定值），对不同频率的正弦电流表现出不同的感抗，频率越高，感抗 X_L 越大。因此，电感线圈对高频电流有阻碍作用；在直流电路中，$\omega = 0$ ，$X_L = 0$ ，电感相当于短路。所以电感元件具有通直流阻交流、通低频阻高频的特性。

相位 $\varphi_u = \frac{\pi}{2} + \varphi_i$ ，$\varphi = \varphi_u - \varphi_i = 90°$ ，说明电压比电流超前 $90°$ 。

（3）u_L、i_L 的相量图如图 3-14（c）所示。

2. 电感元件中储存的磁场能量

在关联参考方向下，已知电感两端电压为：

$$u_L = L\frac{di_L}{dt}$$

电感元件吸收的瞬时功率为：

$$P_L = u_L i_L = L i_L \frac{di_L}{dt}$$

电流从零上升到某一值时，电源供给的能量就存储在磁场中，其能量为：

$$W_L = \int_0^t P_L dt = \int_0^t u_L i_L dt = \int_0^{i_L} L i_L di_L = \frac{1}{2} L i_L^2 \qquad (3\text{-}21)$$

式（3-21）中的 i_L 为 t 时刻所对应的电感电流瞬时值，能量单位为焦耳（J）。

在电感中存储的最大磁场能量为：

$$W_{Lm} = \frac{1}{2} L I_{Lm}^2$$

实例 3-10　已知一个电感 $L=2\ \mathrm{H}$，接在 $u_L = 220\sqrt{2}\sin(314t - 60°)\ \mathrm{V}$ 的电源上。求：

（1）电感元件的感抗 X_L；

（2）关联参考方向下通过电感的电流 i_L；

（3）电感。

解　（1）根据式（3-20），电感元件的感抗为：

$$X_L = \omega L = 314 \times 2 = 628\ \Omega$$

（2）电压的相量为：

$$\dot{U} = 220\angle -60°\ \mathrm{V}$$

根据式（3-19），通过电感电流的相量为：

$$\dot{I}_L = \frac{\dot{U}_L}{jX_L} = \left(\frac{220\angle -60°}{628\angle 90°}\right)\mathrm{A} = 0.35\angle -150°\ \mathrm{A}$$

则

$$i_L = \sqrt{2}I\sin(\omega t + \psi_i) = 0.35\sqrt{2}\sin(314t - 150°)\ \mathrm{A}$$

实例 3-11　已知某电感 $L=0.5\ \mathrm{H}$，它两端的电压有效值 $U=50\ \mathrm{V}$，初相角 $\varphi_m = 0°$，$f = 50\ \mathrm{Hz}$，试求：

（1）感抗 X_L；

（2）通过电感元件中的电流 $i(t)$；

（3）画出电压与电流的相量图。

解　（1）感抗 $X_L = 2\pi f L = 2 \times 3.14 \times 50 \times 0.5 = 157\ \Omega$；

（2）根据已知条件可知：

$$\dot{U} = 50\angle 0°\ \mathrm{V}$$

根据式（3-19）可得：

$$\dot{I}_{\mathrm{L}} = \frac{\dot{U}_{\mathrm{L}}}{\mathrm{j}\omega L} = \frac{50\angle 0^{\circ}}{157\angle 90^{\circ}} = 0.32\angle -90^{\circ}\,\mathrm{A}$$

故

$$i(t) = 0.32\sqrt{2}\sin(314t - 90^{\circ}) = 0.45\sin(314t - 90^{\circ})\,\mathrm{A}$$

（3）电感元件中的电压、电流相量图，如图 3-15 所示。

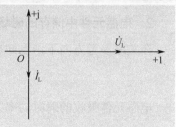

图 3-15　电压、电流相量图

3.3.3　电容元件

电容元件通过的电流 i_{C} 与电感元件两端的电压 u_{C}，在关联参考方向下如图 3-16（a）所示。

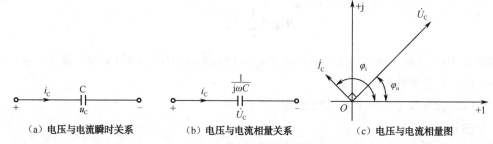

（a）电压与电流瞬时关系　　（b）电压与电流相量关系　　（c）电压与电流相量图

图 3-16　电容元件中电压、电流关系及相量图

1. 电压电流关系

（1）瞬时关系。根据前面知识可知通过单一电容元件的电流与元件两端的电压的瞬时关系为：

$$i_{\mathrm{C}} = C\frac{\mathrm{d}u}{\mathrm{d}t} \tag{3-22}$$

（2）相量关系。在正弦交流电路中，令 $u_{\mathrm{C}} = U_{\mathrm{C}}\sin(\omega t + \varphi_{u})$，则其幅值相量为 $\dot{U}_{\mathrm{C}} = U_{\mathrm{C}}\angle\varphi_{u}$，得：

$$i_{\mathrm{C}} = C\frac{\mathrm{d}u_{\mathrm{C}}}{\mathrm{d}t} = C\frac{\mathrm{d}U_{\mathrm{C}}\sin(\omega t + \varphi_{u})}{\mathrm{d}t}i_{\mathrm{C}} = \omega CU_{\mathrm{C}}\cos(\omega t + \varphi_{u}) = \omega CU_{\mathrm{C}}\sin(\omega t + \varphi_{u} + 90^{\circ})$$

则：

$$\dot{I}_{\mathrm{C}} = \omega CU_{\mathrm{C}}\angle(90^{\circ} + \varphi_{u}) = \mathrm{j}\omega CU_{\mathrm{C}}\angle\varphi_{u} = \mathrm{j}\omega C\dot{U}_{\mathrm{C}}$$

所以，电压与电流的相量关系为：

$$\dot{U}_{\mathrm{C}} = -\frac{1}{\mathrm{j}\omega C}\dot{I}_{\mathrm{C}} = -\mathrm{j}X_{\mathrm{C}}\dot{I}_{\mathrm{C}} \tag{3-23}$$

相量关系如图 3-16（b）所示。

在式（3-23）中，振幅 $I_{\mathrm{m}} = \omega CU_{\mathrm{m}} = \dfrac{U_{\mathrm{m}}}{X_{\mathrm{C}}}$，则得：

$$X_{\mathrm{C}} = \frac{1}{\omega C} = \frac{1}{2\pi fC} \tag{3-24}$$

式（3-24）中 X_{C} 称为电容的容抗，单位为欧姆。同一电容器（C 为定值），对不同频率的正

 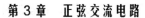

弦电流表现出不同的容抗，频率越高，则容抗越小；在直流电路中，$\omega = 0$，$X_C = \infty$，电容相当于开路。所以，电容元件具有隔直流通交流、通高频阻低频的特性。

相位关系为 $\varphi_i = \varphi_u + 90°$，电流超前电压 $90°$ 或者电压滞后电流 $90°$。

（3）u_C、i_C 的相量图，如图 3-16（c）所示。

2. 电容元件中存储的电场能量

电容电压从零上升到某一值时，电源供给的能量就存储在电场中，其能量为：

$$W_C = \int_0^t u_C i_C \mathrm{d}t = \int_0^u C u_C \mathrm{d}u_C = \frac{1}{2} C u_C^2 \qquad (3-25)$$

式（3-25）中的 U_C 为 t 时刻所对应的电感电流瞬时值，能量单位为焦耳（J）。

在电容中存储的最大电场能量为：

$$W_{Cm} = \frac{1}{2} C U_{Cm}^2$$

实例 3-12 已知一电容 $C = 100\,\mu\mathrm{F}$，接在 $u = 220\sqrt{2}\sin\left(1\,000t - \dfrac{\pi}{6}\right)\mathrm{V}$ 的电源上。

（1）求在关联参考方向下通过电容的电流 i_C。

（2）求电容中存储的最大电场能量 W_{Cm}；

（3）绘出电流和电压的相量图。

解 （1）$X_C = \dfrac{1}{\omega C} = \left(\dfrac{1}{1\,000 \times 100 \times 10^{-6}}\right)\Omega = 10\,\Omega$

$$\dot{U}_C = 220\angle -\frac{\pi}{6}\,\mathrm{V}$$

$$\dot{I}_C = \frac{\dot{U}_C}{-\mathrm{j}X_C} = \frac{220\angle -\dfrac{\pi}{6}}{10\angle -\dfrac{\pi}{2}} = 22\angle \frac{\pi}{3}\,\mathrm{A}$$

所以

$$i_C = 22\sqrt{2}\sin\left(1\,000t + \frac{\pi}{3}\right)\mathrm{A}$$

（2）$W_{Cm} = \dfrac{1}{2} C U_{Cm}^2 = \left[\dfrac{1}{2} \times 100 \times 10^{-6} \times (220\sqrt{2})^2\right] = 4.84\,\mathrm{J}$

（3）相量图如图 3-17 所示。

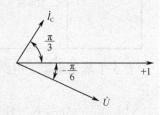

图 3-17 相量图

实例 3-13 已知某电容 $C = 0.5\,\mu\mathrm{F}$，通过它的电流有效值 $I = 10\,\mathrm{mA}$，初相角 $\varphi_i = 90°$，$\omega = 100\,\mathrm{rad/s}$，试求：（1）容抗 X_C；（2）电容元件两端的电压 $u_C(t)$；（3）画出电压、电流的相量图。

解 （1）$X_C = \dfrac{1}{\omega C} = \dfrac{1}{100 \times 0.5 \times 10^{-6}} = 2 \times 10^4\,\Omega = 20\,\mathrm{k\Omega}$

（2）根据已知条件可知：

$$\dot{I}_C = 10\angle 90°\,\mathrm{mA}$$

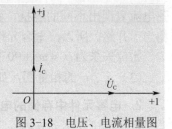

根据式（3-23）得：

$$\dot{U}_{\mathrm{C}} = -\mathrm{j}X_{\mathrm{C}}\dot{I}_{\mathrm{C}} = -\mathrm{j}20\times10\angle90^\circ = 20\angle90^\circ\times10\angle90^\circ = 200\angle0^\circ\,(\mathrm{V})$$

所以：

$$u_{\mathrm{C}}(t) = 200\sqrt{2}\sin(100t+0^\circ) = 283\sin100t\,(\mathrm{V})$$

（3）电压、电流的相量图如图3-18所示。

图3-18　电压、电流相量图

3.3.4　单一元件的比较

电阻、电感和电容元件的性质比较见表3-1。

表3-1　电阻、电感、电容元件的性质比较

关系		电路元件		
		R	L	C
电压电流关系	瞬时值关系	$u=Ri$	$u_{\mathrm{L}}=L\dfrac{\mathrm{d}i_{\mathrm{L}}}{\mathrm{d}t}$	$i_{\mathrm{C}}=C\dfrac{\mathrm{d}u_{\mathrm{C}}}{\mathrm{d}t}$
	有效值关系	$U=RL$	$U=\omega LI$	$U=\dfrac{1}{\omega C}I$
	相量关系	$\dot{U}=R\dot{I}$	$\dot{U}_{\mathrm{L}}=\mathrm{j}\omega LI_{\mathrm{L}}$	$\dot{U}_{\mathrm{C}}=-\mathrm{j}\dfrac{1}{\omega C}\dot{I}_{\mathrm{C}}$
	相位关系	ui 同相	u_{L} 超前 $i_{\mathrm{L}}90^\circ$	i_{C} 超前 $u_{\mathrm{C}}90^\circ$
图形	相量图			
	波形图			

表3-1除对电阻、电感和电容的电压、电流及功率关系进行比较外，还可以得出以下结论。

（1）X_{C}、X_{L} 与 R 一样，有阻碍电流的作用。

（2）X_{C}、X_{L} 都适用欧姆定律，X_{C}、X_{L} 等于相应电压、电流有效值之比。

（3）X_{L} 与 f 成正比，X_{C} 与 f 成反比，R 与 f 无关。

（4）对直流电 $f=0$，$X_{\mathrm{L}}=0$，L 可视为短路；$X_{\mathrm{C}}=\infty$，C 可视为开路。

（5）对交流电 f 越高，X_{L} 越大，X_{C} 越小。

3.4　基尔霍夫定律的相量形式

基尔霍夫定律在交流正弦电路中依然成立，本节介绍基尔霍夫定律的相量形式。

3.4.1　基尔霍夫电流定律

基尔霍夫电流定律指出，任一瞬间，电路中流入任一节点的电流代数和为零，即流入某节点的电流之和等于流出该节点的电流之和，即：

$$\sum i = 0$$

由于在正弦交流电路中，所有电流都是同频率的正弦量，因此：

$$\sum \dot{I} = 0 \tag{3-26}$$

基尔霍夫电流定律的相量形式表述：任一瞬间，电路中流入任一节点的电流相量代数和为零。

3.4.2　基尔霍夫电压定律

基尔霍夫电压定律指出，任一瞬间，电路中任一闭合回路上各部分电压的代数和等于零，即：

$$\sum u = 0$$

同理，在正弦交流电路中，所有的电压都是同频率的正弦量，因此：

$$\sum \dot{U} = 0 \tag{3-27}$$

基尔霍夫电压定律的相量形式表述：任一瞬间，电路中任一闭合回路上各部分电压的相量代数和为零。

实例 3-14　图 3-19 所示正弦交流电路中，已知 $R = 100\,\Omega$，$X_C = 100\,\Omega$，电压 u 的有效值相量为 $\dot{U} = 100\angle 0^\circ\,\text{V}$，求电流 i 的相量 $\dot{I}$，并画出电压电流相量图。

解　根据基尔霍夫电流定律有：

$$i = i_1 + i_2$$

其相量形式为：

$$\dot{I} = \dot{I}_1 + \dot{I}_2$$

由于：

$$\dot{I}_1 = \frac{\dot{U}}{R} = \frac{100\angle 0^\circ}{100} = 1\angle 0^\circ\,\text{A}$$

$$\dot{I}_2 = \frac{\dot{U}}{-jX_C} = \frac{100\angle 0^\circ}{100\angle 90^\circ} = 1\angle 90^\circ\,\text{A}$$

所以：

$$\dot{I} = \dot{I}_1 + \dot{I}_2 = 1\angle 0^\circ + 1\angle 90^\circ = \sqrt{2}\angle 45^\circ\,\text{A}$$

电压电流相量图如图 3-20 所示。

图 3-19　电路图

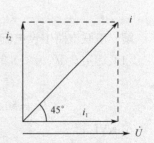

图 3-20　电压、电流相量图

实例 3-15　如图 3-21（a）所示电路中，已知电流表 A_1、A_2、A_3 都是 10 A，求电路中电流表 A 的读数。

解　并联电路中设端电压为参考相量，即 $\dot{U} = U\angle 0^\circ\,\text{V}$。电流的参考方向如图 3-21

（a）所示，相量图如图 3-21（b）所示，则有：

$$\dot{I}_1 = 10\angle 0° \text{ A} \quad （电阻 R：电流与电压同相）$$

$$\dot{I}_2 = 10\angle 90° \text{ A} \quad （电容 C：电流超前于电压 90°）$$

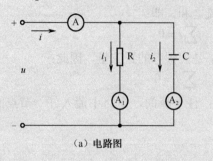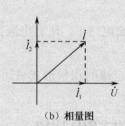

（a）电路图　　　　　　　（b）相量图

图 3-21

根据相量图 3-21（b）可得：

$$I = \sqrt{I_1^2 + I_2^2} = \sqrt{10^2 + 10^2} = 10\sqrt{2} \text{ A}$$

所以电流表 A 的读数为 $10\sqrt{2}$ A。（**注意**：这与直流电路是不同的，总电流并不是 20 A）

注意：电流表、电压表等仪表上的读数为其变量的有效值。

实例 3-16　如图 3-22（a）、（b）所示电路中，电压表 V_1、V_2、V_3 的读数都是 50 V，试分别求各电路中电压表 V 的读数。

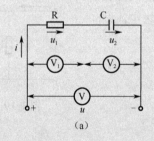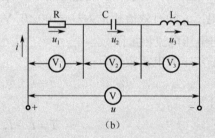

（a）　　　　　　　　　　　　　（b）

图 3-22

解　串联电路中设电流为参考相量较容易计算，即 $\dot{I} = I\angle 0°$ A，其步骤如下：

（1）选定 i、u_1、u_2、u 的参考方向如图 3-22（a）所示，则

$$\dot{U}_1 = 50\angle 0° \text{ V} \quad （电阻 R：电压与电流同相）$$

$$\dot{U}_2 = 50\angle -90° \text{ V} \quad （电容 C：电压滞后于电流 90°）$$

由 KVL 得：

$$\dot{U} = \dot{U}_1 + \dot{U}_2 = (50\angle 0° + 50\angle -90°) \text{ V} = (50 - j50) \text{ V} = 50\sqrt{2}\angle -45° \text{ V}$$

所以电压表 V 的读数为 $50\sqrt{2}$ V。也可由相量图求解，请读者思考如何求解。

（2）选定 i、u_1、u_2、u_3 的参考方向如图 3-21（b）所示，则

$$\dot{U}_1 = 50\angle 0° \text{ V}$$

$$\dot{U}_2 = 50\angle -90° \text{ V}$$

$$\dot{U}_3 = 50\angle 90° \text{ V （超前于电流 } 90°）$$

由 KCL 得：

$$\dot{U} = \dot{U}_1 + \dot{U}_2 + \dot{U}_3 = (50\angle 0° + 50\angle -90° + 50\angle 90°) \text{ V} = 50 - j50 + j50 = 50 \text{ V}$$

所以电压表 V 的读数为 50 V。

从上面例题可以得知：

（1）KCL 及 KVL 只对瞬时值和相量值成立，对于幅值或有效值不成立，即 $\sum I \neq 0$ 或 $\sum I_m \neq 0$；

（2）总电压的有效值不一定大于各串联部分电压的有效值；总电流的有效值不一定大于各并联支路电流的有效值。

3.5　电路的复阻抗 Z

对于一个不含独立电源由 R、L、C 构成的二端网络 N，都满足欧姆定律的相量形式，即：

$$\dot{U} = \dot{I}Z \quad （欧姆定律的相量形式）$$

其中，Z 称为电路的复阻抗，单位是 Ω（欧姆）。复阻抗 $Z = \dfrac{\dot{U}}{\dot{I}}$，其向量图如图 3-23 所示。

3.5.1　复阻抗的串联

图 3-24 为两个阻抗 Z_1 和 Z_2 之间串联，分析它们的总阻抗及各电压关系。

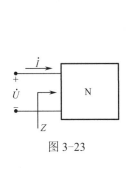

图 3-23

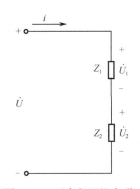

图 3-24　两个复阻抗串联

令总阻抗为 Z，则：

$$\dot{U} = \dot{U}_1 + \dot{U}_2 = Z_1\dot{I} + Z_2\dot{I} = (Z_1 + Z_2)\dot{I} = Z\dot{I}$$

则总阻抗为：

$$Z = Z_1 + Z_2 \tag{3-28}$$

电压分配公式为：

$$\begin{cases} \dot{U}_1 = \dfrac{Z_1}{Z_1 + Z_2}\dot{U} \\[2mm] \dot{U}_2 = \dfrac{Z_2}{Z_1 + Z_2}\dot{U} \end{cases} \tag{3-29}$$

3.5.2 复阻抗的并联

图 3-25 为两个阻抗 Z_1 和 Z_2 之间并联，分析它们的总阻抗及各电流关系。

令总阻抗为 Z，则：

$$\dot{I} = \dot{I}_1 + \dot{I}_2 = \frac{\dot{U}}{Z_1} + \frac{\dot{U}}{Z_2} = \frac{Z_1 + Z_2}{Z_1 Z_2}\dot{U} = \frac{\dot{U}}{Z}$$

则总阻抗为：

$$Z = \frac{Z_1 Z_2}{Z_1 + Z_2} \qquad (3\text{-}30)$$

电流分配公式为：

$$\begin{cases} \dot{I}_1 = \dfrac{Z_2}{Z_1 + Z_2}\dot{I} \\[3mm] \dot{I}_2 = \dfrac{Z_1}{Z_1 + Z_2}\dot{I} \end{cases} \qquad (3\text{-}31)$$

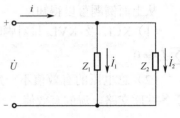

图 3-25 两个复阻抗并联

实例 3-17 图 3-26 所示电路中，已知 $u = 100\sin(314t + 30°)$ V，$i = 22.36\sin(314t + 19.7°)$ A，$i_2 = 10\sin(314t + 83.13°)$ A，试求 i_1、Z_1、Z_2。

解 由题意可知，$\dot{I}_m = 22.36\angle 19.7°$ A，$\dot{I}_{2m} = 10\angle 83.13°$ A，$\dot{U}_m = 100\angle 30°$ V

所以：$\dot{I}_{1m} = \dot{I}_m - \dot{I}_{2m} = 20\angle -6.87°$ A

即：$i_1 = 20\sin(314t - 6.87°)$ A

$$Z_1 = \frac{\dot{U}_m}{\dot{I}_{1m}} = \frac{100\angle 30°}{20\angle -6.87°} = 5\angle 36.87°\ \Omega$$

$$Z_2 = \frac{\dot{U}_m}{\dot{I}_{2m}} = \frac{100\angle 30°}{10\angle 83.13°} = 10\angle -53.13°\ \Omega$$

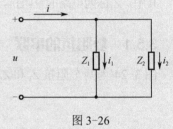

图 3-26

3.6 RLC 串联电路分析

前面几节讨论了单一元件的电路，如电阻、电感、电容元件在正弦电路中的电压与电流的关系及功率问题。实际电路当然不会如此简单，日常生活中的正弦交流电路都是由这三种元件组合起来的。本节将先讨论具有代表性的典型串联电路模型，即电阻 R、电感 L 和电容 C 相串联的正弦电路。

RLC 串联电路如图 3-27 所示，以下将从电阻、电感、电容串联电路的电压电流关系及功率计算两方面进行分析。

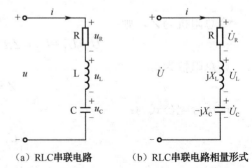

（a）RLC串联电路　　　（b）RLC串联电路相量形式

图 3-27 RLC 串联电路

3.6.1 复阻抗的表示

由于是串联电路，故取电流为参考正弦量，设其初相位为零。在图 3-27（a）中假设电流为：

$$i = I_m \sin \omega t$$

把正弦量的代数运算转换为对应的相量的代数运算，如图 3-27（b）所示。根据 KVL，可得电压电流的相量形式为：

$$\dot{U} = Z\dot{I} \qquad (3\text{-}32)$$

根据式（3-32）可知复阻抗为：

$$Z = R + j\left(\omega L - \frac{1}{\omega C}\right) = R + j(X_L - X_C) = R + jX \qquad (3\text{-}33)$$

在式（3-33）中 $(X_L - X_C)$ 称为电抗，用符号 X 表示。复阻抗的实部是电阻 R，虚部是电抗 X。复阻抗虽然是复数，但它不与正弦量相对应，故不是相量。

复阻抗是复数，可通过阻抗三角形来表示，如图 3-28 所示。

$$Z = [R + j(X_L - X_C)] = |Z| \angle \varphi \qquad (3\text{-}34)$$

其中，$|Z| = \sqrt{R^2 + (X_L - X_C)^2}$。

$$\varphi = \arctan \frac{U_L - U_C}{U_R} = \arctan \frac{X_L - X_C}{R}$$

φ 也是电压与电流的相位差，即 $\varphi = \varphi_u - \varphi_i$。

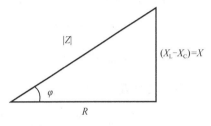

图 3-28　阻抗三角形

由此可知，当电流频率一定时，电路的性质由电路的参数 L 和 C 决定。

（1）当 $X_L > X_C$ 时，$0° < \varphi < 90°$，电路呈感性。

（2）当 $X_L < X_C$ 时，$-90° < \varphi < 0°$，电路呈容性。

（3）当 $X_L = X_C$，$\varphi = 0$ 时，电路呈阻性，又称为串联谐振状态。

3.6.2 电压三角形

在串联电路中，$\dot{U} = \dot{U}_R + \dot{U}_L + \dot{U}_C$，可分别作出 $\dot{I}$、$\dot{U}_R$、$\dot{U}_L$、$\dot{U}_C$ 的相量图，如图 3-29 所示，然后用相量求和的法则，得出电压 u 的相量 $\dot{U}$。

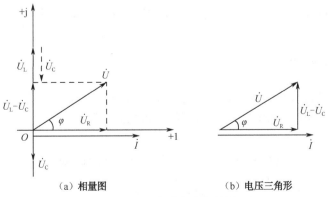

（a）相量图　　　　　　　　（b）电压三角形

图 3-29　RLC 串联电路相量图

由相量图可知，电压相量 $\dot{U}$ 与相量 $\dot{U}_R$、$\dot{U}_L$、$\dot{U}_C$ 构成了直角三角形，如图 3-28（b）所示，称为电压三角形，由电压三角形可得：

$$U = \sqrt{U_R^2 + (U_L - U_C)^2} \tag{3-35}$$

3.7 正弦交流电路的功率

下面对正弦交流电路的功率进行分析，如图 3-30 所示的网络 N 为无源二端网络。

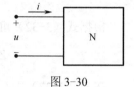

图 3-30

3.7.1 瞬时功率 p

在正弦交流电路中，电压 u 和电流 i 的参考方向如图 3-30 所示，都是同频率的正弦量。

设电压 $u = \sqrt{2}U\sin\omega t$、电流 $i = \sqrt{2}I\sin(\omega t + \varphi)$，则瞬时功率为：

$$p = ui = \sqrt{2}U\sin(\omega t + \varphi)\sqrt{2}I\sin\omega t = UI\cos\varphi - UI\cos(2\omega t + \varphi)$$

3.7.2 有功功率 P

有功功率 P 也就是平均功率，即：

$$P = \frac{1}{T}\int_0^T p\,dt = \frac{1}{T}\int_0^T [UI\cos\varphi - UI\cos(2\omega t + \varphi)]dt = UI\cos\varphi = UI\lambda \tag{3-36}$$

可以看出，正弦交流电路的有功功率不但与电压、电流的有效值有关，还与电压与电流相位差 φ 的余弦有关。

$\lambda = \cos\varphi$，称为电路的功率因数。

对于电阻元件 R，$\varphi = 0$，$P_R = U_R I_R = I_R^2 \geq 0$；

对于电感元件 L，$\varphi = \dfrac{\pi}{2}$，$P_L = U_L I_L \cos\left(\dfrac{\pi}{2}\right) = 0$；

对于电容元件 C，$\varphi = -\dfrac{\pi}{2}$，$P_C = U_C I_C \cos\left(-\dfrac{\pi}{2}\right) = 0$。

可见，在正弦交流电路中，电感、电容元件实际不消耗电能，而电阻总是消耗电能的。

通过以上分析可知：有功功率是反映电路实际消耗的功率，单位是 W（瓦特，简称瓦）。

3.7.3 无功功率 Q

由于电路中存在的电感、电容元件实际不消耗能量，仅与电源能量进行互换，这种能量交换规模的大小，用无功功率 Q 来表示，单位为 Var（乏）。

无功功率定义为：

$$Q = U_L I - U_C I = I^2(X_L - X_C) = UI\sin\varphi \tag{3-37}$$

对于电感元件 L，$\varphi = \dfrac{\pi}{2}$，$Q_L = U_L I_L \sin\left(\dfrac{\pi}{2}\right) > 0$。

对于电容元件 C，$\varphi = -\dfrac{\pi}{2}$，$Q_C = U_C I_C \sin\left(-\dfrac{\pi}{2}\right) < 0$。

也就是说，电感性无功功率为正值，而电容性无功功率为负值

3.7.4　视在功率 S

视在功率为：

$$S = UI = I^2 |Z| \tag{3-38}$$

视在功率的单位为伏安（V·A）。在电气设备中，电气设备的容量（额定视在功率）由额定电压和额定电流来决定，因此往往可以用视在功率作为其铭牌数据。

根据上面对有功功率 P、无功功率 Q、视在功率 S 的分析，发现三种功率 P、Q、S 也可以组成一个直角三角形，称为功率三角形，如图 3-31 所示。

$$S = \sqrt{P^2 + Q^2} \tag{3-35}$$

其中 $\varphi = \varphi_u - \varphi_i$，$\varphi$ 依然是电压与电流的相位差。

注意：阻抗三角形、电压三角形和功率三角形都是相似的直角三角形。其中 φ 既是电压与电流的相位差，又是阻抗角，而 $\cos\varphi$ 称为功率因数。

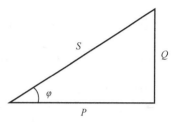

图 3-31　功率三角形

实例 3-18　已知 RLC 串联电路如图 3-32 所示，其中 $R = 15\,\Omega$，$L = 12\,\text{mH}$，$C = 5\,\mu\text{F}$，端电压 $u = 100\sqrt{2}\sin(5\,000t)\,\text{V}$，试求电路中的电流 i 和各元件上电压的瞬时表达式。

解　用相量法，先写出已知相量，计算电路的阻抗，然后求解。电路的电压相量为：

$$\dot{U} = 100\angle 0°\ (\text{V})$$

电路的复阻抗为：

图 3-32

$$Z = R + \mathrm{j}\omega L - \mathrm{j}\frac{1}{\omega C}$$

其中 $\mathrm{j}\omega L = \mathrm{j}5\,000 \times 12 \times 10^{-3} = \mathrm{j}60\,\Omega$，$-\mathrm{j}\dfrac{1}{\omega C} = -\mathrm{j}\dfrac{1}{5\,000 \times 5 \times 10^{-6}} = -\mathrm{j}40\,\Omega$，所以

$$Z = 15 + \mathrm{j}60 - \mathrm{j}40 = 15 + \mathrm{j}20 = 25\angle 53.13°\ \Omega$$

设电路的电流相量为 $\dot{I}$，则

$$\dot{I} = \frac{\dot{U}}{Z} = \frac{100\angle 0°}{25\angle 53.13°} = 4\angle -53.13°\ \text{A}$$

各元件上的电压相量分别为：

$$\dot{U}_R = \dot{I}R = 15 \times 4\angle -53.13° = 60\angle -53.13°\ \text{V}$$

$$\dot{U}_L = \mathrm{j}\omega L \dot{I} = \mathrm{j}60 \times 4\angle -53.13° = 240\angle 90° - 53.13° = 240\angle 36.87°\ \text{V}$$

$$\dot{U}_C = -\mathrm{j}\frac{1}{\omega C}\dot{I} = -\mathrm{j}40 \times 4\angle -53.13° = 160\angle 90° - 53.13° = 160\angle -143.13°\ \text{V}$$

它们的瞬时表达式很容易写出，分别是：

$$i = 4\sqrt{2}\sin(5\,000t - 53.13°)\text{ A}$$
$$u_R = 60\sqrt{2}\sin(5\,000t - 53.13°)\text{ V}$$
$$u_L = 240\sqrt{2}\sin(5\,000t + 36.87°)\text{ V}$$
$$u_C = 160\sqrt{2}\sin(5\,000t - 143.13°)\text{ V}$$

实例 3-19 一个实际线圈可用电阻 R 和电感 L 串联作为其电路模型。若线圈接于频率为 50 Hz，电压有效值为 100 V 的正弦电源上，测得通过线圈的电流 $I = 2$ A，功率 $P = 40$ W，试计算线圈的参数 R、L 及功率因数 $\cos\varphi$。

解 电阻 $R = \dfrac{P}{I^2} = \dfrac{40}{2^2} = 10\ \Omega$

阻抗 $|Z| = \dfrac{U}{I} = \dfrac{100}{2} = 50\ \Omega$

感抗 $X_L = \sqrt{|Z|^2 - R^2} = \sqrt{50^2 - 10^2} = 48.99\ \Omega$

电感 $L = \dfrac{X_L}{2\pi f} = \dfrac{48.99}{2 \times 3.14 \times 50} = 0.156\ \text{H}$

功率因数 $\cos\varphi = \dfrac{P}{S} = \dfrac{P}{UI} = \dfrac{4}{100 \times 2} = 0.2$ 或 $\cos\varphi = \dfrac{R}{|Z|} = \dfrac{10}{50} = 0.2$

3.8　功率因数的提高

3.8.1　功率因数提高的意义

交流电路中功率因数的高低是供电系统中一直受到密切关注的事情，提高输电网络的功率因数对国民经济的发展有着非常重要的意义。

由 $\lambda = \cos\varphi = \dfrac{P}{S}$ 可以看出，提高 $\cos\varphi$ 即提高有功功率的利用率，这样可以使发电设备的容量得以充分利用，或者说减小电源与负载间的无功互换规模。例如，电磁镇流式的日光灯，其 $\cos\varphi = 0.5$（感性），若不提高电路的功率因数，其与电源间的无功互换规模就达 50%。

另一方面，此种无功互换虽不直接消耗电源能量，但在远距离的输电线路上必将产生功率损耗，即 $\Delta P = I^2 r = \left(\dfrac{P}{U\cos\varphi}\right)^2 r$，其中 r 可认为是电路及发电机绕组的内阻，也就是提高 $\cos\varphi$，可同时减小线损与发电机内耗。

而对于 $\cos\varphi$ 的提高，从根本上而言，P 的大小只决定于电阻性负载的应用，或者说其主要由用户决定。从这个意义上说，提高 $\cos\varphi$ 又是广大用户的事情。也就是说，它是与国家、民众皆息息相关的大事。

3.8.2　提高功率因数的方法

提高功率因数的首要任务是减小电源与负载间的无功互换规模，而不改变原负载的工作状态。因此，感性负载需要并联容性元件去补偿其无功功率；容性负载则需要并联感性元件去补偿。一般工矿企业大多数为感性负载，下面以感性负载并联电容元件为例，分析提高功率因数的过程。

感性负载并联电容提高功率因数的电路如图 3-33（a）所示。以电压为参考相量作出如图 3-33（b）所示的相量图，其中 φ_1 为原感性负载的阻抗角，φ 为并联 C 后电路总电流 $\dot{I}$ 与 $\dot{U}$ 间的相位差。显然并联 C 后，电路电流减小，负载电流与负载的功率因数仍不变，而电路的功率因数提高。

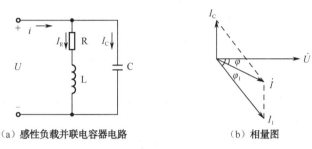

（a）感性负载并联电容器电路　　　　　（b）相量图

图 3-33　提高功率因数的图例

由图 3-33（b）还可看出，其有功分量（与 $\dot{U}$ 同相的分量）$I_1 \cos \varphi_1 = I \cos \varphi$ 不变。无功分量（与 $\dot{U}$ 垂直的分量）变小，实际是由电容 C 补偿了一部分无功分量。也就是说，有功功率 P 不变，无功功率 Q 减小，显然提高了电源的有功利用率。

若 C 值增大。I_C 也将增大，I 将进一步减小，但并不是 C 越大、I 越小。再增大 C，$\dot{I}$ 将领先于 $\dot{U}$，成为容性。一般将补偿为另一种性质的情况称为过补偿，补偿后仍为同样性质的情况称欠补偿，而恰好补偿为阻性（$\dot{I}$、$\dot{U}$ 同相位）的情况称为完全补偿。

供电部门对用户负载的功率因数是有要求的，一般应在 0.9 以上，工矿企业配电时也必须考虑这一因素，常在变配电室中安装大型电容器来统一调节。

下面介绍提高功率因数与需要并联电容的电容量间的关系，由图 3-33（b）中的无功分量可得到：

$$I_C = I_1 \sin \varphi - I \sin \varphi = \frac{P}{U \cos \varphi_1} \sin \varphi_1 - \frac{P}{U \cos \varphi} \sin \varphi = \frac{P}{U}(\tan \varphi_1 - \tan \varphi)$$

又因：

$$I_C = \frac{U}{X_C} = \omega C U$$

故：

$$C = \frac{P}{\omega U^2}(\tan \varphi_1 - \tan \varphi)$$

即把功率因数 $\cos \varphi_1$ 提高到 $\cos \varphi$ 所需并入电容器的电容量。

技能训练 3　正弦交流电路中 RLC 元件的阻抗频率特性测试

1. 训练目的

（1）加深理解 R、L、C 元件端电压与电流间的相位关系。

（2）掌握常用阻抗模和阻抗角的测试方法。

（3）熟悉低频信号发生器等常用电子仪器的使用方法。

2. 实验原理

正弦交流可用三角函数表示，即由最大值（U_m 或 I_m）、频率 f（或角频率 $\omega=2\pi f$）和初相三要素来决定。在正弦稳态电路的分析中，由于电路中各处电压、电流都是同频率的交流电，所以电流、电压可用相量表示。

在频率较小的情况下，电阻元件通常略去其电感及分布电容而看成是纯电阻。此时其端电压与电流可用复数欧姆定律来描述，即：

$$\dot{U} = R\dot{I}$$

式中 R 为线性电阻元件，U 与 I 之间无相角差。电阻中吸收的功率为：

$$P=UI=RI^2$$

因为略去附加电感和分布电容，所以电阻元件的阻值与频率无关，即 R-f 关系如图3-34所示。

电容元件在低频时也可略去其附加电感及电容极板间介质的功率损耗，因而可认为只具有电容 C。在正弦电压作用下通过电容的电流之间也可用复数欧姆定律来表示，即：

$$\dot{U} = X_C\dot{I}$$

式中 X_C 是电容的容抗，其值为：

$$X_C= \frac{1}{j\omega C}$$

所以有 $\dot{U} =1/j\omega C\dot{I} = \dfrac{\dot{I}}{\omega C} \angle -90°$，电压 U 滞后电流 I 的相角为 $90°$，电容中所吸收的功率平均为零。

电容的容抗与频率的关系 X_C-f 曲线如图3-35所示。

电感元件因其由导线绕成，导线有电阻，在低频时若略去其分布电容则它仅由电阻 R_L 与电感 L 组成。

在正弦电流的情况下其复阻抗为：

$$Z=R_L+j\omega L= \sqrt{R^2 + (\omega L)^2} \angle \phi = Z\angle \phi$$

式中 R_L 为线圈导线电阻。阻抗角 φ 可由 R_L 及 L 参数来决定，即：

$$\varphi = \tan^{-1} \omega L / R$$

电感线圈上电压与通过的电流间关系为：

$$\dot{U} = (R_L + j\omega L)\dot{I} = Z\angle \phi \dot{I}$$

电压超前电流 $90°$，电感线圈所吸收的平均功率为：

$$P=UI\cos \varphi =I^2 R$$

X_L 与频率的关系如图3-36所示。

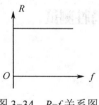
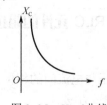
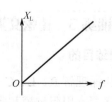

图3-34 R-f 关系图   图3-35 X_C-f 曲线   图3-36 X_L 与频率 f 间的关系

3. 实验内容

1）测量 R-f 特性

（1）实验电路如图 3-37 所示。该电路除测 R-f 特性外，还可验证电压关系及电流关系。

（2）调节低频信号源使 $f=1\ \text{kHz}$，$U_{AC}=5\ \text{V}$。

（3）测量并记录电阻上的电压。

（4）按表 3-2 规定的频率重复测量。

将实验结果填入表 3-2 中。

表 3-2　R-f 特性实验结果

测量值 f（H）	U_{AC}	U_{BC}	U_{AB}	$U_{AB}+U_{BC}=U_{AC}$	I_{R_1}	I_{R_2}	I_{R_3}	$I_{R_2}+I_{R_3}=I_{R_1}$
200								
400								
600								
800								
1 000								

2）X_L-f 特性

实验电路如图 3-38 所示，X 为被测阻抗，R 为限流电阻，调节低频信号源输出电压为 5 V，改变频率重复测量电感线圈上电压 U_L 和电阻上电压 U_R，并将实验数据填入表 3-3 中。

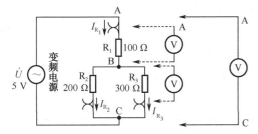

图 3-37　R-f 特性实验电路

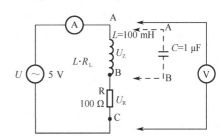

图 3-38　X_L-f 特性实验电路

表 3-3　X_L-f 特性实验结果

f（Hz）	50	100	150	200	250	300	350	400	500
U_Z（V）									
U_R（V）									
$I_R=$									
$X_{测}=$									
$X_{计算}=2\pi fL$									

3）X_C-f 特性

将图 3-38 中 X 改为电容，$C=1\ \mu\text{F}$，R 不变，低频信号源输出电压 $U=5\ \text{V}$，频率仍为表 3-3 所列数值，重复测量 U_C、U_R，数据表格如表 3-4 所示。

表 3-4 X_C-f 特性实验结果

f（Hz）	50	100	150	200	250	300	350	400	500
U_Z（V）									
U_R（V）									
$I_R=$									
$X_{测}=$									
$X_{计算}=2\pi fL$									

注意：

（1）本实验中变频电源用 DDH-1 型大功率多波形多路输出信号源的正弦波信号源，频率由内符数字频率计显示，输出幅度由 JDV-11 型双显示交流电压表测量。变频电源使用时应防止输出短路。

（2）电感器可用互感器原边或副边线圈，其标称电感量为 100 mH，实际值可用电感表测量标注，使用时注意电流不超过规定值。

知识梳理与总结

1. 设正弦交流电 $u = U_m \sin(\omega t + \varphi_u)$ ，把 U_m、ω、φ_u 称为正弦量的三要素。

相位差 φ 是两个同频率正弦量的初相之差，经常表示电压与电流之差，$\varphi = \varphi_u - \varphi_i$。

正弦量与相量之间是对应关系，不是相等关系。正弦量的运算可转换成对应的相量代数运算。在相量的运算过程中，可借助相量图形分析，以简化计算。

2. 单个 R、L、C 元件伏安关系的相量形式总结如表 3-5 所示。

表 3-5 电阻、电感、电容元件的性质比较

关 系		电 路 元 件		
		R	L	C
电压电流关系	瞬时值关系	$u=Ri$	$u_L = L\dfrac{di_L}{dt}$	$i_C = C\dfrac{du_C}{dt}$
	有效值关系	$U=RI$	$U=\omega LI$	$U = \dfrac{1}{\omega C}I$
	相量关系	$\dot{U}=R\dot{I}$	$\dot{U}_L = j\omega L\dot{I}_L$	$\dot{U}_C = -j\dfrac{1}{\omega C}\dot{I}_C$
	相位关系	u、i 同相	u_L 超前 i_L90°	i_C 超前 u_C90°
图形	相量图			
	波形图			

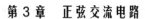

3．基尔霍夫电流定律的相量形式表述：流入任意节点的电流相量代数和为零，即 $\sum \dot{I} = 0$。基尔霍夫电压定律的相量形式表述：任一闭合回路上各部分电压的相量代数和为零，即 $\sum \dot{U} = 0$。

4．用相量模型分析 RLC 串联电路，电路的电压与电流相量关系为 $\dot{U} = Z\dot{I}$。

有 3 个三角形关系：

电压三角形 $U = \sqrt{U_{\mathrm{R}}^2 + (U_{\mathrm{L}} - U_{\mathrm{C}})^2}$；

阻抗三角形 $Z = [R + \mathrm{j}(X_{\mathrm{L}} - X_{\mathrm{C}})] = |Z| \angle \varphi$；

功率三角形 $S = \sqrt{P^2 + Q^2}$，其中，$P = UI\cos\varphi$，$Q = UI\sin\varphi$，$S = UI = I^2|Z|$。

5．复阻抗串联（两个复阻抗）中的总阻抗为：

$$Z = Z_1 + Z_2$$

电压分配公式为：

$$\dot{U}_1 = \frac{Z_1}{Z_1 + Z_2}\dot{U}$$

$$\dot{U}_2 = \frac{Z_2}{Z_1 + Z_2}\dot{U}$$

复阻抗并联（两个复阻抗）中的总阻抗为：

$$Z = \frac{Z_1 Z_2}{Z_1 + Z_2}$$

电流分配公式为：

$$\dot{I}_1 = \frac{Z_2}{Z_1 + Z_2}\dot{I}$$

$$\dot{I}_2 = \frac{Z_1}{Z_1 + Z_2}\dot{I}$$

思考与练习题 3

1．单选题

（1）在图 3-39 所示的正弦交流电路中，$\omega L > \dfrac{1}{\omega C_2}$，且电流有效值 I_1=4 A，I_2=3 A，则总电流有效值 I 为（   ）。

A．7 A；   B．1 A；   C．-1 A；   D．以上都不正确。

（2）在图 3-40 所示的正弦交流电路中，能使电压 $\dot{U}_2$ 滞后于 $\dot{U}_1$ 的电路是（   ）。

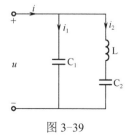

图 3-39

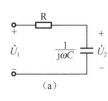

(a)

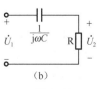

(b)

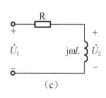

(c)

图 3-40

A．(a)；　　　B．(b)；　　　C．(c)；　　　D．以上都不能。

（3）正弦交流电路的视在功率 S、有功功率 P 与无功功率 Q 的关系为（　　）。

A．$S = P + Q_L - Q_C$；　　　　　　　B．$S^2 = P^2 + Q_L^2 - Q_C^2$；

C．$S^2 = P^2 + (Q_L - Q_C)^2$；　　　　D．以上都不正确。

（4）RL 串联正弦交流电路中，u、i 取关联正方向，下列各式正确的是（　　）。

A．$U = U_R + U_L$；　　　　　　　　B．$u = Ri + L\dfrac{\mathrm{d}i}{\mathrm{d}t}$；

C．$I_m = \dfrac{U_m}{R + \mathrm{j}\omega L}$；　　　　　　D．以上都不正确。

（5）某容性器件的阻抗 $|Z| = 10\ \Omega$，容抗 $X_C = 7.07\ \Omega$，则其电阻 R 为（　　）。

A．$17.07\ \Omega$；　　　　　　　　　B．$7.07\ \Omega$；

C．$2.93\ \Omega$；　　　　　　　　　D．以上都不正确。

（6）若无源二端元件的正弦电流有效值为 I，正弦电压有效值为 U，则元件的阻抗为（　　）。

A．$Z = \dfrac{U}{I}$；　　　　　　　　B．$Z = \dfrac{I}{U}$；

C．$|Z| = \dfrac{U}{I}$；　　　　　　　D．以上都不正确。

（7）已知复阻抗 $|Z| \angle \varphi = |Z_1| \angle \varphi_1 + |Z_2| \angle \varphi_2$，则其阻抗 $|Z|$ 为（　　）。

A．$|Z_1| + |Z_2|$；　　　　　　　　B．$\sqrt{|Z_1|^2 + |Z_2|^2}$；

C．$\sqrt{(R_1 + R_2)^2 + (X_1 + X_2)^2}$；　　D．以上都不正确。

（8）某正弦电流的有效值为 7.07 A，频率 $f = 100$ Hz，初相角 $\varphi = -60°$，则该电流的瞬时表达式为（　　）。

A．$i = 5\sin(100\pi t - 60°)$ A；　　　B．$i = 7.07\sin(100\pi t + 30°)$ A；

C．$i = 10\sin(200\pi t - 60°)$ A；　　　D．以上都不正确

（9）在图 3-41 示正弦交流电路中，若开关 S 从 A 点合到 B 点，电流表 A 的读数无变化，则表明 L 与 C 的关系为（　　）。

A．$\dfrac{1}{\omega C} = 2\omega L$；　　　　　　　B．$\dfrac{1}{\omega c} = \omega L$；

C．$\dfrac{2}{\omega C} = \omega L$；　　　　　　　D．以上都不正确。

（10）在图 3-42 所示电路中，若 $\dot{I}_1 = 3\sqrt{2}\sin(\omega t + 45°)$ A，$\dot{I}_2 = 3\sqrt{2}\sin(\omega t - 45°)$ A，则电流表读数（　　）。

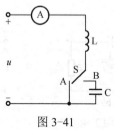

图 3-41

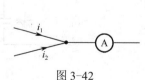

图 3-42

A．6 A；　　　　B．4.24 A；　　　　C．0 A；　　　　D．以上都不正确。

（11）在如图 3-43 所示正弦交流电路中，电阻元件伏安关系的相量形式是（　　）。

A．$\dot{U}=R\dot{I}$；　　　　　　　　　　B．$\dot{I}=R\dot{U}$；

C．$\dot{U}=jR\dot{I}$；　　　　　　　　　　D．以上都不正确。

（12）在图 3-44 所示正弦交流电路中，各支路电流有效值为 $I_1=1$ A、$I_2=1$ A、$I_3=3$ A，则总电流 i 的有效值 I 为（　　）。

A．5 A；　　　　B．3 A；　　　　C．$\sqrt{5}$ A；　　　　D．以上都不正确。

（13）R、L、C 元件串联电路如图 3-45 所示，施加正弦电压 u，当 $X_C>X_L$ 时，电压 u 与 i 的相位关系应是 u（　　）。

A．超前于 i；　　　　　　　　　　B．滞后于 i；

C．与 i 反相；　　　　　　　　　　D．以上都不正确。

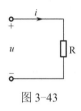
图 3-43

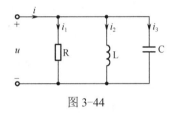
图 3-44

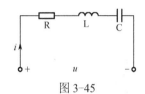
图 3-45

（14）$C=314$ μF 的电容元件用在 $f=100$ Hz 的正弦交流电路中所呈现的容抗值 X_C 为（　　）。

A．0.197 Ω；　　　　　　　　　　B．31.8 Ω；

C．5.07 Ω；　　　　　　　　　　D．以上都不正确。

（15）已知流经某器件的电流 $i=5\sin(314t+30°)$ A，其端电压 $u=4\sin(314t-60°)$ V，如图 3-46 所示，则其复阻抗 Z 应为（　　）。

A．$0.8\angle-90°$ Ω；　　　　　　　　B．$0.8\angle-30°$ Ω；

C．$1.25\angle90°$ Ω；　　　　　　　　D．以上都不正确。

（16）正弦电流波形如图 3-47 所示，其相量表达式为（　　）。

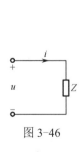
图 3-46

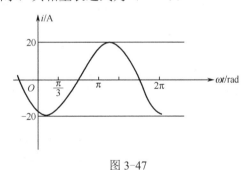
图 3-47

A．$20e^{j\frac{\pi}{2}}$ A；　　　　　　　　　　B．$\dfrac{20}{\sqrt{2}}e^{j\frac{\pi}{3}}$ A；

C．$\dfrac{20}{\sqrt{2}}e^{-j\frac{\pi}{3}}$ A；　　　　　　　　D．以上都不正确。

（17）如图 3-48 所示电路，AB 间的戴维宁等效电路中，理想电压源 $\dot{U}_\text{S}$ 为（　　）。

A. $250\angle 90°$ V；　　　　　　　　　　B. $-150\angle 180°$ V

C. $90\angle -90°$ V；　　　　　　　　　　D. 以上都不正确

（18）两组负载并联，一组视在功率 S_1=1 000 kVA、功率因数 λ_1=0.6；另一组视在功率 S_2=500 kVA、功率因数 λ_2=1，则总视在功率 S 为（　　）。

A. 1 360 kVA；　　　　　　　　　　　　B. 1 500 kVA；

C. 1 900 kVA；　　　　　　　　　　　　D. 以上都不正确。

（19）在图 3-49 所示电路中，$\dot{U}_\text{S}=100\angle -60°$ V，$\dot{I}=2\angle 60°$ A，则 $\dot{U}_\text{S}$ 输出的有功功率 P 为（　　）。

A. 200 W；　　　　　　　　　　　　　　B. 100 W；

C. -100 W；　　　　　　　　　　　　　D. 以上都不正确。

（20）在图 3-50 所示 R、L、C 并联的正弦交流电路中，各支路电流有效值 $I_1=I_2=I_3$=10 A，当电压频率增加一倍而保持其有效值不变时，各电流有效值应变为（　　）。

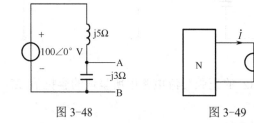
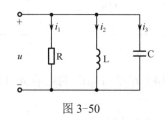

图 3-48　　　　　　　　　　图 3-49　　　　　　　　　　图 3-50

A. I_1=20 A、I_2=20 A、I_3=20 A；　　　B. I_1=10 A、I_2=20 A、I_3=5 A

C. I_1=10 A、I_2=5 A、I_3=20 A；　　　D. 以上都不正确。

（21）采用并联电容器提高感性负载的功率因数后，测量电能的电度表的走字速度将（　　）。

A. 加快；　　　　　　　　　　　　　　　B. 减慢；

C. 保持不变；　　　　　　　　　　　　　D. 以上都不正确。

（22）某感性负载串联电容后接其额定电压，若所串联的电容使电路发生谐振，则消耗的功率 P 与其额定功率 P_N 的关系为（　　）。

A. P=P_N；　　　　　　　　　　　　B. P>P_N；

C. P<P_N；　　　　　　　　　　　　D. 以上都不正确。

（23）在图 3-51 所示电路中，$u_1 = 100\sqrt{3}\sin(\omega t+30°)$ V，$u_2 = 100\sin(\omega t-60°)$ V，则 u 为（　　）。

A. $200\sin\omega t$ V　　　　　　　　　　　B. $200\sin(\omega t-30°)$ V

C. $273\sin\omega t$ V　　　　　　　　　　　D. 以上都不正确

（24）图 3-52 所示电路正处于谐振状态，闭合 S 后，电流表 A 的读数将（　　）。

A. 增大；　　　　B. 减小；　　　　C. 不变；　　　　D. 以上都不正确。

（25）已知复数 A=7.07-j7.07、B=$10\angle 45°$，则 $A\times B$ 为（　　）。

A. $100\angle 90°$；　　　　　　　　　　　B. $100\angle -90°$；

C. $100\angle 0°$；　　　　　　　　　　　　D. 以上都不正确。

（26）某电气设备的电流 $\dot{I}=10\angle30°$A，其复阻抗 $Z=200\angle60°$ Ω，则该设备的功率因数为（　　）。

A. 0.5；　　　　　B. 0.6；　　　　　C. 0.8；　　　　　D. 以上都不正确

（27）在图3-53所示正弦交流电路中，$\dot{I}=1\angle0°$ A，$R=3$ Ω，$\omega L=4$ Ω，则 $\dot{I}_L$ 为（　　）。

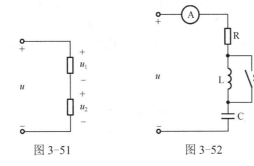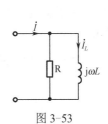

图 3-51　　　　　　　　　图 3-52　　　　　　　　图 3-53

A. 0.8∠36.9° A；　　　　　　　　B. 0.6∠36.9° A；

C. 0.6∠−53.1° A；　　　　　　　D. 以上都不正确。

（28）在正弦交流电路中，当 5 Ω电阻与 8.66 Ω感抗串联时，电感电压超前总电压的相位为（　　）。

A. 60°；　　　　　　　　　　　　B. 30°；

C. −30°；　　　　　　　　　　　　D. 以上都不正确。

（29）已知某负载视在功率为 5 kVA、有功功率为 4 kW，则其无功功率 Q 为（　　）。

A. 1 kVar；　　　　　　　　　　　B. 3 kVar；

C. 9 kVar；　　　　　　　　　　　D. 以上都不正确。

（30）已知某电路的电压相量 $\dot{U}=141\angle45°$ V，电流相量 $\dot{I}=5\angle-45°$ A，则电路的有功功率 P 为（　　）。

A. 705 W；　　　B. 500 W；　　　C. 0 W；　　　D. 以上都不正确。

2. 分析与计算

（1）已知某交流电路中电流的瞬时值为 $i=220\sqrt{2}\sin(1\,000t-45°)$ A，求频率、周期、角频率、最大值、有效值、初相角各为多少？

（2）已知电流 $i_1=10\sqrt{2}\sin(\omega t-45°)$ V 和 $i_2=5\sqrt{2}\sin(\omega t+45°)$ V，指出电流 i_1、i_2 的有效值、相位、相位差，画出电流 i_1、i_2 的波形图。

（3）把下列复数化为代数形式：

① $10\sqrt{2}\angle30°$；　② $50\angle120°$；　③ $100\angle180°$；　④ $40\angle270°$。

（4）写出下列正弦量电流对应的相量：

① $i=110\sqrt{2}\sin(1\,000t-60°)$；　② $i_2=5\sqrt{2}\sin(\omega t+30°)$；　③ $i_3=10\sin(\omega t-90°)$；

④ $i_4=\sin(\omega t+120°)$。

（5）写出下列相量对应的正弦量：

① $\dot{U}_1=5\sqrt{2}\angle30°$；　② $\dot{U}_2=50\angle-60°$；　③ $\dot{U}_3=3+\mathrm{j}4$；　④ $\dot{U}_4=10\angle270°$。

（6）已知两个正弦量：

$$i_1 = 10\sqrt{2}\sin(\omega t + 60^\circ)\,\text{A}$$
$$i_2 = 5\sqrt{2}\sin(\omega t + 30^\circ)\,\text{A}$$

① 写出两电流的相量形式；

② 试求 $i_1 + i_2$ 与 $i_1 - i_2$。

（7）在图 3-54 所示电路中，已知 $u = 220\sqrt{2}\sin(314t)$ V，i_1 支路有功功率 $P_1 = 100$ W，i_2 支路 $P_2 = 40$ W，功率因数 $\lambda_2 = 0.8$。求电流 i、总功率 P 及总功率因数 λ。

（8）在图 3-55 所示电路中，$R = X_L = X_C = 1\,\Omega$，电路消耗的功率 $P = 1$ W。求电压 U 及电路功率因数 λ。

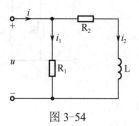

图 3-54

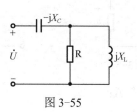

图 3-55

（9）在图 3-56 所示电路中，$L_1 = \dfrac{1}{3}$ H，$L_2 = \dfrac{5}{6}$ H，$C_2 = \dfrac{1}{3}$ F，$R = 2\,\Omega$，$i = \sin(3t + 45^\circ)$ A。求：（1）电压 u；（2）电路有功功率 P；（3）该电路呈何性质？

（10）在图 3-57 所示电路中，已知 $u = 1000\sqrt{2}\sin\omega t$ V，负载 1 和 2 的功率、功率因数分别为 $P_1 = 10$ kW，$\lambda = 0.8$（容性）；$P_2 = 15$ kW，$\lambda = 0.6$（感性）。（1）求电流 i_1、i_2、i；（2）问全电路呈何性质？

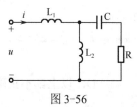

图 3-56

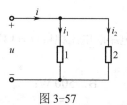

图 3-57

（11）正弦交流电路如图 3-58 所示，已知电流有效值 $I = 18$ A，$R_1 = 10\,\Omega$，$R_2 = 20\,\Omega$，$X_{L1} = 10\,\Omega$，$X_{L2} = 20\,\Omega$。求电路的有功功率、无功功率和功率因数。

（12）在图 3-59 所示电路中，已知 $u = 1000\sqrt{2}\sin 314t$ V，调节电容 C，使电流 i 与电压 u 同相，并测得电容电压 $U_C = 180$ V、电流 $I = 1$ A。（1）求参数 R、L、C；（2）若 R、L、C 及 u 的有效值均不变，但将 u 的频率变为 $f = 100$ Hz，求电路中的电流 i 及有功功率 P，此时电路呈何性质？

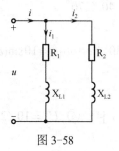

图 3-58

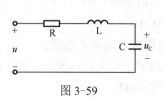

图 3-59

（13）某 R、L 串联电路，施加正弦交流电压 $u = 220\sqrt{2}\sin 314t$ V，测得有功功率 $P=40$ W，电阻上电压 $U_R=110$ V。试求电路的功率因数？若将电路的功率因数提高到 0.85，则应并联多大电容？

（14）图 3-60 所示为两复阻抗并联交流电路，已知 $Z_1=2+j3$ Ω、$Z_2=3+j6$ Ω、Z_2 支路的视在功率 $S_2=1\,490$ VA，求 Z_1 支路的有功功率 P_1。

（15）在图 3-61 所示电路中，$R=2.5$ kΩ，$C=2$ μF，该电路在 $f=1\,000$ Hz 时发生谐振，且谐振时的电流 $I_0=0.1$ A。（1）求 L 及 i_1、i_2、i_3；（2）若电源电压有效值不变，但频率 $f=500$ Hz，求电路的功率 P，此时电路呈何性质？

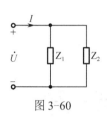

图 3-60

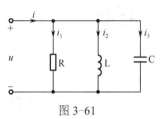

图 3-61

第4章

三相交流电路

教学导航

教	知识重点	三相电源； 三相电源的△、Y连接方式及其特点； 三相电源的△、Y负载连接方式及特点； 三相电源的功率
	知识难点	三相电源的△、Y负载连接方式及特点
	推荐教学方式	启发性（实际应用电路）+实验仿真课堂教学讲授、学生互动探讨教学方式等
	建议学时	8（理论6+实践2）
学	必须掌握的理论知识	三相电源的△、Y连接方式及其特点； 三相电源的△、Y负载连接方式及特点
	必须掌握的技能	电能表的使用； 搭接电路

在日常生活中见到的主要是单相供电电路，而电能的产生、输送和分配，基本都是采用三相交流电路。三相交流电路应用广泛，是因为它和单相交流电相比较具有下列优点：

（1）相同体积下，三相交流发电机输出功率比单相发电机大；

（2）在输送功率相等、电压相同、输电距离和线路损耗都相同的情况下，三相制输电比单相输电节省输电线材料，输电成本低；

（3）与单相电动机相比，三相交流电动机结构简单，价格低廉，性能良好，维护使用方便。

4.1 三相电源

三相电源一般是由三个频率相同、幅值相等、相位依次相差 120° 的正弦电压源按一定方式连接而成的对称电源。

1．三相电源的产生

三相交流电压由三相交流发电机产生，三相交流发电机的原理如图 4-1 所示，它的组成部分主要是电枢和绕组。

电枢是固定的，称为定子。定子铁芯的内表面冲有槽，槽中对称放置了三个完全相同的电枢绕组，如图 4-2 所示，每相绕组的始端（或末端）之间彼此相隔120°。习惯上绕组的始端依次标记为 U_1、V_1、W_1，末端标记为 U_2、V_2、W_2。

磁极是转动的，称为转子。转子是一对特殊形状的磁极，转子铁芯表面绕有线圈，用做直流励磁，称为励磁绕组。

由图 4-1 可知，当发电机的磁极在原动机的带动下匀速运转时，每相绕组依次切割磁力线，三相绕组中将感应出幅值相等、频率相同、相位上互差 120° 的三相正弦电压 u_1、u_2、u_3，如图 4-3 所示，这三个电压称为对称三相电源。

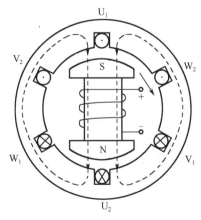

图 4-1　三相交流发电机的原理

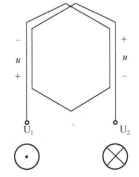

图 4-2　电枢绕组

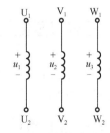

图 4-3　电枢绕组产生的相电压

2．三相电源的表示

（1）表达式。若以 u_1 为参考正弦量，则三个相电压的表达式为：

$$u_1 = U_m \sin \omega t$$

$$u_2 = U_m(\sin\omega t - 120°)$$

$$u_3 = U_m(\sin\omega t - 240°) = U_m(\sin\omega t + 120°)$$

（2）波形图、相量图。对称三相电源的波形图、相量图如图 4-4 所示。

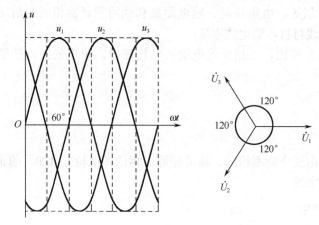

图 4-4　三相电源的正弦波形和相量图

（3）相量式：

$$\dot{U}_1 = U_m\angle 0°$$

$$\dot{U}_2 = U_m\angle -120°$$

$$\dot{U}_3 = U_m\angle +120°$$

通过三相电源的波形图、相量图分析可知，在任何瞬间对称三相电源的电压（或电压相量）之和为零，即：

$$u_1 + u_2 + u_3 = 0 \tag{4-1}$$

或

$$\dot{U}_1 + \dot{U}_2 + \dot{U}_3 = 0 \tag{4-2}$$

3．相序

在三相电源中，各绕组电动势在时间上达到正的最大值的先后顺序称为相序。相序为 1—2—3 称为正序，否则称为逆序。通常无特殊说明，三相电源为正序。在电力系统中一般用黄、绿、红三种颜色区别 1、2、3 三相。

4.2　三相电源的连接

三相电源包括三个电源，它们之间是以一定的方式连接后向用户供电的，三相电源的连接方式有两种，即星形（Y）连接和三角形（△）连接。

4.2.1　星形连接

1．电路的连接

若将三相绕组的末端 U_2、V_2、W_2 连在一起，分别从三相电源的始端 U_1、V_1、W_1 引出三根导线（输电线），三相电源的这种连结称为星形连接。这三根导线，称为相线或端线，俗称火线,分别用 L_1、L_2、L_3 表示；U_2、V_2、W_2 连接点，这点称为中性点或零点（用字母 N 表示），从中性点 N 引出的导线称为中性线或零线。这种有中性线的供电方式称为三相四线制，如图4-5所示。

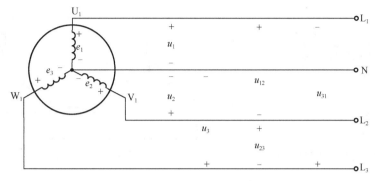

图4-5　三相电源的星形连接

2. 相电压、线电压

相电压指每相绕组始端与末端之间的电压（三相四线制中火线与中性线的电压），如图4-5中的 u_1、u_2、u_3，其有效值用 U_P 表示。

线电压指端线之间的电压即任意两根火线之间的电压，如图4-5中的 u_{12}、u_{23}、u_{31}，其有效值用 U_1 表示。

3. 相电压与线电压的关系

三相电源 Y 形连接时，在图4-5中，根据KVL，有：

$$u_{12} = u_1 - u_2$$
$$u_{23} = u_2 - u_3$$
$$u_{31} = u_3 - u_1$$

相量形式为：

$$\dot{U}_{12} = \dot{U}_1 - \dot{U}_2$$
$$\dot{U}_{23} = \dot{U}_2 - \dot{U}_3$$
$$\dot{U}_{31} = \dot{U}_3 - \dot{U}_1$$

由于三相电压对称，则线电压也是对称的，用图 4-6 表示线电压与相电压之间的关系。从图4-6中可以得到：

$$\dot{U}_{12} = \sqrt{3}\dot{U}_1 \angle 30^\circ$$
$$\dot{U}_{23} = \sqrt{3}\dot{U}_2 \angle 30^\circ \qquad (4\text{-}3)$$
$$\dot{U}_{31} = \sqrt{3}\dot{U}_3 \angle 30^\circ$$

由式（4-3）可得线电压与相电压的关系。

（1）线电压的大小是相应相电压的 $\sqrt{3}$ 倍，即：

$$U_1 = \sqrt{3}U_P$$

在我国低压配电系统中，规定相电压为220 V，线电压为380 V。

（2）线电压相位超前对应的相电压相位30°。需要指出的是，低压配电系统通常采用

三相四线制供电方式，它能提供两种电压，即相电压 220 V、线电压 380 V，以满足不同用户的需要。三相电源连接成星形，不引出中线的供电方式称为三相三线制，负载只能使用线电压，如图 4-7 所示，在高压电网中，一般采用三相三线制供电方式。

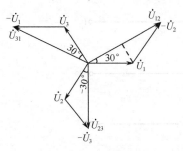

图 4-6 线电压与相电压的相量图

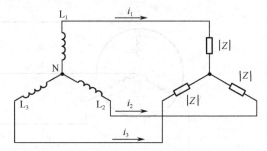

图 4-7 三相三线制电路

4.2.2 三角形连接

电源的三相绕组还可以将一相的始端与另一相的末端依次相连成三角形，并由三角形的三个顶点引出三条相线 L_1、L_2、L_3 给用户供电，如图 4-8 所示。因此，三角形接法的电源只能采用三相三线制供电方式，并且 $U_1 = U_P$，三角形接法的三相绕组形成闭合回路，三个相电压的相量和为零，即：

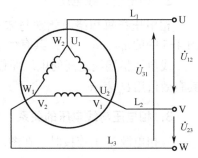

图 4-8 电源的三角形连接

$$\dot{U}_{12} + \dot{U}_{23} + \dot{U}_{31} = 0$$

这表明在回路中无环流，但如果连接不正确，如果绕组接反，此时电压将在回路中产生极大的环流，烧毁绕组。这点应引起注意。

4.3 三相负载的连接

使用交流电的电器种类繁多，属于单相的有白炽灯、日光灯及其他一些小功率电器和单相电动机。这类负载只要接在三相电源中的任意一相上就能正常工作。另一类负载（如三相电动机），接在三相电源上才能正常工作。接在三相电源上的三相用电设备，或分别接在各相电源上的单相用电器，统称为三相负载。

三相负载接到电源上的连接方式有两种，即星形（Y）连接和三角形（△）连接。下面分别讨论。

4.3.1 三相负载的星形连接

1. 电路的连接

星形连接就是把三相负载的一端连接到一个公共点，负载的另一端分别与电源的三个端线相连。

图 4-9 为三相四线制供电时负载为星形连接的接线图。设其线电压为 380 V，电路中白

炽灯等单相负载的额定电压通常为 220 V，因此必须把它们接在火线与中线之间。由于在日常生活中单相负载（如电灯）是大量使用的，布置线路时不能把它们集中在一相上，而要均匀地分布在各相中，以避免各相负载的严重不平衡。三相电动机必须接在三根火线上，但是三相电动机本身的绕组可以连接成星形或三角形。

2. 三相负载星形连接电路分析

这里以三相四线制电路为例来进行分析，如图 4-10 所示，其中 $|Z_1|$、$|Z_2|$、$|Z_3|$ 分别表示每相阻抗的模。

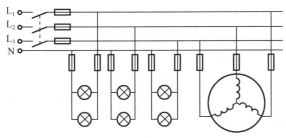

图 4-9　三相四线制电路星形接线图

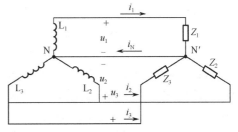

图 4-10　负载为星形连接的三相四线制电路

从图 4-10 中可以看出，若略去输电线上的电压降，则各相负载的相电压就等于电源的相电压，即：

$$U_{\mathrm{P}} = U_{\mathrm{YP}} \tag{4-4}$$

式中，U_{YP} 表示负载为星形连接时的相电压。

三相电路中，通过每根火线的电流称为线电流，即 i_1、i_2、i_3，一般用 $\dot{I}_{\mathrm{Yl}}$ 表示，其参考方向规定为由电源流向负载；而通过每相负载的电流称为相电流，用 $\dot{I}_{\mathrm{YP}}$ 表示，其参考方向与线电流一致；通过中性线的电流称为中线电流，以 i_{N} 或 $\dot{I}_{\mathrm{N}}$ 表示，其参考方向规定为由负载中性点流向电源中性点。显然，由图 4-10 可以看出，在星形连接的电路中，线电流等于相电流，即：

$$\dot{I}_{\mathrm{YL}} = \dot{I}_{\mathrm{YP}} \tag{4-5}$$

通过每相负载的电流为：

$$\dot{I}_1 = \frac{\dot{U}_1}{Z_1}$$

$$\dot{I}_2 = \frac{\dot{U}_2}{Z_2}$$

$$\dot{I}_3 = \frac{\dot{U}_3}{Z_3}$$

通过中线的电流为：

$$\dot{I}_{\mathrm{N}} = \dot{I}_1 + \dot{I}_2 + \dot{I}_3$$

（1）对称三相负载。由于三相负载对称，即 $Z_1 = Z_2 = Z_3 = Z_{\mathrm{P}}$，可以得出：

$$|Z_1| = |Z_2| = |Z_3| = |Z_{\mathrm{P}}|$$

$$\varphi_1 = \varphi_2 = \varphi_3 = \varphi_{\mathrm{P}}$$

由于各相电压对称，因此各相负载中的相电流相等，即：

$$I_1 = I_2 = I_3 = I_{YP} = \frac{U_{YP}}{|Z_P|}$$

$$\varphi_1 = \varphi_2 = \varphi_3 = \varphi_p = \arccos\frac{R}{|Z_P|}$$

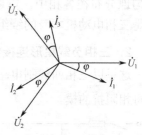

所以，三个相电流的相位差也互为120°，从相量图上可得出三个相电流的相量和为 0，如图 4-11 所示，即：

$$\dot{I}_1 + \dot{I}_2 + \dot{I}_3 = 0$$

因此：

$$i_N = i_1 + i_2 + i_3 = 0$$

$$\dot{I}_N = \dot{I}_1 + \dot{I}_2 + \dot{I}_3 = 0 \tag{4-6}$$

图 4-11　对称负载星形连接
电压电流相量图

由式（4-6）可知，三相对称负载为星形连接时中性线电流为零。由于中性线上无电流通过，故可省去中性线，此时并不影响三相电路的工作，各相负载的相电压仍为对称的电源相电压，这样三相四线制就变成了三相三线制。

（2）不对称负载星形连接。一般的，由单相负载组成的三相负载是不对称的，例如，图 4-9 中白炽灯等单相负载组成的三相负载，不对称三相负载为星形连接时必须有中性线，即为三相四线制连接，如图 4-10 所示。

由于三相负载不对称，即 $Z_1 \neq Z_2 \neq Z_3$，各相电流是不对称的，使得中线电流不为零，即

$$\dot{I}_N = \dot{I}_1 + \dot{I}_2 + \dot{I}_3 \neq 0 \tag{4-7}$$

此时，中线绝不能断开。

（3）中线的作用。因为星形连接负载不对称的情况下，有中性线存在时，也均有对称的电源相电压，从而保证了各相负载能正常工作；如果中性线断开，各相负载的电压就不再等于电源的相电压，这时，阻抗较小的负载的相电压可能低于其额定电压，阻抗较大的负载的相电压可能高于其额定电压，使负载不能正常工作，使这相的电器可能被烧毁。所以，在三相四线中，规定中线上不准安装熔断器和开关，有时中线还采用钢芯导线来加强其机械强度，以免断开。另一方面在连接三相负载时，应尽量接近对称，使其平衡，以减小中性线电流，这样，中性线的截面可比火线做得细一些。

说明： 高压输电系统采用三相三线制供电；低压配电系统中采用三相四线制供电。

实例 4-1　图 4-12（a）所示的负载为星形连接的对称三相电路，电源线电压为 380 V，每一组点灯负载的电阻是 400 Ω，求：

（1）在正常情况下，每相负载的相电压和相电流；

（2）第一相负载短路时，其余两相负载的相电压和相电流；

（3）第一相负载断路时，其余两相负载的相电压和相电流；

（4）如果采用三相四线制（加了中线）供电，如图所示，试重新计算一相断开时或一相短路时，其他各相负载的电压和电流。

解　（1）在正常情况下，由于三相负载对称，中性线电流为 0，故可省去中线，并且不影响相电路正常工作，所以各相负载的相电压仍为对称的电源相电压，即：

$$U_1 = U_2 = U_3 = 220 \text{ V}$$

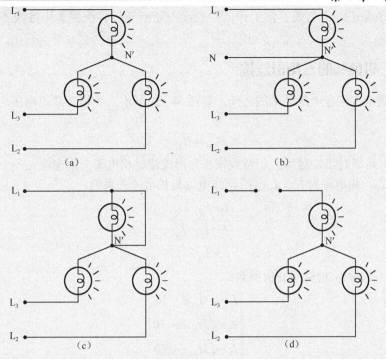

图 4-12

相电流为：

$$I_1 = I_2 = I_3 = I_{\mathrm{YP}} = \frac{U_{\mathrm{P}}}{R} = \frac{220}{400} = 0.55\ \mathrm{A}$$

每相负载正常工作。

（2）第 1 相负载短路时，如图 4-12（c）所示，线电压通过短路线直接加在第 2 相和第 3 相的负载两端，所以这两相的相电压等于线电压，即：

$$U_2 = U_3 = 380\ \mathrm{V}$$

相电流为：

$$I_2 = I_3 = \frac{U_{\mathrm{L}}}{R} = \frac{380}{400} = 0.95\ \mathrm{A}\quad（灯亮）$$

第 2 相与第 3 相每组电灯两端电压超过额定电压，电灯将会被损坏。

（3）第 1 相负载断路时，如图 4-12（d）所示，第 2、3 两相负载串联后接在线电压上，由于两相阻抗相等，所以，相电压为线电压的一半，即：

$$U_2 = U_3 = \frac{U_{\mathrm{L}}}{2} = \frac{380}{2} = 190\ \mathrm{V}$$

相电流为：

$$I_2 = I_3 = \frac{190}{400} = 0.475\ \mathrm{A}\quad（灯暗）$$

第 1 相、第 2 相每组电灯两端电压低于额定电压，不能正常工作。

（4）采用三相四线制，如图 4-12（b）所示。

当 3 相断开或短路时，其余两相 $U_1 = U_2 = 220\ \mathrm{V}$，负载正常工作。这就是三相四线制供

电的优点。为了保证每相负载正常工作，中性线不能断开。再次强调中性线不允许接入开关或熔断器。

4.3.2 三相负载的三角形连接

将三相负载依次接在电源的端线之间，如图 4-13 所示。各相负载相电压均为对称的电源线电压，即：

$$U_{\Delta P} = U_L \tag{4-8}$$

由图 4-13 可以看出，对称三相负载按三角形连接时相电流与线电流是不一样的。设线电流为 $\dot{I}_1$、$\dot{I}_2$、$\dot{I}_3$，相电流为 $\dot{I}_{12}$、$\dot{I}_{23}$、$\dot{I}_{31}$，线电流与相电流关系为：

$$\dot{I}_1 = \dot{I}_{12} - \dot{I}_{31}$$
$$\dot{I}_2 = \dot{I}_{23} - \dot{I}_{12}$$
$$\dot{I}_3 = \dot{I}_{31} - \dot{I}_{23}$$

通过如图 4-14 所示相量图分析得到：

$$\begin{cases} \dot{I}_1 = \sqrt{3}\dot{I}_{12} \angle -30° \\ \dot{I}_2 = \sqrt{3}\dot{I}_{23} \angle -30° \\ \dot{I}_3 = \sqrt{3}\dot{I}_{31} \angle -30° \end{cases} \tag{4-9}$$

在对称三相负载的三角形连接中，可以得到以下结论。

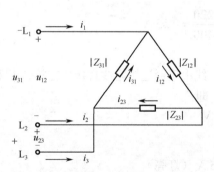

图 4-13　负载为三角形连接的三相电路

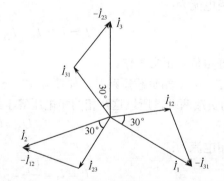

图 4-14　对称负载三角形连接时的电流相量图

（1）线电压等于相电压，即：

$$U_{\Delta P} = U_L$$

（2）线电流是相电流的 $\sqrt{3}$ 倍，即：

$$I_L = \sqrt{3}I_{\Delta P}$$

（3）线电流在相位上滞后相应的相电流 30°。

综上所述，在对称的三相电路中，有如下结论：

（1）在星形连接中，$U_L = \sqrt{3}U_{YP}$，$I_L = I_{YP}$；

（2）在三角形连接中，$U_{\Delta P} = U_L$，$I_L = \sqrt{3}I_{\Delta P}$。

对于任何一个电气设备，都要求每相负载所承受的电压等于它的额定电压，负载究竟采用什么连接方式，可根据电源的线电压和负载的额定电压来确定。当负载的额定电压为

三相电源线电压的 $\dfrac{1}{\sqrt{3}}$ 时，负载应接成星形；当负载的额定电压等于三相电源的线电压时负载应接成三角形。

> **!** **应用常识**：三相电动机的绕组可以连接成星形，也可以连接成三角形，在电动机铭牌上都有标示，如 380 V "△" 接法或 380 V "Y" 接法。Y/△，380/220，表示该电动机在电源线电压为 380 V 时，作 Y 接法；当电源线电压为 220 V 时作△接法，可见该电动机额定电压为 220 V。

4.4 三相电路的功率

不论三相电路电源或负载是何种连接形式（星形连接或三角形连接），电路总的有功功率必定等于各相有功功率之和。

1. 有功功率

一个三相电源输出的总有功功率等于每相电源输出的有功功率之和。一个三相负载吸收的总有功功率等于每相负载吸收的有功功率之和，即：

$$P = P_1 + P_2 + P_3$$

每相负载的功率 P_P 等于该相负载的相电压 U_P 乘以相电流 I_P 及相电压与相电流夹角的余弦 $\cos\varphi$，即：

$$P_\text{P} = U_\text{P} I_\text{P} \cos\varphi$$

因此三相电路的总有功功率为：

$$P = P_1 + P_2 + P_3 = U_1 I_1 \cos\varphi_1 + U_2 I_2 \cos\varphi_2 + U_3 I_3 \cos\varphi_3$$

式中 φ_1、φ_2、φ_3 分别是各相的相电压与相电流的相位差。

在对称三相电路中，每相有功功率相同，则三相电路的总有功功率为：

$$P = 3U_\text{P} I_\text{P} \cos\varphi$$

当负载为星形连接时，$U_\text{L} = \sqrt{3} U_\text{YP}$，$I_\text{L} = I_\text{YP}$，则 $P = 3\dfrac{U_\text{L}}{\sqrt{3}} I_\text{P} \cos\varphi = \sqrt{3} U_\text{L} I_\text{L} \sin\varphi$。

在三角形连接中，$U_{\Delta\text{P}} = U_\text{L}$，$I_\text{L} = \sqrt{3} I_{\Delta\text{P}}$，则 $P = 3U_\text{L} \dfrac{I_\text{L}}{\sqrt{3}} \cos\varphi = \sqrt{3} U_\text{L} I_\text{L} \cos\varphi$。

因此，三相对称负载不论是星形连接还是三角形连接，其有功功率均为：

$$P = \sqrt{3} U_\text{L} I_\text{L} \cos\varphi \tag{4-10}$$

注意：

（1）上述公式虽然对星形或三角形连接的负载都适用，但是绝不能认为在线电压相同的情况下，将负载星形连接改为三角形连接时，它们所耗用的功率相等。

（2）φ 是负载相电压与负载相电流之间的相位差，又是每相负载的阻抗角和功率因数角，而不是线电压与线电流之间的相位差。

2. 无功功率

三相电路的无功功率也等于各相无功功率之和。在对称三相电路中，三相无功功率为：

$$Q = \sqrt{3} U_{\text{L}} I_{\text{L}} \sin\varphi \qquad\qquad (4\text{-}11)$$

3．视在功率

三相电路的视在功率为：

$$S = \sqrt{P_2 + Q^2} = 3U_{\text{P}} I_{\text{P}} = \sqrt{3} U_{\text{L}} I_{\text{L}} \qquad\qquad (4\text{-}12)$$

实例 4-2 有一对称三相负载，每相的电阻为 60 Ω，电抗为 851 Ω，电源线电压为 380 V，试计算负载星形连接和三角形连接时的有功功率。

解 每相负载的阻抗为：

$$|Z| = \sqrt{R^2 + X^2} = \sqrt{6^2 + 8^2} = 10\ \Omega$$

星形连接时：

$$U_{\text{YP}} = \frac{U_{\text{L}}}{\sqrt{3}} = \frac{380}{\sqrt{3}} = 220\ \text{V}$$

$$I_{\text{YL}} = I_{\text{YP}} = \frac{U_{\text{YP}}}{|Z|} = \frac{220}{10} = 22\ \text{A}$$

$$\cos\varphi = \frac{R}{|Z|} = \frac{6}{10} = 0.6$$

所以，有功功率为：

$$P_{\text{Y}} = \sqrt{3} U_{\text{L}} I_{\text{L}} \cos\varphi = \sqrt{3} \times 380 \times 22 \times 0.6 = 8.7\ \text{kW}$$

负载三角形连接时：

$$U_{\Delta\text{P}} = U_{\text{L}} = 380\ \text{V}$$

$$I_{\Delta\text{P}} = \frac{U_{\Delta\text{P}}}{|Z|} = \frac{380}{10} = 38\ \text{A}$$

$$I_{\text{L}} = \sqrt{3} I_{\Delta\text{P}} = \sqrt{3} \times 38 \approx 66\ \text{A}$$

负载的功率因数不变，所以有功功率为：

$$P_{\Delta} = \sqrt{3} U_{\text{L}} I_{\text{L}} \cos\varphi = \sqrt{3} \times 380 \times 66 \times 0.6 \approx 26\ \text{kW}$$

由上述计算可知，在相同的线电压下，同一组对称负载三角形连接的有功功率是星形连接有功功率的 3 倍。这是因为三角形连接时的线电流是星形连接时线电流的 3 倍。对于无功功率和视在功率也有同样的结论。

技能训练4　电能表的安装与使用

1．训练目的

（1）了解单相电能表的结构和工作原理。

（2）掌握单相电能表的使用。

2．实验设备

感应系单相电能表 1 个；单相开关 1 个；一字螺钉旋具、十字螺钉旋具各 1 个；连接导线若干。

3．实验原理

1）感应系单相电能表的结构

感应系单相电能表的结构如图 4-15 所示，其主要组成部分如下。

（1）驱动元件。用来产生转动力矩。它由电压元件和电流元件两部分组成。电压元件是指在 E 形铁芯上绕有匝数多且导线截面较小的线圈，该线圈在使用时与负载并联，故称电压线圈。电流元件是指在 U 形铁芯上绕有匝数少且导线截面较大的线圈，该线圈使用时要与负载串联，称为电流线圈。

（2）转动元件。由铝盘和转轴组成，转轴上装有传递铝盘转数的蜗杆氏仪表工作时，驱动元件产生的转动力矩将驱使铝盘转动。

（3）制动元件。由永久磁铁组成。用来在铝盘转动时产生制动力矩，使铝盘的转速与被测功率成正比。

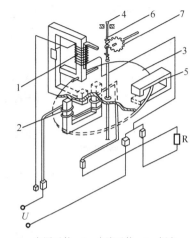

1—电压元件；2—电流元件；3—铝盘；
4—转轴；5—永久磁体；6—蜗杆；7—涡轮

图 4-15　感应系单相电能表的结构示意图

（4）计度器（也称计算机构）用来计算铝盘的转数，实现累计电能的目的。它包括安装在转轴上的齿轮、滚轮及计数器等。最终通过计数器直接显示出被测电能的多少。

2）感应系单相电能表的工作原理

根据电磁感应原理，当交流电流通过电能表的电流线圈和电压线圈时，在线圈中会产生交变磁通，该磁通穿过铝盘时，在铝盘上产生涡流，而这些涡流又与交变磁通相互作用产生电磁力矩，驱动铝盘转动。同时，转动的铝盘又在制动磁铁的磁场中，也会在铝盘中产生涡流，制动磁铁的磁场与这个涡流相互作用，又产生了制动力矩，制动力矩的大小与铝盘的转速成正比。当转动力矩与制动力矩平衡时，铝盘以稳定的速度转动。其转速与被测负载的功率的大小成正比，根据其转速的大小从而测量出负载所消耗的电能。

4．实验内容

（1）拆装单相电能表（教师讲解，学生拆装）。

（2）单相电能表的接线。

① 接线前，检查电能表的型号、规格，确保其型号、规格与负载的额定参数相适应；检查电能表的外观，确保完好。

② 根据给定的单相电能表测定或核实其接线端子，如图 4-16 所示。

③ 极性要正确，相线是 1 进 3 出，零线是 2 进 4 出，如图 4-17 所示。在接线盒里，端子的排列顺序总是左为首端、右为尾端。

（3）单相电能表的测量。

① 接负载。负载可接技能训练 2 中的日光灯电路，也可选择其他负载电路。

② 测量。

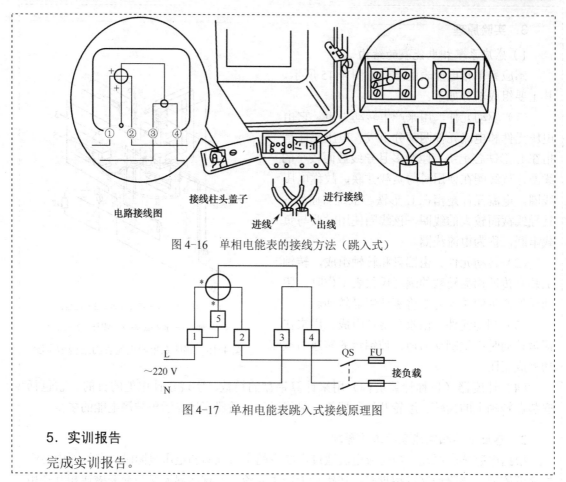

图 4-16 单相电能表的接线方法（跳入式）

图 4-17 单相电能表跳入式接线原理图

5. 实训报告

完成实训报告。

知识梳理与总结

1. 三相交流电源

（1）电动势的特点是：幅值相同，频率相等，相位互差120°。

（2）在三相四线制供电系统中，相线（火线）与中线（零线）之间的电压称为相电压，相线（火线）与相线（火线）之间的电压称为线电压。线电压与相电压的关系：①线电压的大小是相应相电压的$\sqrt{3}$倍，即$U_l = \sqrt{3}U_P$；②线电压相位超前对应的相电压相位30°。

（3）在我国低压配电系统中，规定相电压为220 V，线电压为380 V。

2. 三相负载

三相负载有星形和三角形接法，采用哪种接法由负载的额定电压与电源电压来决定。

在星形连接中，$U_L = \sqrt{3}U_{YP}$，$I_L = I_{YP}$。

在三角形连接中，$U_{\Delta P} = U_L$，$I_L = \sqrt{3}I_{\Delta P}$。

三相对称负载为三角形连接时，中性线电流为零，故中性线可以不接。但如果三相负载不对称，则必须接中性线，以保证各相相电压对称。

3．三相负载功率

三相负载对称，则不论是星形连接还是三角形连接，都可以用以下公式计算三相功率。

$$P = \sqrt{3}U_L I_L \cos\varphi$$

$$Q = \sqrt{3}U_L I_L \sin\varphi$$

$$S = \sqrt{P_2 + Q^2} = 3U_P I_P = \sqrt{3}U_L I_L$$

在相同的线电压下，同一组对称负载为三角形连接的有功功率是星形连接有功功率的 3 倍。

思考与练习题 4

1．选择题

（1）有一对称星形负载接于线电压为 380 V 的三相四线制电源上，如图 4-18 所示。当在 M 点断开时，U_1 为（　　　）。

A．220 V；　　　B．380 V；　　　C．190 V；　　　D．110 V。

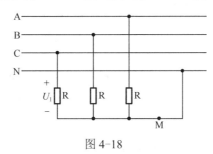

图 4-18

（2）复阻抗为 Z 的三相对称电路中，若保持电源电压不变，当负载接成星形时消耗的有功功率为 P_Y，接成三角形时消耗的有功功率为 P_Δ，则在两种接法下有功功率的关系为（　　　）。

A．$P_\Delta = 3P_Y$；　　　B．$P_\Delta = \dfrac{1}{3P_Y}$；　　　C．$P_\Delta = P_Y$；　　　D．以上都不对。

（3）在某对称星形连接的三相负载电路中，已知线电压 $u_{AB} = 380\sqrt{2}\sin\omega t$ V，则 C 相电压有效值相量 $\dot{U}_C = $（　　　）。

A．$220\angle 90°$ V；　　　　　　　　B．$380\angle 90°$ V；

C．$220\angle -90°$ V；　　　　　　　D．220 V。

（4）某三相交流发电机绕组接成星形时线电压为 6.3 kV，若将它接成三角形，则线电压为（　　　）。

A．6.3 kV；　　　B．10.9 kV；　　　C．3.64 kV；　　　D．8.43 kV。

（5）三个额定电压为 380 V 的单相负载，当用线电压为 380 V 的三相四线制电源供电时应接成（　　　）形。

A．Y；　　　　　B．△；　　　　　C．Y 或 △ 均可；　　　D．以上都不对。

（6）额定电压为 220 V 的照明负载接于线电压为 380 V 的三相四线制电源时，必须接成

（　　）形。

A．Y；　　　　　　B．△；　　　　　　C．Y_0；　　　　　　D．以上都不对

（7）作三角形连接的三相对称负载，均为 RLC 串联电路，且 R=10 Ω，X_L=X_C=5 Ω，当相电流有效值为 I_P=1 A 时，该三相负载的无功功率 Q=（　　）。

A．15 Var；　　　　B．30 Var；　　　　C．0 Var；　　　　D．10 Var。

（8）对称星形负载接于三相四线制电源上，如图 4-19 所示。若电源线电压为 380 V，当在 D 点断开时，U_1 为（　　）。

A．220 V；　　　　B．380 V；　　　　C．190 V；　　　　D．110 V。

（9）某对称三相负载接入三相交流电源后，若其相电压等于电源线电压，则此三相负载是（　　）接法。

A．Y；　　　　　　B．Y_0；　　　　　　C．△；　　　　　　D．以上都不对。

（10）对称星形负载接于线电压为 380 V 的三相四线制电源上，如图 4-20 所示，当 M 点和 D 点同时断开时，U_1 为（　　）。

A．220 V；　　　　B．380 V；　　　　C．190 V；　　　　D．110 V。

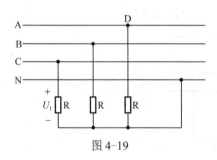

图 4-19

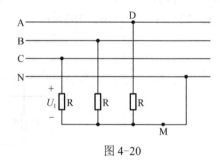

图 4-20

（11）有一台三相电阻炉，各相负载的额定电压均为 220 V，当电源线电压为 380 V 时，此电阻炉应接成（　　）形。

A．Y；　　　　　　B．△；　　　　　　C．Y_0；　　　　　　D．以上都不对。

（12）已知某三相电路的相电压 $\dot{U}_A = 220\angle 17° \text{ V}$，$\dot{U}_B = 220\angle -103° \text{ V}$，$\dot{U}_C = 220\angle 137° \text{ V}$，当 t=19 s 时，三个线电压之和为（　　）。

A．0 V；　　　　B．220 V；　　　　C．$220\sqrt{2} \text{ V}$；　　　　D．110 V。

（13）已知某三相四线制电路的线电压 $U_{AB} = 380\angle 13° \text{ V}$，$U_{BC} = 380\angle -107° \text{ V}$，$\dot{U}_{CA} = 380\angle 133° \text{ V}$，当 t=12 s 时，三个相电压之和为（　　）。

A．380 V；　　　　B．0 V；　　　　C．$380\sqrt{2} \text{ V}$；　　　　D．220 V。

（14）当三相交流发电机的三个绕组接成星形时，若线电压 u_{BC}=$380\sqrt{2}\sin\omega t \text{ V}$，则相电压 u_B=（　　）。

A．$220\sqrt{2}\sin(\omega t + 90°) \text{ V}$；　　　　　　B．$220\sqrt{2}\sin(\omega t - 30°) \text{ V}$；

C．$220\sqrt{2}\sin(\omega t - 150°) \text{ V}$；　　　　　　D．220 V。

（15）某三相对称电路的线电压 $u_{AB} = U_1\sqrt{2}\sin(\omega t + 30°) \text{ V}$，线电流 $i_A = I_1\sqrt{2}\sin(\omega t + \varphi) \text{ A}$，正相序。负载连接成星形，每相复阻抗 $Z=|Z|\angle \varphi$。该三相电路的有功功率表达式为（　　）。

A. $\sqrt{3}U_1 I_1 \lambda$ ； 　　　　　　B. $\sqrt{3}U_1 I_1 \cos(30° + \varphi)$ ；

C. $\sqrt{3}U_1 I_1 \cos 30°$ ； 　　　　　D. 以上都不对。

2. 分析与计算题

（1）非对称三相负载 $Z_1 = 5\angle 10° \Omega$ ， $Z_2 = 9\angle 30° \Omega$ ， $Z_3 = 10\angle 80° \Omega$ ，连接成如图 4-21 所示的三角形，由线电压为 380 V 的对称三相电源供电，求负载的线电流 I_A、I_B、I_C。

（2）如图 4-22 所示三角形接法的三相对称电路中，已知线电压为 380 V、$R = 24\,\Omega$、$X_L = 18\,\Omega$。求线电流 $\dot{I}_A$、$\dot{I}_B$、$\dot{I}_C$。

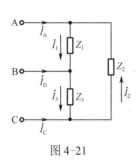

图 4-21

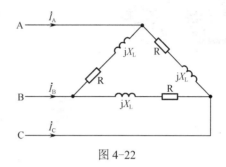

图 4-22

（3）某工厂有三个车间，每一车间装有 10 盏 220 V、100 W 的白炽灯，用 380 V 的三相四线制供电。①画出合理的配电接线图；②若各车间的灯同时点亮，求电路的线电流和中线电流；③若只有两个车间的灯点亮，求电路的线电流和中线电流。

第 **5** 章

变 压 器

教	知识重点	变压器的工作原理； 特殊变压器的使用
	知识难点	三相变压器
	推荐教学方式	启发性（实际应用电路）+实验仿真课堂教学讲授、学生互动探讨教学方式等
	建议学时	6（理论 4+实践 2）
学	必须掌握的理论知识	变压器的工作原理； 变压器的用途； 特殊变压器的使用
	必须掌握的技能	变压器的质量好坏鉴别； 变压器的使用

变压器是一种主要用来改变交流电压的电气设备，它在电网输配电、工业控制及电子技术中都得到了广泛的应用。

5.1 变压器的基本结构和工作原理

在电力系统中，传输电能的变压器称为电力变压器，是电力系统中的重要设备。在远距离输电中，当输送功率一定时，输电电压越高，则电流越小，输电导线截面、线路的能量损耗及电压损失也越小，为此大功率远距离输电，都将输电电压升高，目前我国电力网的输送电压高达 220 kV、330 kV 和 550 kV。而工业、农业生产及民用电的电压多为 380 V 和 220 V，因此在配电方面，也需要变压器将电压降低，以满足用电设备的电压要求。因此，变压器对电力系统的经济输送、灵活分配及安全用电有着极其重要的意义。

在电子电路中，常常需要一种或者几种不同电压的交流电，这时电源变压器将电网电压转换为所需的各种电压。另外，变压器还可以用来传输信号、实现阻抗匹配和耦合电路。

变压器的种类很多，按用途分为输配电用的电力变压器，调节电压用的自耦变压器，测量电路用的仪用互感器及电子设备中常用的电源变压器、耦合变压器、脉冲变压器等；按交流电的相数不同，分为单相变压器和三相变压器。

5.1.1 变压器的基本结构

变压器的结构由于工作要求、使用场合和制造等不同而有所不同，结构型式多种多样，但其基本结构大致相同，都是由铁芯和绕组（或称线圈）组成。

变压器由铁芯和绕组两个基本部分组成，另外还有油箱等辅助设备，如图 5-1 所示。下面分别介绍变压器的各组成部分。

铁芯是构成变压器的磁路部分，为了减小铁芯损耗，通常用 0.35～0.5 mm 厚的两面涂一层绝缘漆硅钢片交错叠装而成。

按线圈套装铁芯不同，变压器可分为心式和壳式两种，如图 5-2 所示。心式变压器线圈缠绕在每个铁芯柱上，结构比较简单，线圈套装也很方便，绝缘也较容易处理，其铁芯截面是均匀的。电力变压器多数采用心式铁芯结构。壳式变压器的铁芯把绕组包围在中间，故不需要专门的变压器外壳，但它的制造工艺复杂，电子电路中的变压器多采用壳式结构。

绕组是变压器的电路部分，它是用导电性能良好的双丝包绝缘扁线或漆包圆线绕成。

图 5-1　变压器外形

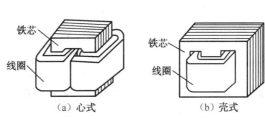

（a）心式　　　　（b）壳式

图 5-2　变压器的结构

除了铁芯和绕组外，变压器还有其他一些部件，如电力变压器的铁芯和绕组通常浸在油箱中，变压器油箱有绝缘和散热作用，为增强散热作用，油箱外还装有散热油管；此外，油箱上还装有为引出高低压绕组而使用的高低压绝缘套管及防爆管、油枕、调压开关、温度计等附属部件。

5.1.2 变压器的工作原理

图 5-3、图 5-4 为变压器原理示意图。为便于分析，把两个线圈分别画在两个铁芯柱上。接电源的线圈称为一次线圈（也称原线圈），接负载的线圈称为二次线圈（也称副线圈），它们的匝数分别用 N_1 和 N_2 表示。

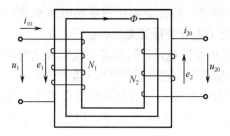

图 5-3　变压器空载运行原理示意图

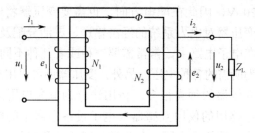

图 5-4　变压器负载运行原理示意图

1. 电压变换原理（变压器空载运行）

变压器的一次线圈接交流电压 u_1，二次线圈开路，这种运行状态称为空载运行。这时副绕组中的电流为零，电压为开路电压 u_{20}，一次线圈通过的电流为空载电流 i_{10}，该电流就是励磁电流，如图 5-3 所示。各量的参考方向如图 5-3 所示，e_1、e_2 与 Φ 符合右手螺旋法则。

由于副线圈开路，这时变压器的原线圈电路相当于一个交流铁芯线圈电路。其磁动势 $i_{10}N_1$ 在铁芯中产生主磁通 Φ，主磁通 Φ 通过闭合铁芯，在原、副线圈中分别感应出电动势 e_1、e_2。根据电磁感应定律可得：

$$\begin{cases} e_1 = -N_1 \dfrac{\mathrm{d}\Phi}{\mathrm{d}t} \\ e_2 = -N_2 \dfrac{\mathrm{d}\Phi}{\mathrm{d}t} \end{cases} \tag{5-1}$$

根据磁路定理可得：

$$\begin{cases} U_1 \approx e_1 = 4.44 f N_1 \Phi_{\mathrm{m}} \\ U_2 \approx e_2 = 4.44 f N_2 \Phi_{\mathrm{m}} \end{cases} \tag{5-2}$$

式中，f 为交流电源的频率，Φ_{m} 为主磁通的最大值。由式（5-1）、式（5-2）可得

$$\frac{U_1}{U_2} \approx \frac{e_1}{e_2} = \frac{4.44 f N_1 \Phi_{\mathrm{m}}}{4.44 f N_2 \Phi_{\mathrm{m}}} = \frac{N_1}{N_2} = K \tag{5-3}$$

式（5-3）表明，变压器空载运行时，原、副线圈上电压的比值等于两者的匝数比，这个比值 K 称为变压器的变压比或变比，这就是变压器的电压变换作用。当 $K>1$ 时，变压器为降压变压器；当 $K<1$ 时，为升压变压器。

2. 电流变换原理

变压器的空载运行是没有意义的，只有副线圈接上负载，它才能起到传输能量或信号的作用，如图 5-4 所示。

变压器负载运行时，由于 i_2 形成的磁动势 i_2N_2 对磁路也产生影响，故此时铁芯中的主磁通 Φ 是由 i_2N_2 和 i_1N_1 共同产生的。又由 $U_1 \approx e_1 = 4.44fN_1\Phi_m$ 可知，当电源的电压和频率一定时，铁芯中磁通最大值 Φ_m 也保持不变，因而从空载状态到负载状态，磁动势应保持不变，即磁动势平衡：

$$i_1N_1 + i_2N_2 = i_{10}N_1 \tag{5-4}$$

由于变压器的空载电流 i_{10} 很小，一般只有额定电流的百分之几，因此当变压器额定运行时，$i_{10}N_1$ 可忽略不计。于是有：

$$i_1N \approx -i_2N_2 \tag{5-5}$$

由式（5-5）可知。原、副绕组电流有效值之比为：

$$\frac{I_1}{I_2} \approx \frac{N_2}{N_1} = \frac{1}{K} \tag{5-6}$$

式（5-6）说明，变压器负载运行时，其原绕组和副绕组电流有效值之比近似等于它们的匝数比的倒数，这就是变压器的电流变换作用。

3. 阻抗变换原理

变压器除进行电压变换、电流变换之外，还可以进行阻抗变换。在忽略原、副线圈阻抗压降的情况下，若副线圈接入阻抗负载 Z_L，则从原线圈输入端看过去的等效阻抗为：

$$|Z'| = \frac{U_1}{I_1} = \frac{KU_2}{\frac{1}{K}I_2} = K^2\frac{U_2}{I_2} = K^2|Z_L| \tag{5-7}$$

若副线圈接入阻抗 Z_L，对于电源来说，相当于接上阻抗 $|Z'| = K^2|Z_L|$ 的负载，这就是变压器的阻抗变换作用，如图 5-5 所示。

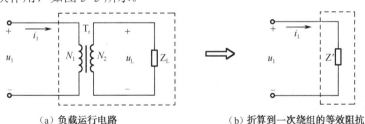

（a）负载运行电路　　　　　　　　（b）折算到一次绕组的等效阻抗

图 5-5　变压器的阻抗变换

实际应用中收音机、扩音机中扬声器的阻抗一般为几欧或几十欧，而其功率输出级要求负载阻抗为几十欧或几百欧才能使负载获得最大输出功率，这称为阻抗匹配。实现阻抗匹配的方法就是在电子设备功率输出级和负载之间接入一个输出变压器，适当选择匝数比以获得所需的阻抗。

实例 5-1　有一台电压为 220 V/36 V 的降压变压器，副线圈接一盏 36 V、40 W 的灯泡，试求：（1）若变压器的原边绕组 N_1=1100 匝，副线圈匝数应是多少？（2）灯泡点亮后，原、副线圈的电流各为多少？

解 （1）根据变压器电压变化原理，可以求得副线圈匝数为：

$$N_2 = \frac{U_2}{U_1}N_1 = \frac{36}{220} \times 1\,100 = 180\ \text{匝}$$

（2）由于灯泡是纯电阻，根据功率公式可得：

$$I_2 = \frac{P}{U_2} = \frac{40}{36} \approx 1.11\ \text{A}$$

根据变压器电流变换原理，可得：

$$I_1 \approx \frac{N_2}{N_1}I_2 = \frac{180}{1\,100} \times 1.11 \approx 0.18\ \text{A}$$

实例 5-2 在如图 5-6 所示的三极管收音机输出电路中，三极管所需的最佳负载电阻 $R' = 600\ \Omega$，而变压器副线圈所接扬声器的阻抗 $R_L = 16\ \Omega$。试求变压器的匝数比。

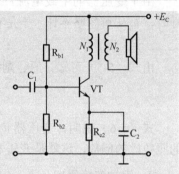

解 根据题意，要求副线圈电阻等效到原边后的电阻刚好等于三极管所需最佳负载电阻，以实现阻抗匹配，输出最大功率。因此根据变压器阻抗变换公式有：

$$\frac{R'}{R_L} = K^2 = \left(\frac{N_1}{N_2}\right)^2 \Rightarrow K = \frac{N_1}{N_2} = \sqrt{\frac{R'}{R_L}} = \sqrt{\frac{600}{16}} \approx 6$$

图 5-6 三极管收音机输出电路

5.1.3 变压器的使用

1. 变压器的外特性

如图 5-7 所示，变压器运行负载中，随着输出电流 I_2 的增大，变压器绕组本身的电阻压降及漏磁感应电动势都将增大，从而使变压器输出电压 U_2 降低。在电源电压 U_1 及负载功率因数 $\cos\varphi_2$ 不变的条件下，副绕组的端电压 U_2 随副绕组输出电流变化而变化的曲线称为变压器的外特性。对于电阻性或电感性负载，变压器的外特性是一条稍微向下倾斜的曲线，负载功率因数越小，U_2 下降越大。

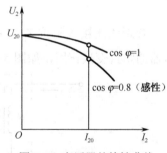

图 5-7 变压器外特性曲线

为反映变压器电压波动的程度，引入电压调整率，用 Δu 来表示。其表达式为：

$$\Delta u = \frac{U_{20} - U_2}{U_{20}} \tag{5-8}$$

对负载来说，电压越稳定越好，即电压调整率 Δu 越小越好。电力变压器的电压调整率为 2%～3%，它是一个重要的技术指标，直接影响到电力变压器的供电质量。

2. 变压器的损耗和效率

（1）损耗。变压器运行时有两种损耗：铁损耗和铜损耗。

铁损耗 ΔP_{Fe} 是指变压器铁芯在交变磁场中产生的涡流和磁滞损耗，其大小与铁芯磁感应强度最大值 B_m 及电源频率 f 有关，而与负载大小无关。故把铁芯损耗称为不变损耗。

铜损耗 ΔP_{Cu} 是指变压器线圈电阻的损耗，它与负载大小有关（与电流平方成正比），一般称为可变损耗。

变压器的总损耗为：

$$\Sigma P = \Delta P_{Fe} + \Delta P_{Cu} \tag{5-9}$$

（2）效率。效率为：

$$\eta = \frac{P_2}{P_1} \times 100\% = \frac{P_2}{P_2 + \Sigma P} \times 100\% \tag{5-10}$$

在式（5-10）中，P_2 为输出功率，P_1 为输入功率。

由于变压器是静止电动机，相对来说其损耗较小，效率较高。这也是衡量变压器性能好坏的一个重要指标。小型变压器的效率为 60%～90%，大型电力变压器的效率可达 96%～99%，但轻载时的效率很低，因此应合理选用电力变压器的容量，避免长期轻载运行或空载运行。

运行中需注意的是：变压器并非是运行在额定负载时效率最高，对于电力变压器，一般在 55%～75%的额定负载时效率最高。

3．变压器的铭牌和额定值

变压器铭牌上的各项技术参数反映了变压器的全部性能。它们是变压器的生产、订购和使用运行时的重要依据。用户必须清楚地了解铭牌上各项内客的含义，这样才能根据实际需要正确选用合适的变压器。

（1）型号。如变压器型号为 S11-4 000 kVA-10/6.3-YynO，S 表示相数（S 为三相，D 为单相）；11 表示损耗等级；4 000 kVA 表示容量；10/6.3 表示高低压电压比，单位为 kV；Yyn0 表示连接类别（高低压均为 Y 连接，低压中性点（N）引出，高低压相位差为 0°）。

（2）额定电压（U_{1N}、U_{2N}）。

① 变压器原绕组的额定电压 U_{1N}：指其绝缘强度和允许发热所规定的原绕组应加的正常工作电压有效值。

② 副绕组的额定电压 U_{2N}：指在变压器空载以原绕组加额定电压 U_{1N} 时，副绕组两端端电压的有效值。

对于三相变压器 U_{1N}、U_{2N} 指线电压。

（3）额定电流（I_{1N}、I_{2N}）。额定电流是指变压器连续运行时原、副线圈允许通过的最大电流有效值，用 I_{1N} 和 I_{2N} 表示。对于三相变压器 I_{1N} 和 I_{2N} 指的是线电流。

（4）额定客量（S_N）。

额定客量 S_N：指变压器副绕组输出的额定视在功率。

对于单相变压器：$S_N = U_{2N}I_{2N} = U_{1N}I_{1N}$。

对于三相变压器：$S_N = \sqrt{3}U_{2N}I_{2N} = \sqrt{3}U_{1N}I_{1N}$。

额定客量实际上是变压器长期运行时允许输出的最大有功功率，它反映了变压器所能传送电功率的能力，但变压器实际使用时的输出功率则取决于负载的大小和性质。

（5）额定频率 f。额定频率 f 是指变压器应接入的电源频率。我国电力系统的标准频率为 50 Hz。

（6）阻抗电压（又称短路电压）。变压器进行短路实验时，原边所加的电压称为变压器的阻抗电压或短路电压，用 U_{1S} 表示，一般都用它与额定电压 U_{1N} 之比的百分数表示。电力变压器的阻抗电压一般为 5%左右。U_{1S} 越小，变压器输出电压随负载变化的波动就越小。

5.2 特殊变压器

5.2.1 自耦变压器

自耦变压器是电工电子实验中常用的电气设备，它能均匀平滑地调节电压。图 5-8 为单相自耦变压器，其特点是变压器只有一个线圈，这个线圈的总匝数为 N_1，原线圈接电源，线圈的一部分匝数为 N_2，作为副绕组接负载，这样，原、副线圈不仅有磁的耦合，而且还有电的直接联系。原、副线圈电压、电流关系为：

$$\frac{U_1}{U_2} = \frac{N_1}{N_2} = K \, , \quad \frac{I_1}{I_2} \approx \frac{N_2}{N_1} = \frac{1}{K}$$

只要适当选择 N_2，即可在副线圈获得所需电压。自耦变压器可用于升压，也可用于降压。

图 5-9 为三相自耦变压器示意图，它的三相线圈常接成 Y 形。

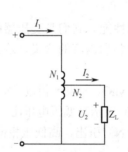

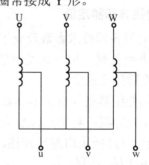

图 5-8 单相自耦变压器示意图　　　　图 5-9 三相自耦变压器示意图

在生产和实践中，常用的自耦调压器就是一种可以改变副线圈匝数的自耦变压器，其外形及电路如图 5-10 所示。

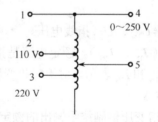

（a）外形　　　　　　　　　　（b）电路

图 5-10 自耦调压器外形及电路

在用自耦变压器手柄移动触头位置时，就改变了副绕组的匝数，调节了输出电压的大小。其一次输入 220 V 或 110 V 电压，二次输出可由 0 均匀地变化到 250 V。使用接线时从安全角度考虑，需把电源的零线接至 1 端子，若把相线接在 1 端子，调压器输出电压即使为零，端子 5 仍为高电位，用手触摸时有危险。

使用自耦调压器时应注意以下两点。

（1）接通电源前，应先将滑动触头旋至零位，接通电源后再逐渐转动手柄，将输出电压调到所需电压值。使用完毕，应将滑动触头再旋回零位。

（2）在使用时，原、副线圈不能对调。如果把电源接到副线圈，可能会烧坏调压器或使电源短路。

5.2.2 电流互感器

电流互感器是将大电流变换成小电流的升压变压器，其外形及结构原理如图 5-11 所示。它的原线圈用粗线绕成，通常只有一匝或几匝，与被测电路负载串联，原绕组经过的电流与负载电流相等。副绕组匝数较多，导线较细，与电流表或功率表的电流线圈连接。因为电流表和功率表的电流线圈电阻很小，所以电流互感器副线圈相当于短路。根据变压器的工作原理，有：

$$\frac{I_1}{I_2} \approx \frac{N_2}{N_1} = \frac{1}{K}$$

若令 $K_i = \dfrac{1}{K}(K_i > 0)$，则：

$$I_1 = \frac{1}{K}I_2 = K_i I_2$$

式中，K_i 称为电流互感器的变流比，也称为变换系数。可见，电流互感器将大电流变为小电流。

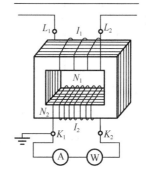

（a）外形　　　　　　　　（b）结构原理图

图 5-11　电流互感器外形及结构原理

使用电流互感器时应注意：

（1）电流互感器在运行中不允许副线圈开路，因为它的原线圈是与负载串联的，其电流 I_1 的大小决定于负载的大小，而与副线圈电流 I_2 无关，所以当副线圈开路时铁芯中由于没有 I_2 的去磁作用，主磁通将急剧增加，这不仅使铁损急剧增加，铁芯发热，而且将在副绕组感应出数百甚至上千伏的电压，造成绕组的绝缘击穿，并危及工作人员的安全。为

此在电流互感器二次电路中不允许装设熔断器，在二次电路中拆装仪表时，必须先将绕组短路。

（2）为了安全，电流互感器的铁芯和二次绕组的一端也必须接地。

5.2.3 三相电力变压器

在电力系统中用于变换三相交流电压的变压器称为三相电力变压器。三相电力变压器有三个原线圈和三个副线圈，其铁芯有三个芯柱，每相的原、副线圈同心地装在一个芯柱上。原绕组首端用 U_1、V_1、W_1 标明，末端用 U_2、V_2、W_2 标明；副绕组的首端用 u_1、v_1、w_1 标明，末端用 u_2、v_2、w_2 标明，如图 5-12 所示。

三相电力变压器的三相线圈有 Y 型（旧型号 Y）和 D 型（旧型号△）两种连接方式。我国规定有 Y/Y_0、$Y/\triangle$、Y_0/Y、$Y_0/\triangle$、Y/Y 五种标准连接方式。电力变压器三相绕组常用的连接方式有 Y/Y_0 和 $Y/\triangle$ 两种，其中分子表示高压绕组的连接方法，分母表示低压绕组的连接方法。如图 5-13 所示，Y/Y_0 表示原边为星形，副线圈为有中线引出的星形连接方法。这种接法常用于车间配电变压器，其优点在于不仅给用户提供三相电源，同时还提供单相电源。通常使用的动力与照明混合供电的三相四线制系统就是用 Y/Y_0 连接方式的变压器供电的。$Y/\triangle$ 连接的变压器原边接成星形，副线圈接成三角形，主要用在变电站的升压或降压变压器上。

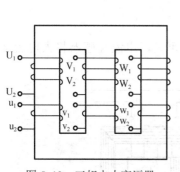

图 5-12 三相电力变压器

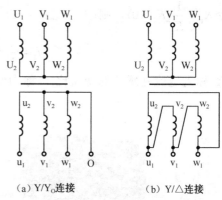

（a）Y/Y_0连接　　　　（b）$Y/\triangle$连接

图 5-13 三相电力变压器的连接方式

三相变压器的原、副绕组相电压之比与单相变压器一样，等于原、副绕组每相的匝数比，但原、副绕组线电压的比值，不仅与变压器的变比有关，而且还与变压器绕组的连接方式有关。

在 Y/Y_0 连接时：

$$\frac{U_{L1}}{U_{L2}} = \frac{\sqrt{3}U_{P1}}{\sqrt{3}U_{P2}} = \frac{N_1}{N_2} = K$$

在 $Y/\triangle$ 连接时：

$$\frac{U_{L1}}{U_{L2}} = \frac{\sqrt{3}U_{P1}}{U_{P2}} = \frac{\sqrt{3}N_1}{N_2} = \sqrt{3}K$$

上述公式中 U_L 表示线电压，U_P 表示相电压。

技能训练5 单相变压器的使用

1．训练目的

（1）理解单相变压器的结构和变压原理。

（2）掌握单相变压器电压变换作用。

（3）学会用万用表判断变压器的原、副线圈及其好坏。

2．仪器设备及器材

单相变压器 1 个；交流电源 1 台；数字万用表；纯电阻、导线若干。

3．实验内容

（1）单相变压器结构。

① 根据变压器的铭牌，了解变压器的参数。

② 根据变压器的参数，判断该变压器是升压变压器还是降压变压器。

③ 用万用表电阻挡×10（×1）测得电阻的大小，根据电阻的大小判断出变压器的原、副线圈导通情况及该变压器能否正常使用。

④ 根据测得电阻的大小，判断出该变压器的原、副线圈。

（2）单相变压器的变换作用（负载为空载）。

① 根据电路图，正确搭接电路。

② 检查无误后，接通电源。

③ 用万用表测量原、副线圈的电压 U_1、U_2，并填入表 5-1 中；

④ 计算匝数比 K。

表 5-1　原、副线圈的电压 U_1、U_2

名　　称	U_1	U_2	K
电压（V）			

4．实验报告

完成实验报告。

知识梳理与总结

1．变压器

变压器主要由铁芯和绕组构成，具有电压变换、电流变换和阻抗变换的作用。

为了正确选择和使用变压器，必须了解和掌握其额定值。变压器的额定值主要有额定电压（U_{1N}、U_{2N}）、额定电流（I_{1N}、I_{2N}）、额定容量（S_N）、额定频率 f 等。变压器的损耗包括铜损和铁损，铜损产生在绕组中，其大小与负载电流有关；铁损产生在铁芯中，决定于铁芯材料、电源电压和频率大小。

2．特殊变压器

（1）自耦变压器。自耦变压器的特点是铁芯上只有一个线圈，副线圈是原线圈的一部分，因此两边既有磁的关系，又有电的关系。在变比不大时，采用它可节省材料，提高效率，但原、副线圈有电的直接联系，不够安全。自耦调压器的副线圈匝数可以通过滑动触头随意改变，副线圈电压可以根据需要平滑地调节，常用于实验室中。

（2）电流互感器。电流互感器用于测量大电流，原边串联于待测电路，使用时副线圈不允许开路。

（3）三相电力变压器。三相电力变压器是用于变换三相交流电压的变压器。三相变压器的原、副线圈可以分别接成星形或三角形，工厂供电用电力变压器三相绕组常用的连接方式有 Y/Y₀ 和 Y/△ 两种。

思考与练习题 5

1．简述题

（1）变压器在电路中有哪些作用？

（2）变压器负载增大，为什么一次电流也随之增大，这时变压器的铁损和铜损是否也增大？

（3）电流互感器在使用时应注意什么问题？

2．分析与计算题

（1）一台 220 V/110 V 的变压器，能否用来把 440 V 的电压降为 220 V 或者把 220 V 的电压升高为 440 V？为什么？

（2）某变压器其原边电压为 220 V，副线圈电压为 22 V，已知原边绕组匝数是 1 100 匝，试求：①副线圈绕组匝数；②若在副线圈接入一盏 22 V、100 W 的白炽灯，问原边、副线圈电流各是多少？

（3）某单相变压器接到电压 $U=380$ V 的电源上，已知副线圈空载电压 $U=38$ V，副线圈匝数 $N_2=200$ 匝，求变压器变比 K 及原线圈的匝数。

第6章

RLC 谐振电路

教学导航

教	知识重点	串联谐振电路； 并联谐振电路； 谐振电路的应用
	知识难点	谐振电路的特点
	推荐教学方式	启发性(实际应用电路)+实验仿真课堂教学讲授、 学生互动探讨教学方式等
	建议学时	6（理论 4+实践 2）
学	必须掌握的理论知识	串联谐振电路的特点； 并联谐振电路的特点
	必须掌握的技能	电路识别； 用仪器测量电路参数

6.1 串联谐振电路

由电阻、电感、电容组成的电路中，在正弦量激励下，当端口电压与通过电路的电流同相位时，电路呈纯电阻性，就称此电路发生了谐振。

6.1.1 串联谐振电路的谐振频率与谐振方法

1. 谐振条件

由电感线圈和电容串联而组成的谐振电路称为串联谐振电路，如图 6-1 所示。

在 RLC 串联谐振电路中，其总阻抗为：

$$Z = R + \mathrm{j}\omega L - \mathrm{j}\frac{1}{\omega C} = R + \mathrm{j}(X_{\mathrm{L}} - X_{\mathrm{C}}) = R + \mathrm{j}X = |Z| \angle \varphi$$

由谐振的概念可知，谐振时 $\dot{U}$、$\dot{I}$ 同相位，即 $X=0$，所以谐振条件为：

$$X = X_{\mathrm{L}} - X_{\mathrm{C}} = \omega L - \frac{1}{\omega C} = 0$$

或
$$X_{\mathrm{L}} = X_{\mathrm{C}}, \quad \omega L = \frac{1}{\omega C} \tag{6-1}$$

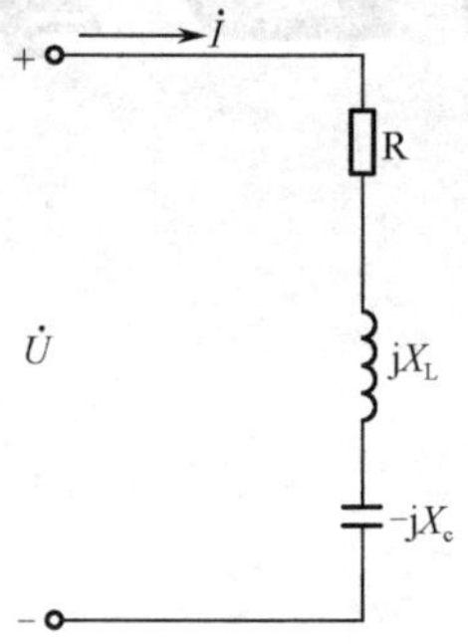

图 6-1　RLC 串联谐振电路

所以当电路中电抗为零，即感抗等于容抗时，电路发生谐振。

2. 谐振频率

根据谐振条件可知，谐振频率、角频率为：

$$f_0 = \frac{1}{2\pi\sqrt{LC}}$$

$$\omega_0 = \frac{1}{\sqrt{LC}} \tag{6-2}$$

由式（6-2）可知，RLC 串联电路的谐振频率由 L、C 决定，与 R 无关。

3. 产生谐振方法

由式（6-1）可知，谐振的发生不但与 L 和 C 有关，而且与电源的角频率 ω（或频率 f）有关。因此，通过改变 L 或 C 或 ω 的参数都可使电路发生谐振，这种产生谐振的方法称为调谐。在实际应用中有 3 种调谐方法。

（1）调感调谐。保持电源频率 f 一定，调节电感参数 L 使电路发生谐振，称为调感调谐。由式（6-2）得：

$$L = \frac{1}{\omega_0^2 C} \tag{6-3}$$

（2）调容调谐。保持电源频率 f 一定，调节电容参数 C 使电路发生谐振，称为调容调谐。由式（6-2）得：

$$C = \frac{1}{\omega_0^2 L} \tag{6-4}$$

（3）调频调谐。电路参数 L、C 一定，通过调节电源的角频率 ω（或频率 f），使电路发生谐振，称为调频调谐。由式（6-1）和式（6-2）可知，调频调谐的谐振频率满足 $\omega = \omega_0$ 或 $f = f_0$。

上述是使电路发生谐振的 3 种调谐方法，如果不希望电路发生谐振，就应避免让电路达到式（6-2）的谐振条件。

实例 6-1　某收音机串联谐振电路中，已知 $C = 150\ \text{pF}$，$L = 250\ \mu\text{H}$，求该电路发生谐振的频率。

解　由式（6-3）可知：

$$\omega_0 = \frac{1}{\sqrt{LC}} = \frac{1}{\sqrt{150 \times 10^{-2} \times 250 \times 10^{-6}}} = 5.16 \times 10^6 (\text{rad/s})$$

$$f_0 = \frac{\omega_0}{2\pi} = \frac{5.16 \times 10^6}{2 \times 3.14} = 820\ \text{kHz}$$

实例 6-2　RLC 串联电路中，已知 $L = 500\ \mu\text{H}$，$R = 10\ \Omega$，电源频率 $f = 1\,000\ \text{kHz}$，电容 C 是一个可变电容器，其容量在 $12 \sim 200\ \text{pF}$ 间可调，求 C 调到何值时电路发生谐振。

解　由式（6-4）可知：

$$C = \frac{1}{\omega^2 L} = \frac{1}{(2\pi \times 1000 \times 10^3) \times 500 \times 10^{-6}} = 50.7\ \text{pF}$$

即当 C 调到 $50.7\ \text{pF}$ 时电路发生谐振。

6.1.2 串联谐振电路的特性

1. 特性阻抗

电路在谐振时的复阻抗称为谐振阻抗，用 Z_0 表示。由于谐振时的电抗 $X=0$，故得到谐振阻抗 $Z_0 = R$，可见 Z_0 为纯电阻，此时 Z_0 值为最小。

当电路谐振时（即 $\omega_0 = \frac{1}{\sqrt{LC}}$），感抗 X_{L0} 和容抗 X_{C0} 相等并等于电路的特性阻抗，用 ρ 表示，单位为 Ω。

$$\begin{cases} \rho = X_{L0} = \omega_0 L = \dfrac{1}{\sqrt{LC}} L = \sqrt{\dfrac{L}{C}} \\ \rho = X_{C0} = \dfrac{1}{\omega_0 C} = \sqrt{\dfrac{L}{C}} \end{cases} \tag{6-5}$$

可见 ρ 只与电路参数 L、C 有关，而与 ω 无关，它是衡量电路特性的一个重要参数。

2. 品质因数

在分析谐振电路时，常用品质因数 Q 来衡量谐振电路的性质，其定义为特性阻抗与电路的总电阻 R 之比，即：

$$Q = \frac{\rho}{R} = \frac{\omega_0 L}{R} = \frac{1}{\omega_0 CR} \tag{6-6}$$

在实际工程中，Q 值一般在 $10 \sim 500$ 之间。

3.串联谐振电路的特点

串联谐振电路在谐振时有如下特点。

（1）电压、电流同相，即 $\varphi_u - \varphi_i = 0$。电流 I 的幅值达到最大值时的电流 I_0 称为谐振电流，即：

$$I = I_0 = \frac{U_S}{R}$$

（2）谐振阻抗 Z_0 为纯电阻，其值为最小，即 $Z_0 = R$。

（3）谐振时 L 和 C 两端均可能出现高电压，即：

$$U_{L0} = I_0 X_{L0} = \frac{U_S X_{L0}}{R} = Q U_S$$

$$U_{C0} = I_0 X_{C0} = \frac{U_S X_{C0}}{R} = Q U_S$$

由此可见，当 $Q \gg 1$，即有 $U_{L0} = U_{C0} = Q U_S$，故串联谐振又称为电压谐振。这种出现高电压的现象，可能会击穿线圈或电容的绝缘。因此，在电力系统中一般应避免发生串联谐振，但其在无线电和电子工程中极为有用，利用这一特点可达到选择信号的目的。

（4）谐振时电路中 L 和 C 两端的电压大小相等，相位相反，相互抵消，大小是电源电压的 Q 倍。

实例 6-3　在电阻、电感、电容串联谐振电路中，$L = 0.05\,\text{mH}$，$C = 200\,\text{pF}$，品质因数 $Q = 100$，交流电压的有效值 $U = 1\,\text{mV}$。试求：（1）电路的谐振频率 f_0；（2）谐振时电路中的电流 I；（3）电容上的电压 U_C。

解　（1）电路的谐振频率为：

$$f_0 = \frac{1}{2\pi\sqrt{LC}} = \frac{1}{2 \times 3.14 \times \sqrt{5 \times 10^{-5} \times 2 \times 10^{-10}}} = 1.59\,\text{MHz}$$

（2）由于品质因数为：

$$Q = \frac{1}{R}\sqrt{\frac{L}{C}} = \frac{1}{R}\sqrt{\frac{5 \times 10^{-5}}{2 \times 10^{-10}}} = 100$$

得 $R = 5\,\Omega$，故电流为：

$$I = \frac{U}{R} = \frac{4 \times 10^{-3}}{5} = 0.2\,\text{mA}$$

（3）电容两端的电压是电源电压的 Q 倍，即

$$U_C = QU = 100 \times 10^{-3} = 0.1\,\text{V}$$

4.串联谐振电路的谐振曲线

如图 6-2 所示串联谐振电路，当电压源的频率变化时，电路中的电流、电压、阻抗都将随频率变化而变化，这种随频率变化的关系称为频率特性。其中表明电流、电压与频率关系的曲线称为谐振曲线。

（1）阻抗频率特性。所谓阻抗频率特性是指阻抗随频率变化的关系，如图 6-2 所示。在串联谐振电路中，由于：

$$Z = R + j\left(\omega L - \frac{1}{\omega C}\right) = |Z(\omega)| \angle \varphi(\omega) \tag{6-7}$$

所以幅值随角频率 ω 变化的关系（即幅频特性）为：

$$|Z(j\omega)| = \sqrt{R^2 + \left(\omega L - \frac{1}{\omega C}\right)}$$

相位随角频率 ω 变化的关系（即相频特性）为：

$$\varphi(\omega) = \tan^{-1}\frac{\omega L - \dfrac{1}{\omega C}}{R}$$

相应的幅频特性曲线和相频特性曲线如图 6-2 所示。

由图 6-2 可以看出，当 $\omega = \omega_0$ 时，阻抗为纯电阻且阻抗值最小。

（2）电流谐振曲线。在电源电压有效值不变的情况下，电流的频率特性为：

$$I(\omega) = \frac{U_S}{|Z|} = \frac{U_S}{\sqrt{R^2 + \left(\omega L - \dfrac{1}{\omega C}\right)^2}} \tag{6-8}$$

其电流谐振曲线如图 6-3 所示，由该图可以看出，当 $f = f_0$（即 $\omega = \omega_0$）时，电流最大，谐振电流为：

$$I = I_0 = \frac{U_S}{R}$$

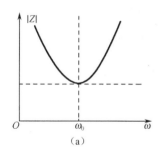
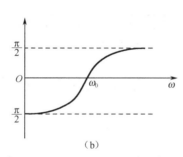

图 6-2 RLC 串联谐振电路的频率特性曲线

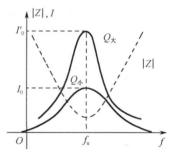

图 6-3 RLC 串联谐振电路
电流谐振曲线

从电流谐振曲线可以看到，谐振时电流达到最大，当 f 偏离 f_0 时，电流从最大值 $\dfrac{U_S}{R}$ 降下来，即串联谐振电路对不同频率的信号有不同的响应，对谐振信号最突出（表现为电流最大），而对远离谐振频率的信号加以抑制（电流小）。这种对不同输入信号的选择能力称为"选择性"。因此，串联谐振回路可以用做选频电路。Q 值越大，曲线越尖锐，选择性越好，抗干扰能力越强。

6.1.3 串联谐振电路的应用

串联谐振在无线电接收机中用于频率的选择；对电源信号进行滤波整形；完成对故障信号的检测；在电路间进行能量的传递转移，可以实现对蓄电池进行恒流充电；可以实现电动机的软启动以减小启动电流。

1．频率选择

图 6-4（a）中 L_1 是接收天线；LC 组成谐振回路。图 6-4（b）中 e_1、e_2、e_3 为来自 3 个不同电台（不同频率），在线圈中产生的感应电动势信号。

改变电容 C 对所需信号频率产生串联谐振，使谐振回路的固有频率 $f = \dfrac{1}{2\pi\sqrt{LC}}$ 与无线电发射

频率相同，从而引起电磁共振，谐振回路 $I_0 = I_{max}$，$U_C = QE$ 最大，将无线电波接收下来。收音机等接收设备就是依托此特性，利用谐振电路选择电台的。

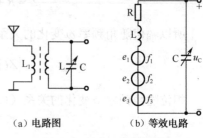

图 6-4　接收天线示意图

（a）电路图　　（b）等效电路

实例 6-4　RLC 串联调谐回路的电感量为 $310\,\mu H$，欲接收载波频率为 $540\,kHz$ 的电台信号，这时的调谐电容为多大？若回路 $Q = 50$，频率为 $540\,kHz$ 的电台信号在线圈中的感应电压为 $1\,mV$，同时进入输入调谐回路的另一电台信号频率为 $600\,kHz$，在线圈中的感应电压也为 $1\,mV$，求两信号在回路中产生的电流各为多大？

解　（1）欲接收载波频率为 $540\,kHz$ 的电台信号，就应使输入调谐回路的谐振频率也为 $540\,kHz$，由式 $f_0 = \dfrac{1}{2\pi\sqrt{LC}}$ 可得：

$$C = \frac{1}{(2\pi f_0)^2 L} = \frac{1}{(2 \times 3.14 \times 540 \times 10^3)^2 \times 310 \times 10^{-6}} = 280\,pF$$

（2）由于电路对频率为 $540\,kHz$ 的信号产生谐振，所以回路的电流 I_0 为：

$$I_0 = \frac{U}{R} = \frac{U}{\dfrac{P}{Q}} = \frac{QU}{2\pi f_0 L} = \frac{50 \times 1 \times 10^{-3}}{2 \times 3.14 \times 540 \times 10^3 \times 310 \times 10^{-6}} \approx 47.5 \times 10^{-6}\,A = 47.5\,\mu A$$

频率为 $600\,kHz$ 的电压产生的电流为：

$$I = I_0 \frac{1}{\sqrt{1 + Q^2\left(\dfrac{f}{f_0} - \dfrac{f_0}{f}\right)^2}} = \frac{47.5}{\sqrt{1 + 50^2\left(\dfrac{600}{540} - \dfrac{540}{600}\right)^2}} = 4.48\,\mu A$$

说明：当电压值相同、频率不同的两个信号通过串联谐振电路时，电路的选择性使两信号在电路中产生的电流相差 10 倍以上。

2．串联谐振电源在电力系统中的应用

串联谐振电源是利用谐振电容产生高电压和大电流的，在整个系统中，电源只需要提供系统中有功消耗的部分，因此，试验所需的电源功率只有试验容量的 $\dfrac{1}{Q}$，省去了笨重的大功率调压装置和普通的大功率工频试验变压器；而且，谐振激磁电源只需容量的 $\dfrac{1}{Q}$，使得系统质量和体积大大减小，一般为普通试验装置的 $\dfrac{1}{5} \sim \dfrac{1}{3}$。谐振电源是谐振式滤波电路，能改善输出电压的波形畸变，获得很好的正弦波形，有效地防止了谐波峰值对试验品的误击穿；在串联谐振状态，当试验品的绝缘弱点被击穿时，电路立即脱谐，回路电流迅

速下降为正常试验电流的 $1/Q$，防止大的短路电流烧伤故障点。所以串联谐振能有效地找到绝缘弱点，又不存在大的短路电流烧伤故障点的隐患。

6.2　并联谐振电路

6.2.1　并联谐振电路的谐振频率

在实际工程电路中，最常见的、用途极广泛的谐振电路是由电感线圈和电容器并联组成的电路，如图 6-5 所示。

1．谐振条件

在如图 6-5 所示 RLC 并联谐振电路中，其总阻抗为：

$$Z = \frac{\dfrac{1}{j\omega C}(R + j\omega L)}{\dfrac{1}{j\omega C} + (R + j\omega L)} = \frac{R + j\omega L}{1 + j\omega RC - \omega^2 LC}$$

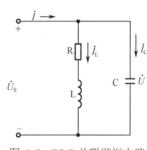

图 6-5　RLC 并联谐振电路

实际中线圈的电阻很小，所以在谐振时有 $\omega_0 L \geqslant R$，则：

$$Z = \frac{R + j\omega L}{1 - \omega^2 LC + j\omega RC} = \frac{1}{\dfrac{RC}{L} + j\left(\omega C - \dfrac{1}{\omega L}\right)}$$

由谐振的概念可知，谐振时 $\dot{U}$、$\dot{I}$ 同相位，即 $X{=}0$，则谐振条件为：

$$\omega L = \frac{1}{\omega C} \tag{6-9}$$

当电路中电抗为零，即感抗等于容抗时，电路发生谐振。

2．谐振频率

并联谐振时的角频率、频率为：

$$\begin{cases} \omega_0 = \dfrac{1}{\sqrt{LC}} \\[3mm] f_0 = \dfrac{1}{2\pi\sqrt{LC}} \end{cases} \tag{6-10}$$

6.2.2　并联谐振电路的特性

根据特性阻抗定义，可得：

$$\rho = \sqrt{\frac{L}{C}} = \omega_0 L = \frac{1}{\omega_0 C} \tag{6-11}$$

根据品质因数定义，可得：

$$Q = \frac{\rho}{R} = \frac{\omega_0 L}{R} = \frac{\dfrac{1}{\omega_0 C}}{R} \tag{6-12}$$

并联谐振电路的特点是：

（1）谐振电路的总阻抗最大，为电阻性，且 $Z_0 = Z_{\max} = \dfrac{L}{RC}$；

（2）在外加电压一定时，总电流最小，$I = \dfrac{U}{Z_0} = I_{\min}$；

（3）回路端电压与总电流同相，输出电压 U 达到最大值 U_0，即 $U_0 = I_S Z_0 = I_S QP$；

（4）电感与电容支路中的电流 I_{C0} 与 I_{L0} 均比 I_S 大 Q 倍，即：

$$I_{L0} = \frac{U_0}{\sqrt{R^2 + (\omega_0 L)^2}} \approx \frac{U_0}{\omega_0 L} = Q I_S$$

$$I_{C0} = \frac{U_0}{\dfrac{1}{\omega_0 C}} = Q I_S$$

可见 $I_{L0} = I_{C0} = Q I_S$。

下面介绍并联谐振电路的谐振曲线。

（1）阻抗的幅频曲线。由阻抗公式可以得到：

$$Z = \frac{\dfrac{L}{C}}{R + j\left(\omega L - \dfrac{1}{\omega C}\right)} = \frac{\dfrac{P^2}{R}}{1 + j\dfrac{1}{R}\left(\omega L - \dfrac{1}{\omega C}\right)}$$

$$= \frac{Z_0}{1 + j\dfrac{\omega_0 L}{R}\left(\dfrac{\omega}{\omega_0} - \dfrac{\omega_0}{\omega}\right)} = \frac{Z_0}{1 + jQ\left(\dfrac{\omega}{\omega_0} - \dfrac{\omega_0}{\omega}\right)}$$

其中：

$$|Z| = \frac{Z_0}{\sqrt{1 + Q^2\left(\dfrac{\omega}{\omega_0} - \dfrac{\omega_0}{\omega}\right)^2}} = \frac{Z_0}{\sqrt{1 + Q^2\left(\dfrac{f}{f_0} - \dfrac{f_0}{f}\right)^2}} \qquad (6\text{-}13)$$

根据式（6-13），可画出其阻抗的幅频特性曲线，如图 6-6 所示。

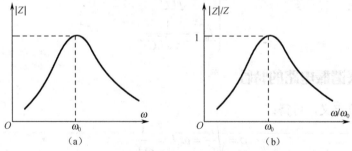

图 6-6　并联谐振电路的阻抗幅频特性曲线

（2）电压谐振曲线。在图 6-6 中，其并联谐振电路端电压有效值为：

$$U = I_S |Z| = \frac{U_0}{\sqrt{1 + Q^2\left(\dfrac{\omega}{\omega_0} - \dfrac{\omega_0}{\omega}\right)^2}} = \frac{U_0}{\sqrt{1 + Q^2\left(\dfrac{f}{f_0} - \dfrac{f_0}{f}\right)^2}}$$

$$\frac{U}{U_0} = \frac{1}{\sqrt{1 + Q^2 \left(\dfrac{\omega}{\omega_0} - \dfrac{\omega_0}{\omega} \right)^2}} = \frac{1}{\sqrt{1 + Q^2 \left(\dfrac{f}{f_0} - \dfrac{f_0}{f} \right)^2}} \qquad (6\text{-}14)$$

根据式（6-14）可画出其端电压的幅频特性曲线即并联谐振电路的电压谐振曲线，如图 6-7 所示。

（3）并联谐振电路选择性与通频带。由图 6-7 可以看出，谐振时输出电压 U 的值为最大值 U_0，故并联谐振也具有选择性，而且电路的 Q 值越高，选择性就越好。

并联谐振电路通频带的定义与串联谐振电路通频带的定义相同，规定输出的电压 $U \geqslant U_0 / \sqrt{2}$ 的频率范围称为通频带，其 $B_\mathrm{W} = f_2 - f_1 = \Delta f$，令：

$$U = \frac{U_0}{\sqrt{1 + Q^2 \left(\dfrac{f}{f_0} - \dfrac{f_0}{f} \right)^2}} = \frac{U_0}{\sqrt{2}} \qquad (6\text{-}15)$$

由式（6-15）可求得通频带为：

$$B_\mathrm{W} = f_2 - f_1 = \frac{f_0}{Q} \qquad (6\text{-}16)$$

可见与串联谐振电路相同，并联谐振电路同样存在通频带与选择性的矛盾，实际电路应根据需要选取参数。

（4）电源内阻及负载电阻的影响。考虑电流源内阻 R_S 并接入负载 R_L 后的并联谐振电路如图 6-8 所示，则 R_S 和 R_L 将对电路的品质因数、通频带产生影响。

从图 6-8 可以看出，电源内阻及负载对并联谐振电路具有分流作用，使得并联谐振电路的端电压随回路阻抗的变化而减小，导致电压谐振曲线变得平坦，品质因数 Q 降低，通频带展宽，选择性变差。

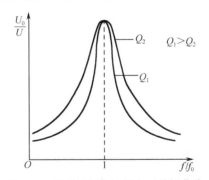

图 6-7　并联谐振电路的电压谐振曲线

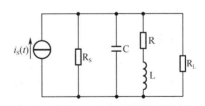

图 6-8　考虑 R_S 及 R_L 后的并联谐振电路

6.2.3　并联谐振电路的应用

在工程实际应用中，并联谐振电路可以用来进行选频、滤波。图 6-9 是并联谐振阻抗与电流特性曲线，从图中可以看出，当并联谐振电路发生谐振时，阻抗最大，而电流最小。利用其谐振时阻抗最大这一特性，常把并联谐振回路作为调谐放大器的负载；而利用电流最小这一特性，把并联谐振回路用做滤波电路。

在图 6-10 中，电路中有三个不同频率的电压源，如果要滤除电压源 e_1 的电信号，那么只要调整电容 C 使得 L 和 C 组成的并联谐振频率与电压源 e_1 的频率 f_{e_1} 相同即可，即：

$$f_0 = f_{e_1} = \frac{1}{2\pi\sqrt{LC}}$$

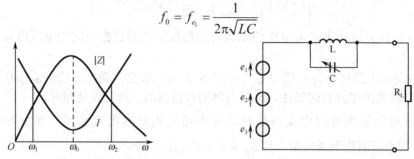

图 6-9　并联谐振阻抗与电流特性曲线　　　　图 6-10　并联谐振电路滤波

实例 6-5　在图 6-11 所示电路中，已知 $L = 100 \text{ mH}$，输入信号中含有 $f_0 = 100 \text{ Hz}$、$f_1 = 500 \text{ Hz}$、$f_2 = 1 \text{ kHz}$ 的三种频率信号，若要将 f_0 频率的信号滤去，则应选多大的电容？

解　当 LC 并联电路中在 f_0 频率下发生并联谐振时，可滤去此频率信号，因此，由并联谐振条件可得：

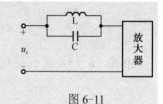

图 6-11

$$f_0 = \frac{1}{2\pi\sqrt{LC}}$$

$$C = \frac{1}{(2\pi f_0)^2 L} = \frac{1}{(2\pi \times 100)^2 \times 100 \times 10^{-3}} \mu F = 25.4 \ \mu F$$

技能训练 6　串联谐振电路性能测试

1．训练目的

（1）研究串联谐振发生的条件及特征。

（2）学会幅频特性曲线的测试方法，进一步了解品质因数的物理意义。

2．实验器材

函数信号发生器、交流毫伏表、电工实验台、示波器。

3．实验内容

（1）观察谐振现象，测定电路的谐振频率。

① 在固定实验板上搭接串联谐振电路，调节信号源输出电压为 1 V 的正弦信号，并在整个实验过程中保持不变，用交流毫伏表监测。

② 用交流毫伏表观察电阻 R 两端电压 U_R 的变化，调节交流信号频率逐渐由小到大，并记录不同频率下 U_R 值。在 U_R 最大时，信号源的频率值 f 即为谐振频率 f_0（频率的取值自己确定，在靠近 U_R 左右应多取几个点）。

③ 在电路发生谐振的前提下，用毫伏表测量电感、电容两端电压 U_L 和 U_C。

④ 改变图 6-12 所示电路中 R 的值，重复以上各步骤，观察 R 不同时，f_0 是否变化？并将各测量数据记录在表 6-1、表 6-2 中。

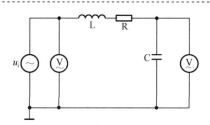

图 6-12　RLC 串联谐振测量电路

表 6-1　测量数据（一）

测试内容 ＼ 频率 f						
560 Ω	U_R					
	$I = U_R/R$					
1 kΩ	U_R					
	$I = U_R/R$					

表 6-2　测量数据（二）

电阻	U_L	U_C	Q
560 Ω			
1 kΩ			

（2）测量下截止频率 f_L 和上截止频率 f_H（R 分别取 $560\,\Omega$ 和 $1\,k\Omega$）。

① 先计算出在上（下）截止频率时 U_R 的值。

② 在 f_0 点左右调节电源频率，并用交流毫伏表观察电阻 R 两端电压 U_R 的变化。当 $U_R = 0.707 U_{max}$ 时，记录对应的电路频率值 f。若 $f > f_0$，则该频率为 f_H；若 $f < f_0$，则该频率为 f_L。

③ 计算通频带（$B_W = f_H - f_L$）。

4．实验注意事项

（1）必须保证在测试过程中，信号源输出幅度不变。

（2）测量 U_L、U_C，计时，要注意毫伏表量程的改变，同时注意调零；若用双通道毫伏表，注意两通道不要共地，各自独立工作。

5．实验报告

（1）整理实验数据，绘制出 $I(\omega) \sim f$ 曲线。比较在 R 不同时，曲线有何不同。

（2）计算出通频带 $B_W = f_H - f_L$ 和 Q，说明 R 对它们的影响。

（3）总结 RLC 串联偕振电路的特点。

知识梳理与总结

1．串联谐振电路

（1）谐振频率：

$$f_0 = \frac{1}{2\pi\sqrt{LC}}$$

（2）谐振特点：

① 电压电流同相，即 $\varphi_u - \varphi_i = 0$。电流 I 的幅值达到最大，$I = I_0 = \dfrac{U_S}{R}$。

② 谐振阻抗 Z_0 为纯电阻，其值为最小，即 $Z_0 = R$。

③ 谐振时 L 和 C 两端均可能出现高电压，电压大小相等，相位相反，相互抵消，其值是电源电压的 Q 倍，即：

$$U_{L0} = I_0 X_{L0} = \frac{U_S X_{L0}}{R} = QU_S$$

$$U_{C0} = I_0 X_{C0} = \frac{U_S X_{C0}}{R} = QU_S$$

④ Q 值越大，曲线越尖锐，选择性越好，抗干扰能力越强。

2．并联谐振电路

（1）谐振频率：

$$f_0 = \frac{1}{2\pi\sqrt{LC}}$$

（2）谐振特点：

① 谐振电路的总阻抗最大，为电阻性，且 $Z_0 = Z_{max} = \dfrac{L}{RC}$。

② 在外加电压一定时，总电流最小，$I = \dfrac{U}{Z_0} = I_{min}$。

③ 回路端电压与总电流同相，输出电压 U 达到最大值 U_0，即 $U_0 = I_S Z_0 = I_S QP$

④ 电感与电容支路中的电流 I_{C0} 与 I_{L0} 均比 I_S 大 Q 倍，即 $I_{L0} = I_{C0} = QI_S$。

⑤ 电路的 Q 值越高，选择性就越好。

思考与练习题 6

1．分析与计算题

（1）某收音机要接收无线电广播，其频率范围是 $550\,\text{kHz} \sim 1.6\,\text{MHz}$，且它的输入部分可以等效成一个 RLC 串联电路，$L = 320\,\text{H}$，试求需要用多大变化范围的可变电容。

（2）已知在一 RLC 串联电路中，$R = 20\,\Omega$，$L = 1\,\text{mH}$，$C = 10\,\text{pF}$，试求谐振频率 ω_0、品质因数 Q。

（3）某 RLC 串联电路在 $\omega = 4\,000\,\text{rad/s}$ 时发生了谐振，$R = 10\,\Omega$，$L = 5\,\text{mH}$，端电压

$U = 1\,\text{V}$，试求电容 C 和电路中的电流大小。

（4）某 RLC 串联电路的端电压为 $u = 5\sqrt{2}\sin 2\,500t\,(\text{V})$，当电容 $C = 8\,\mu\text{F}$ 时，电路中吸收的最大功率 $P_{\text{max}} = 100\,\text{W}$，试求电感 L 和谐振时电路的品质因数 Q。

（5）某电路是由一个线圈和一个电容并联而成的，$L = 0.02\,\text{mH}, C = 2\,000\,\text{pF}$，且该电路谐振时的阻抗为 $10\,\text{k}\Omega$，试求线圈的电阻 R 和电路的品质因数 Q。

第7章

常用低压电器及控制电路

教学导航

教	知识重点	几种低压电器； 基本控制电路； 行程、时间控制电器； 行程、时间控制电路
	知识难点	基本控制电路分析
	推荐教学方式	现场演示、实践操作教学
	建议学时	6（理论 2+实践 4）
学	必须掌握的理论 知识	几种低压电器的常用型号、逻辑符号、参数等； 基本控制电路
	必须掌握的技能	观察电动机的正反工作状态； 学会识图和连接电路

7.1　低压电器

电器是指一种能控制电路的设备。它能对电能的产生、输送和分配起控制和保护作用。电器根据工作电压的不同可划分为高压电器和低压电器。

低压电器是指在交流电压为 1 200 V、直流电压为 1 500 V 以下的电路中起通断、保护、控制或调节作用的电器产品。

高压电器是指在交流电压为 1 200 V、直流电压为 1 500 V 以上的电路中起通断、保护、控制或调节作用的电器产品。

低压电器种类繁多，常用的低压电器按其动作方式可分为手动电器和自动电器，如刀开关、组合开关、按钮等为手动低压电器，各种继电器、接触器和行程开关等为自动电器；按用途分类可分为控制电器和保护电器，如闸刀开关、接触器、按钮等用来控制电路的接通、分断及电动机的各种运行状态，称为控制电器，熔断器和热继电器等是用来保护电源和用电设备的，称为保护电器。

下面介绍电路控制系统中最常用的几种低压电器。

7.1.1　组合开关

组合开关又称为转换开关，是手动控制电器。它是一种多挡式控制多回路的主令电器。组合开关主要用于各种配电装置的电源隔离、电路转换或 55 kW 以下电动机的直接启动、停止、反转、调速等场合。

1. 组合开关的结构组成和工作原理

组合开关由动触点（动触片）、静触点（静触片）、转轴、手柄、定位机构及外壳等部分组成，其动、静触点分别叠装在多层绝缘壳内。根据动、静触点的不同组合，组合开关有多种接线方式，图 7-1 为常用 HZ10 系列组合开关的外形示意图和电气符号。它有三对静触片，每个触片的一端固定在绝缘垫板上，另一端伸出盒外，连在接线柱上；三个动触片套在装有手柄的绝缘轴上，转动手柄就可将三个触点同时接通或断开。

（a）外形　　　　　　　　　　　（b）电气符号

图 7-1　HZ10 系列组合开关结构图

2．组合开关的主要技术参数

目前常用的组合开关按极数不同，有单极、双极、三极和多极结构。其主要技术参数有额定电压、额定电流、极数等。

3．组合开关的常用型号及电气符号

常用的组合开关有 HZ5、HZ10、HZ15 等系列。其中 HZ10 为全国统一设计产品。组合开关的型号和含义如图 7-2 所示。

4．组合开关的选用原则

组合开关作为电源的引入开关时，其额定电流应大于电动机的额定电流；用组合开关控制小容量的电动机的启动、停止时，其额定电流应为电动机额定电流的 3 倍。

7.1.2　按钮

按钮又称为控制按钮，也是一种简单的手动开关，通常用于发出操作信号，接通或断开电流较小的控制电路，以控制电流较大的电动机或其他电气设备的运行。

1．按钮的结构和工作原理

按钮的外形和结构如图 7-3 所示，它由按钮帽、动触点、静触点和复位弹簧等构成。将按钮帽按下时，下面一对原来断开的静触点被桥式动触点接通，以接通某一控制电路；而上面一对原来接通的静触点则被断开，以断开另一控制回路。手指放开后，在弹簧的作用下触点立即恢复原态。原来接通的触点称为常闭触点，原来断开的触点称为常开触点。因此，当按下按钮时，常闭触点先断，常开触点后通；而松开按钮时，常开触点先断，常闭触点后通。

只有常闭触点的，称为常闭按钮，又称为停止按钮；只有常开触点的，称为常开按钮，又称为启动按钮；既有常开触点，又有常闭触点，称为复合按钮。图 7-3 为复合按钮。

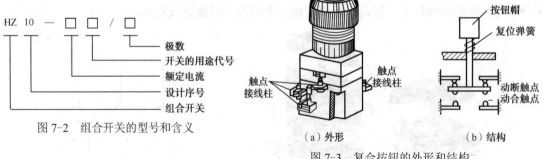

图 7-2　组合开关的型号和含义

（a）外形　　　　　　（b）结构

图 7-3　复合按钮的外形和结构

2．按钮开关的主要技术参数

按钮开关的主要技术参数有规格、结构型式、触点对数和颜色等。通常采用规格为额定交流电压为 500 V、允许持续电流为 5 A 的按钮。一般按用途或使用场合选择按钮的型式和颜色。

3．按钮的常用型号和电气符号

常用的按钮型号有 LA18、LA19、LA25 和 LAY3 等系列。其中 LA25 系列为全国统一设计的按钮新型号，其采用组合式结构，可根据需要任意组合触点数目。LAY3 系列是引进德国技术标准生产的产品，其规格品种齐全，有紧急式、钥匙式、旋转式等。

按钮开关的型号和含义如图 7-4 所示。

按钮开关的图形符号和文字符号如图 7-5 所示。

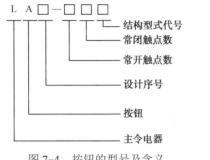

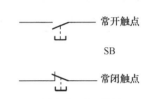

图 7-4　按钮的型号及含义　　　　　　　图 7-5　按钮的图形符号及文字符号

7.1.3　交流接触器

交流接触器是利用电磁吸力来接通和断开电动机或电源到负载的主电路的自动电器，既可作为控制电器，又可作为保护电器。

1．交流接触器的结构和工作原理

图 7-6 与图 7-7 是交流接触器的外形图和主要结构示意图。交流接触器主要由电磁铁和触点两部分组成，当电磁铁线圈通电后，吸引动铁芯（也称为衔铁），主触点闭合，常开辅助触点闭合，常闭辅助触点断开。电磁铁断电后，靠弹簧反作用力使动铁芯释放，使主触点、辅助触点复位。

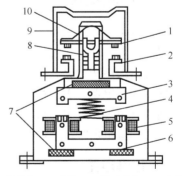

1—动触点；2—静触点；3—衔铁；4—缓冲弹簧；5—电磁线圈；

6—铁芯；7—垫毡；8—触点弹簧；9—灭弧罩；10—触点压力弹簧

图 7-6　交流接触器的外形图　　　　　图 7-7　交流接触器的主要结构示意图

2．交流接触器的主要技术参数

（1）额定电流。交流接触器铭牌上标注的额定电流是指主触点的额定工作电流。目前常用的电流等级有 5 A、10 A、20 A、40 A、75 A、120 A 等。

（2）额定电压。交流接触器铭牌上标注的额定电压是指主触点的额定工作电压。其电压等级有 36 V、127 V、220 V、380 V、500 V、660 V、1 140 V。

（3）线圈的额定电压。接触器线圈的常用电压为 220 V 或 380 V。

3．交流接触器的常用型号及电气符号

常用的交流接触器有如下一些型号：全国统一设计的老产品 CJ10、CJ12；全国统一设计的新产品 CJ20 系列；引进外国技术生产的 CJX 系列等。

交流接触器的型号说明如图 7-8 所示。

交流接触器的电气符号如图 7-9 所示，文字符号为 KM。

图 7-8　交流接触器的型号说明　　　　图 7-9　交流接触器的电气符号

4．交流接触器的选用原则

在选用接触器时，应注意它的额定电流、线圈电压及触点数量等。一般主触点的额定电压应不小于负载的额定电压。

交流接触器的线圈的额定电压一般直接选用 380 V 或 220 V。如果控制电路比较复杂，为安全起见，线圈的额定电压可选低一些。

7.1.4　中间继电器

中间继电器通常用来传递信号和同时控制多个电路，也可直接用它来控制小容量电动机或其他电气执行元件。

中间继电器的结构和交流接触器基本相同，只是电磁系统小些，触点多些。

常用的中间继电器有 J27 系列和 J28 系列两种，后者是交直流两用的。此外，还有 JTX 系列小型通用继电器，常用在自动装置上以接通或断开电路。

在选用中间继电器时，主要是考虑电压等级和触点（常开和常闭）数量。

7.1.5　热继电器

热继电器是一种能反映电动机发热状况的自动控制电器。它主要用于保护电动机和其他负载免于过载及作为三相电动机的断相保护。

1．结构和工作原理

热继电器是利用电流的热效应而动作的，它的原理如图 7-10 所示。热元件是一段电阻不

大的电阻丝，接在电动机的主电路中，双金属片由两种具有不同线膨胀系数的金属碾压而成。在图 7-10 中，下层金属的膨胀系数大，上层的小，当主电路中电流超过容许值而使双金属片受热时，它便向上弯曲，因而脱扣，扣板在弹簧的拉力下将常闭触点断开。触点是接在电动机的控制电路中的。控制电路断开而使接触器的线圈断电，从而断开电动机的主电路。

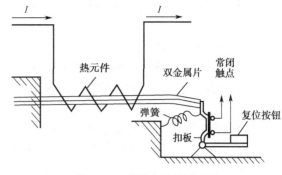

图 7-10　热继电器的原理图

由于热惯性，热继电器不能用于短路保护。因为发生短路事故时，要求电路立即断开，而热继电器是不能立即动作的，但是这个热惯性也是合乎要求的。在电动机启动或短时过载时，热继电器不会动作，这可避免电动机不必要的停车。

如果要热继电器复位，则按下图 7-10 中的热继电器的复位按钮即可。

2．主要技术参数

热继电器的主要技术参数是整定电流。所谓整定电流，就是当热元件中通过的电流超过此值的 20% 时，热继电器应当在 20 min 内动作。JR10-10 型热继电器的整定电流从 0.25 A 到 10 A，热元件有 17 个规格；JR0-40 型的整定电流从 0.6 A 到 40 A，有 9 种规格。根据整定电流选用热继电器，整定电流与电动机的额定电流基本一致。

3．常用型号及电气符号

目前国内生产的热继电器的种类很多，常用的有 JR20、JR16、JR15、JR14 等系列产品。还有部分外国引进产品，如德国的 T 系列、法国的 LRI-D 系列等。

热继电器的型号及说明如图 7-11 所示。

热继电器的电气符号及文字符号如图 7-12 所示。

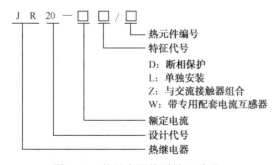

图 7-11　热继电器的型号及说明

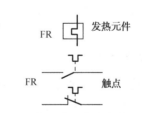

图 7-12　热继电器的电气符号及文字符号

4．热继电器的选用原则

选用热继电器时应根据使用条件、工作环境、电动机的型号及运行条件和要求、电动机启动情况和负荷情况等综合加以考虑。必要时进行合理计算。

（1）热继电器的结构型式的选择。热继电器有两相、三相和三相带断电保护等型式。

一般星形连接的电动机可选择两相及三相结构型式的热继电器。当发生一相短路时另两相发生过载，由于通过热元件的电流就是电动机绕组的电流，故两相或三相都可以起过载保护作用。

三角形接法的电动机应该选择带断电保护装置的三相结构热继电器。

（2）热继电器的热元件的额定电流选择。

热元件的额定电流一般可按下列要求选择：

$$热元件的额定电流 = (0.95 - 1.05) \times 电动机的额定电流$$

对于频繁启动、工作环境恶劣的电动机可按下面条件选择：

$$热元件的额定电流 = (1.15 - 1.5) \times 电动机的额定电流$$

（3）继电器不能用于短路保护，应该在使用时考虑与短路保护的配合问题。

7.1.6　熔断器

熔断器是一种最简单有效的保护电器。在使用时，熔断器串接在所保护的电路中，作为电路及用电设备的短路和严重过载保护，主要用于短路保护。

1．结构和工作原理

熔断器主要由熔体（俗称保险丝）和安装熔体的熔管（或熔座）两部分组成。熔体材料分为两类：一类由铅、锌、锡及锡合金等低熔点的金属制成，主要用于小电流电路；另一类由银、铜等较高熔点的金属制成，用于大电流电路。熔体通常制成丝状和片状。熔管是装熔体的外壳，由陶瓷、绝缘钢纸制成，在熔体熔断时兼有灭弧作用。

熔断器在使用时其熔体与被保护的电路串联，当电路正常工作时，熔体允许通过正常大小的电流而不熔断。短路或严重过载时，熔体中通过很大的故障电流，产生的热量达到熔体的熔点而熔断，图 7-13 为几种常用的熔断器。

（a）高压限流熔断器　　（b）跌落式熔断器　　（c）螺旋式熔断器　　（d）有填快速熔断器

图 7-13　几种常用的熔断器

2．主要技术参数

熔断器的技术参数主要有额定电压、额定电流及极限分断电流等。

额定电压：指熔断器长期工作时和分断后能够承受的电压，其值一般等于或大于电气设备的额定电压。

额定电流：指保证熔断器能够长期正常工作的电流，即长期通过熔体不使其熔断的最大电流。熔断器的额定电流应大于或等于所装熔体的额定电流。

极限分断电流：指熔断器在额定电压下能够可靠分断的最大短路电流。它取决于熔体的灭弧能力。

3．熔断器的型号及符号

熔断器的型号及含义如图 7-14（a）所示，的电气符号如图 7-14（b）所示。

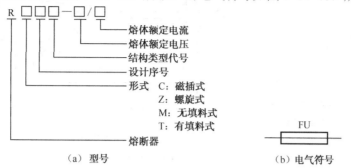

（a）型号　　　　　　　　　　（b）电气符号

图 7-14　熔断器的型号含义及电气符号

4．熔断器的选用原则

（1）在照明和电热电路中选用的熔体额定电流应等于或略大于保护设备的额定电流。

（2）保护电动机的熔体为了防止在启动时被熔断，又能在短路时尽快熔断，一般对于单台电动机可选用熔体的额定电流等于电动机额定电流的 1.5～2.5 倍。

（3）对于多台电动机一般选取原则为：

熔体额定电流=（1.5～2.5）×熔量最大的电动机的额定电流+其余电动机的额定电流之和

7.1.7　自动空气断路器

自动空气断路器又称为低压断路器、自动空气开关或自动开关，它是一种半自动开关电器。当电路发生严重过载、短路及失压等故障时，低压断路器能自动切断故障电路，有效保护串接在它后面的电气设备。在正常情况下，低压断路器也可用于不频繁接通和断开的电路及控制电动机。

1．结构和工作原理

自动空气断路器按其用途和结构特点可分为框架式低压断路器、塑料外壳式低压断路器、直流快速低压断路器和限流式低压断路器等。下面主要介绍塑料外壳式低压断路器。

塑料外壳式自动空气断路器如图 7-15 所示。主触点通常是由手动的操作机构来闭合的。开关的脱扣机构是一套连杆装置，当主触点闭合后就被锁钩锁住。如果电路中发生故障，脱扣机构就在有关脱扣器的作用下将锁钩脱开，于是主触点在释放弹簧的作用下迅速分断。脱扣器有过流脱扣器和欠压脱扣器等，它们都是电磁铁。在正常情况下，过流脱扣器的衔铁是释放着的；一旦发生严重过载或短路故障，与主电路串联的线圈（图中只画出一相）就将产生较强的电磁吸力把衔铁向下吸而顶开锁钩，使主触点断开。欠压脱扣器的工作原理恰恰相反，在电压正常时，吸住衔铁，主触点才得以闭合；一旦电压严重下降或断电，衔铁就被释放而使主触点断开。当电源电压恢复正常时，必须重新合闸后才能工作，实现了失压保护。

2．主要技术参数

（1）额定电压。断路器的额定电压包括额定工作电压、额定绝缘电压和额定脉冲电压。

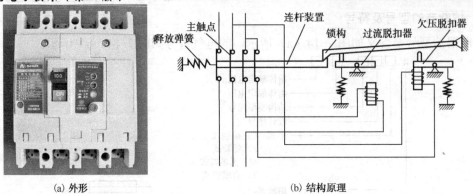

(a) 外形   (b) 结构原理

图 7-15　塑料外壳式自动空气断路器的外形及结构原理

其额定工作电压取决于电网的额定电压等级，我国的电网标准电压为交流 220V、380V、660 V、1 140 V 及直流 220 V、440 V 等。同一断路器可以在几种额定电压下工作。

（2）额定工作电流。断路器的额定电流是指额定持续电流，即脱扣器能长期通过的电流。

（3）通断能力。通断能力也称为额定短路通断能力，指断路器在给定电压下的接通和分断的最大电流值。

（4）分断时间。分断时间指切断故障电流所需的时间。

3．自动空气断路器的常用型号和电气符号

自动空气断路器型号较多，对于塑料外壳式自动空气断路器主要有 DZS、DZ10、DZ15、DZ20、DZ15L、DZX10、DZX19 等系列产品，其中 DZX10、DZX19 系列为限流式断路器，它利用短路电流所产生的电动力使触点在几毫秒内迅速断开，从而限制电路中可能出现的最大电流。DZ15L 系列为漏电保护断路器，当电路出现对地漏电或人身触电事故时，能迅速自动断开电路。常用的框架式低压断路器有 DW10、DW15 系列等。

自动空气断路器的型号含义如图 7-16 所示，电气符号如图 7-17 所示。

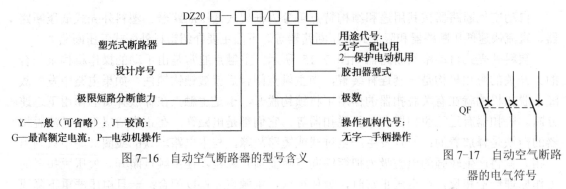

图 7-16　自动空气断路器的型号含义   图 7-17　自动空气断路器的电气符号

7.2　基本控制电路

电动机是一种将电能转变为机械能的机器，它是利用通电线圈（定子绕组）产生旋转磁场并作用于鼠笼式闭合铝框（转子绕组）形成磁电动力旋转的。电动机按使用电源的

不同分为直流电动机和交流电动机，电力系统中的电动机大部分是交流电动机，其外形如图 7-18 所示。电动机的使用和控制非常方便，在工农业生产、交通运输、国防、商业及家用电器等各方面有广泛的应用。

7.2.1　电动机直接启动的控制电路

图 7-19 是电动机直接启动的控制电路结构图，其中用了组合开关 Q、交流接触器 KM、按钮 SB、热继电器 FR 及熔断器 FU 等几种电气元件。

先将组合开关 Q 闭合，为电动机启动做好准备。当按下启动按钮 SB$_2$ 时，交流接触器 KM 的线圈通电，动铁芯被吸合而将三个主触点闭合，电动机 M 便启动。当松开 SB$_2$ 时，它在弹簧的作用下恢复到断开位置，但是由于与启动按钮并联的辅助触点（图 7-19 中最右边的那个）和主触点同时闭合，因此接触器线圈的电路仍然接通，而使接触器触点保持在闭合的位置，这个辅助触点称为自锁触点。如果将停止按钮 SB$_1$ 按下，则将线圈的电路切断，动铁芯和触点恢复到断开的位置。

采用上述控制电路还可实现短路保护、过载保护和零压保护。

起短路保护作用的是熔断器 FU。一旦发生短路事故，熔断器立即熔断，电动机立即停止。

起过载保护作用的是热继电器 FR。当过载时，它的热元件发热，将常闭触点断开，使接触器线圈断电，主触点断开，电动机也就停下来。

图 7-18　交流电动机外形图

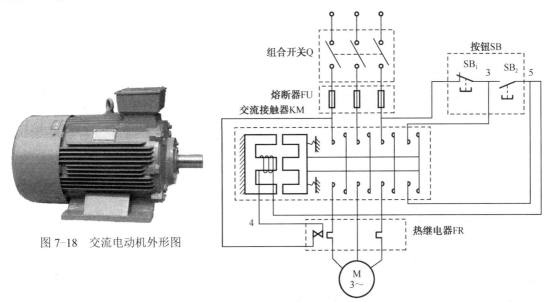

图 7-19　电动机直接启动控制电路的结构图

热继电器有两相结构的，就是有两个热元件，分别串接在任意两相中。这样不仅在电动机过载时有保护作用，而且当任意一相中的熔断器熔断后进行单相运行时，仍有一个或两个热元件中通有电流，电动机因而也得到保护。为了更可靠地保护电动机，热继电器做成三相结构，就是有三个热元件，分别串接在各相中。

所谓零压（或失压）保护就是当电源暂时断电或电压严重下降时，电动机即自动从电

源切除。因为这时接触器的动铁芯释放而使主触点断开。当电源电压恢复正常时若不重按启动按钮，则电动机不能自行启动，因为自锁触点已断开。如果不是采用继电器-接触器控制而是直接用刀开关或组合开关进行手动控制，由于在停电时未及时断开开关，当电源电压恢复时，电动机即自行启动，可能造成事故。

电动机直接启动的控制电路可分为主电路和控制电路两部分。

主电路由三相电源、组合开关 Q、熔断器 FU、交流接触器 KM（主触点）、热继电器热元件 FR、三相异步电动机 M 构成。控制电路由按钮 SB、交流继电器线圈 KM、辅助触点 KM、热继电器常闭触点 FR 构成。控制电路的功率很小，因此可以通过小功率的控制电路来控制功率较大的电动机。

在控制电路中，各个电器都是按照其实际位置画出的，属于同一电器的各部件都集中在一起，这样的图称为控制电路的结构图。这样的画法比较容易识别电器，便于安装和检修。但当电路比较复杂和使用的电器较多时，电路便不容易看清楚。因为同一电器的各部件在机械上虽然连在一起，但是在电路上并不一定互相关联。因此，为了便于读图、分析研究及设计电路，控制电路常根据其作用原理画出，把控制电路和主电路清楚地分开。这样的图称为控制电路的原理图。

在控制电路的原理图中，各种电器都用统一的符号来表示。在原理图中，同一电器的各部件（例如接触器的线圈和触点）是分散的。为了便于识别，它们用同一文字符号来表示。

在不同的工作阶段，各个电器的动作不同，触点时闭时开，而在原理图中只能表示出一种情况。因此，规定所有电器的触点均表示在起始情况下的位置，即在没有通电或没有发生机械动作时的位置。对接触器来说，是在动铁芯未被吸合时的位置；对按钮来说，是在未按下时的位置。在起始的情况下，如果触点是断开的，则称为常开触点或动合触点（因为一动就合）；如果触点是闭合的，则称为常闭触点或动断触点（因为一动就断）。在上述基础上，可以把图 7-19 画成如图 7-20 所示的原理图。

如果将图 7-20 中的自锁触点 KM 除去，则可对电动机实现点动控制，即按下启动按钮 SB2，电动机就转动，一松手就停止。这在生产上也是常用的，比如在调整时就经常用到此功能。

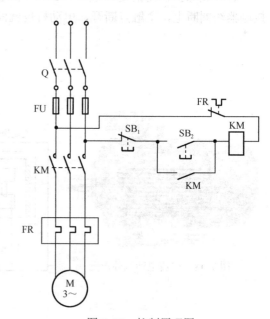

图 7-20　控制原理图

7.2.2　电动机正、反转的控制电路

在生产上往往要求运动部件向正、反两个方向运动，如机床工作台的前进与后退、主轴的正转与反转、起重机的提升与下降等。为了实现正、反转，只要将接到电源的任意两根连线对调一头即可。为此，只要用两个交流接触器就能实现这一要求，主电路如图 7-21

所示。当正转接触器 KM_F 工作时，电动机正转；当反转接触器 KM_R 工作时，由于调换了两根电源线，所以电动机反转。显然，如果两个接触器同时接通，电源将通过它们的主触点而短路，所以对正、反转控制电路最根本的要求是保证两个接触器不能同时接通。这种在同一时间里两个接触器只允许一个工作的控制作用称为互锁或联锁。下面分析两种有联锁保护的正、反转控制电路。

在图 7-22（a）所示的控制电路中，正转接触器 KM_F 的一个常闭辅助触点串接在反转接触器 KM_R 的线圈电路中，而反转接触器的一个常闭辅助触点串接在正转接触器的线圈电路中，这两个常闭触点称为联锁触点。这样一来，当按下正转启动按钮 SB_F 时，正转接触器线圈通电，主触点 KM_F 闭合，电动机正转。与此同时，联锁触点断开了反转接触器 KM_R 的线圈电路。因此，即使误按反转启动按钮 SB_R，反转接触器也不能动作。

但是这种控制电路有个缺点，就是在正转过程中要求反转，必须先按停止按钮 SB_1，让联锁触点 KM_F 闭合后，

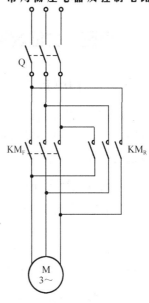

图 7-21　用两个交流接触器实现电动机正、反转的控制电路

才能按反转启动按钮使电动机反转，这带来了操作上的不方便。为了解决这个问题，在生产上常采用复式按钮和触点联锁的控制电路，如图 7-22（b）所示。当电动机正转时，按下反转启动按钮 SB_R，它的常闭触点断开，而使正转接触器的线圈 KM_F 断电，主触点 KM_F 断开。于此同时，串接在反转控制电路中的常闭触点 KM_F 恢复闭合，反转接触器的线圈通电，电动机就反转。同时串接在正转控制电路中的常闭触点 KM_R 断开，起着联锁保护的作用。

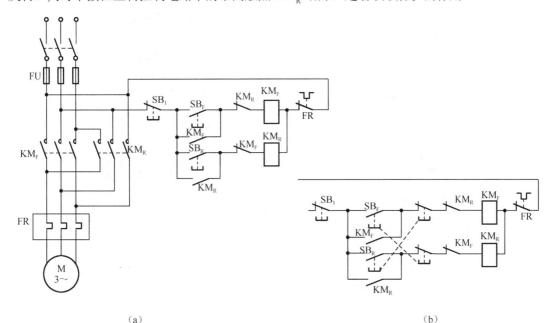

（a）　　　　　　　　　　　　　　　（b）

图 7-22　电动机正反转的控制电路

7.3 行程、时间控制电路

7.3.1 行程开关

行程开关是反映运动物体行程而发出命令以控制其运动方向和行程长短的电器。行程开关利用运动物体与其碰撞产生的机械动力而使其触点通断状态改变，若将行程开关安装于机械行程的途中或终点处，用以限制其行程，则称其为限位开关或终端开关。

1. 直动式行程开关

直动式行程开关的结构和动作原理与按钮相同，又称为按钮式行程开关，其结构原理如图 7-23 所示。但直动式行程开关不是用手按，而是由运动部件上的挡块移动碰撞。它的缺点是触点分合速度取决于运动部件的移动速度，若移动速度太慢，触点因分断太慢而易被电弧烧蚀，故不宜用在移动速度低于 0.4 m / min 的运动部件上。

2. 滚轮式行程开关

滚轮式行程开关又称为滑轮式行程开关，是一种快速动作的行程开关，其结构原理如图 7-24 所示。当滚轮受到向左的碰撞外力作用时，上转臂向左下方转动，推杆向右转动并压缩右边弹簧，同时下面的小滚轮也很快沿着擒纵件向右滚动，小滚轮滚动并压缩弹簧，使此弹簧积蓄能量。当小滚轮滚动越过擒纵件的中点时，盘形弹簧和弹簧都使擒纵件迅速转动，从而使动触点迅速地与右边静触点分开，减少了电弧对触点的烧蚀，并与左边的静触点闭合。因此，低速运动的部件上应采用滚轮式行程开关。

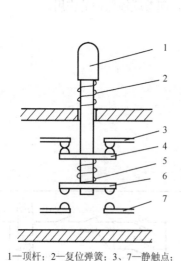

1—顶杆；2—复位弹簧；3、7—静触点；
4、6—动触点；5—触点弹簧

图 7-23　直动式行程开关的结构原理

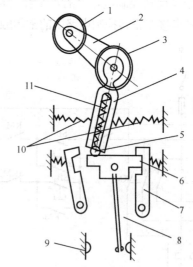

1—滚轮；2—上转臂；3—盘形弹簧；4—推杆；5—小滚轮；
6—擒纵件；7—压板；8—动触点；9—静触点；10—弹簧；11—弹簧

图 7-24　滚轮式行程开关的结构原理

3. 微动开关

当要求行程控制的准确度较高时，可采用微动开关，它具有体积小、质量少、工作灵敏等特点，且能瞬时动作。图 7-25 为 LX31 型微动开关结构示意图，它采用了弯片状弹簧的瞬动机构。当开关推杆在外力作用下向下方移动时，弓簧片产生变形，存储能量并产生位移。当达到预定的临界点时，弹簧片连同桥式动触点瞬时动作。当外力失去后，推杆在弹簧片作用下迅速复位，触点恢复原状。由于采用瞬动机构，触点换接速度将不受推杆压下速度的影响。可见，微动开关是具有瞬时动作和微小行程的灵敏开关。

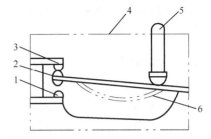

1—常开静触点；2—桥式动触点；3—常闭静触点；

4—壳体；5—推杆；6—弓簧片

图 7-25 LX31 型微动开关结构示意图

4．接近开关

为了克服有触点行程开关可靠性较差、使用寿命短和操作频率低的缺点，可采用无触点式行程开关即电子接近开关。接近开关是当运动的金属物体与其接近到一定距离时便发出接近信号，它不需施以机械力。由于电子接近开关具有电压范围宽、重复定位精度高、响应频率高及抗干扰能力强、安装方便、使用寿命长等优点，它的用途已远超出一般行程控制和限位保护，在检测、计数、液面控制及作为计算机或可编程控制器的传感器上获得广泛应用。

7.3.2 行程控制

根据生产机械的运动部件的位置进行控制称为行程控制。

行程控制可以分为限位控制和往复运动控制，这两种控制使用的电气设备是行程开关。

1．限位控制

当生产机械运动部件到位后，通过行程开关将机械位移变为电信号，通过控制电路使运动部件停止运行。应用行程开关作为限位控制的电路如图 7-26 所示。

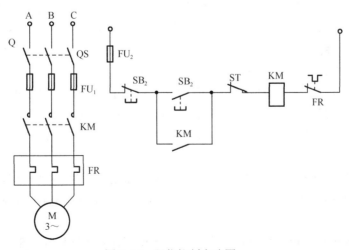

图 7-26 限位控制电路图

133

当生产机械运动到位后，将行程开关ST的动断触点打开，接触器KM线圈断电，于是主电路断电，电动机停止运行。

2. 往复运动控制

生产机械的某个运动部件，如机床的工作台，需要在一定的行程范围内往复循环运动，以便连续加工，这种情况要求拖动运动部件的电动机必须能自动实现正、反转控制。为达到这种控制要求，应使用具有一对动断触点和一对动合触点的行程开关，将此行程开关连接到电动机正、反转控制电路中，如图 7-27 所示，该电路启动后，可以使电动机自动正、反转，从而可以拖动机械运动部件自动往复运动。

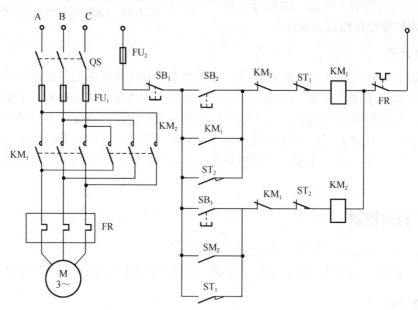

图 7-27　往复运动控制电路

为实现电动机自动正、反转控制，使用了两个行程开关。行程开关ST_1的动断触点与控制电动机正转接触器KM_1的线圈串联，ST_1的动合触点与控制电动机反转的开机按钮SB_3并联。行程开关ST_2的动断触点与控制电动机反转的接触器KM_2线圈串联，ST_2的动合触点与控制电动机正转的开机按钮SB_2并联。

开始时，若按下正向运转的开机按钮SB_2，则接触器KM_1线圈通电，电动机正转，拖动机械运动部件前进，到位后迫使行程开关ST_1动作，ST_1的动断触点被断开，接触器KM_1线圈断电，电动机断开电源。接着行程开关ST_1的动合触点闭合，使控制电动机反向运动的接触器KM_2线圈通电，电动机又接入电源，拖动机械运动部件向相反方向运动；电动机反向转动后，机械的运动部件与行程开关ST_1分开，作用在ST_1上的外力消失，ST_1的动合触点分开，动断触点闭合。ST_1的动合触点分开后，接触器KM_2线圈在它的自锁触点作用下可保持继续通电，ST_1的动断触点再闭合后，因互锁触点（KM_2的动断触点）被打开，所以接触器KM线圈不会通电。

接触器KM_2通电后，电动机反转，当机械的运动部件到达行程开关ST_2的位置后使ST_2动作，行程开关ST_2动作后，使接触器KM_2线圈断电，其过程与正向运动到位后相似。这

样，通过行程开关使电动机能够不停地正转、反转运行，拖动着生产机械的运动部件在规定的行程范围内往复运动。

7.3.3　时间控制

生产过程中，若要求一个动作完成之后，间隔一定的时间再开始下一个动作，就要求在时间上能进行控制。用继电器进行时间的自动控制需要使用时间继电器。

1. 时间继电器

时间继电器种类较多，常用的有空气式时间继电器和电子式时间继电器。

1）空气式时间继电器

空气式时间继电器的结构如图 7-28（a）所示。图 7-28（b）是通电延时动作的触点，括号中所示符号是同功能触点的另一种表示方法。图 7-28（c）是时间继电器线圈符号。

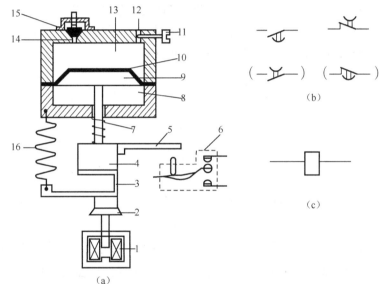

1—吸引线圈；2—衔铁；3—支撑杆；4—胶木块；5—压杆；6—微动开关；7—弹簧；8—空气室；
9—活塞；10—橡皮膜；11—调节螺钉；12—进气孔；13—上气室；14—出气孔；15—放气阀门；16—弹簧

图 7-28　空气式时间继电器

空气式时间继电器的工作原理如下：当电磁机构的线圈通电后，电磁的衔铁连同支撑杆一起被吸下，弹簧被拉长，这时胶木块失去支撑，在弹簧及自重的作用下带动着活塞及橡皮膜一起下落。由于橡皮膜将空气室分为上、下两部分，在活塞和橡皮膜下降时，上气室体积增大而气压下降，下气室的空气压力高于上气室，因此阻碍活塞下降，必须等待空气自进气孔进入上气室后，气压增加，活塞才能逐渐下降，所以，时间继电器在它的电磁机构的线圈通电后，要经过一段时间，才能使活塞逐渐下降到一定位置，通过压杆使微动开关的触点动作（动合闭合，动断打开）。

当电磁机构的线圈断电后，活塞在弹簧的作用下迅速上升，使上气室内的空气通过放气阀门和出气孔迅速排放。图 7-28 所示空气式时间继电器的触点，在通电时有延时作用，即继电器的线圈通电时，它的动断触点延时打开，动合触点延时闭合。线圈断电后动断触

点瞬间闭合，动合触点瞬时打开。

从空气式时间继电器的线圈通电到它的微动开关触点动作，这中间有一段时间间隔，而这个延时时间的长短可以通过调节进气孔的大小来控制。

2）电子式时间继电器

常用的电子式时间继电器有阻容式和数字式两种。阻容式时间继电器是利用RC电路充放电原理制成的。继电器线圈的电压取自RC电路的电容电压，只有当电容电压升至一定数值后继电器的衔铁才被吸动，触点才动作。

数字式时间继电器采用计数器式延时电路，由输入的信号频率决定延时的时间。

电子式时间继电器延时范围广，精度比空气式的高，延时时间调节方便，功耗小，寿命长，因此使用日益广泛。

2. 时间控制电路举例

（1）高频加热时间控制。应用高频电流给工件表面加热，对工件进行淬火处理，因加热时间很短（如只有 10 s），用人工控制时间很不准确，不易保证淬火质量，因而使用时间继电器对高频加热处理进行时间控制，如图 7-29 所示。

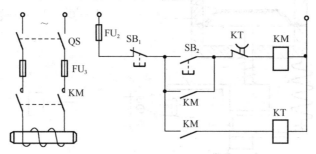

图 7-29　时间控制

控制电路工作原理如下：放好工件，按下按钮SB$_2$，接触器KM线圈通电，主触点接通调频电流电路，工件加热，辅助触点KM自锁并接通时间继电器KT线圈，时间继电器KT的延时动断触点在线圈通电之后延时一段时间再断开，使接触器KM线圈断开，同时主回路主触点KM断开，停止加热。这个电路在按下按钮SB$_2$到时间继电器KT的延时动断触点打开，这段时间是工件加热时间，其长短由时间继电器控制。

（2）三相异步电动机星（Y）-角（△）启动自动控制。三相异步电动机启动时定子绕组 Y 接，启动后将电动机改为△接。用时间继电器可以控制电动机 Y 接启动，经延时后自动改为△接，实现Y-△启动自动交换，控制电路如图7-30所示。

电路工作原理如下：按下按钮SB$_2$，接触器KM$_1$、KM$_2$和时间继电器KT的线圈通电，电动机 Y 接启动；时间继电器通电后，经预定延时时间，时间继电器延时动断触点打开，使接触器KM$_2$断电，而延时动合触点闭合，使接触器KM$_3$通电，电动机由 Y 接自动改变为△接。为防止接触器KM$_1$和KM$_2$同时得电，控制电路中接入互锁作用的触点。

电动机△接后，进行正常运行，这时通过接触器KM$_3$的辅助动断触点将时间继电器KT和接触器KM断电，以减少电能损耗。

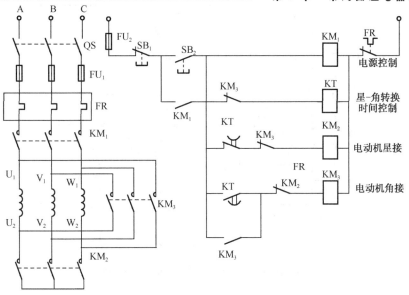

图 7-30　三相异步电动机 Y-△启动自动控制电路

技能训练 7　三相异步电动机正、反转控制电路的安装与调试

1．实训目的

（1）熟悉三相异步电动机正、反转控制电路及工作原理。

（2）掌握接触器联锁和按钮联锁的正、反转控制的工作原理。

（3）掌握接触器联锁和按钮联锁的正、反转控制的接线及接线工艺。

（4）掌握接触器联锁和按钮联锁的正、反转控制电路的检查方法和通电运行过程。

2．仪器设备及器材

设备：三相异步电动机 1 台；带断路器及熔断保护的 380V 交流电源 1 台。

器材：交流接触器 2 个；热继电器 1 个；复合按钮 3 个；接线板及接线端子若干；导线若干；剥线钳、螺钉旋具等操作工具。

3．实训原理

图 7-31 是电动机接触器、按钮双重联锁的正、反转控制电路图，这种电路是在接触器联锁的基础上，增加了按钮联锁，所谓按钮联锁就是利用复合按钮，将其常开触头串接在正转（或反转）控制电路中，将其常闭触头串接在反转（或正转）控制电路中。当按下正转（或反转）启动按钮时，先断开反转（或正转）控制电路，反转（或正转）停土，接着接通正转（或反转）控制电路，使电动机正转（或反转）。这样既保证了正、反转接触器不同时接通电源，又可不按停止按钮而直接按反转（或正转）按钮进行反转（或正转）启动。这种双重联锁控制电路使电路操作方便，工作安全可靠，因此在电力拖动中被广泛采用。

4．实训内容及步骤

（1）根据原理图完成电气安装与接线工作。

（2）检查无误后通电调试。

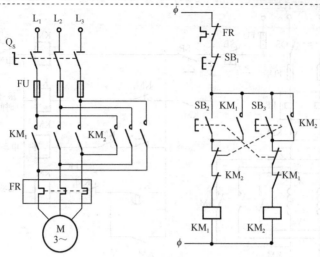

图7-31　电动机接触器、按钮双重联锁的正、反转控制电路

（3）完成下面要求。

① 若想使正转时含点动功能，原理图应如何改动？

② 若电动机采用 Y-△降压启动，应该如何改动控制电路图？

5．实训报告

完成实验报告。

知识梳理与总结

1．几种常用的低压电器

组合开关、按钮、交流接触器、中间继电器、热继电器、熔断器、自动空气断路器。

2．基本控制电路

电动机直接启动的控制电路；电动机正、反转的控制电路。

3．行程控制电路、时间控制电路

思考与练习题 7

1．简述题

（1）常见电磁式继电器有哪些？各有何特点？它们在电气控制电路中主要有哪些用途？怎样区分电压线圈与电流线圈？

（2）如何调整电压继电器、电流继电器的动作值？

（3）简述双金属片式热继电器的结构与工作原理。为什么热继电器不能用于短路保护而只能用于长期过载保护？

（4）行程开关的主要作用是什么？

（5）电动机基本控制电路有哪些基本控制环节、基本保护环节和基本控制方法？

2．电路分析题

（1）如图 7-32 所示的一些电路各有什么错误？工作时会出现什么现象？应如何改正？

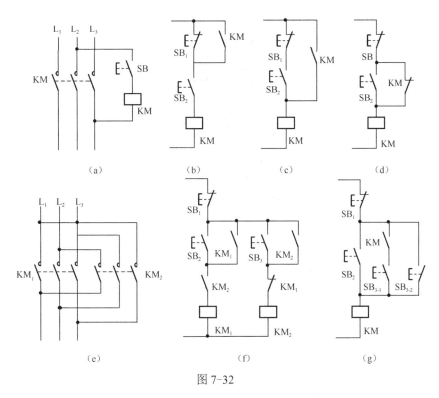

图 7-32

（2）定时控制常由时间继电器来实现，图 7-33 为加热炉定时加热控制电路。试叙述其动作过程。

（3）图 7-34 为两台笼形感应电动机 M1、M2 的控制电路，能否实现 M1、M2 既可以分别启动和停止，又可以同时启动和停止？试叙述其动作过程。

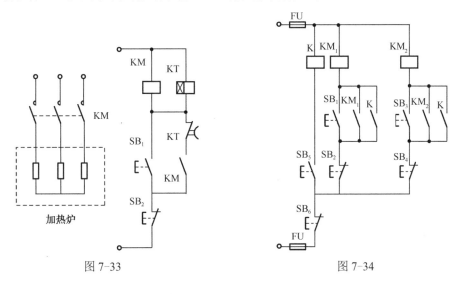

图 7-33　　　　　　　　　　　图 7-34

（4）电动机控制电路如图 7-35 所示，图中 KM 为控制电动机电源的接触器，K 为中间继电器。该控制电路能否既可以实现点动控制，又可以实现连续运行控制？试叙述其动作过程。

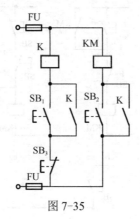

图 7-35

第8章

半导体器件

教学导航

教	知识重点	PN 结的单向导电性能； 二极管的工作原理； 特殊二极管； 三极管
	知识难点	二极管、三极管的工作原理
	推荐教学方式	以真实情景——二极管、三极管为主，结合实际应用电路、软件仿真、实验讲授
	建议学时	8（理论 4+实践 4）
学	学习目标	掌握 PN 结的单向导电性能； 掌握普通二极管、特殊二极管的符号、特性及应用电路； 掌握三极管的工作特性、分类、电流分配关系
	学习技能	半导体二极管、三极管的识别

半导体器件是电子电路中使用最为广泛的器件，也是构成集成电路的基本单元。只有掌握半导体器件的结构性能、工作原理和特点，才能正确分析电子电路的工作原理，正确选择和合理使用半导体器件。

8.1 半导体的基础知识

8.1.1 半导体的概念

自然界中不同的物质，由于其原子结构不同，它们的导电能力也各不相同。根据导电能力的强弱，可以把物质分为导体、半导体和绝缘体。

导电性能介于导体与绝缘体之间的物质称为半导体。半导体的电阻率为 $10^{-3} \sim 10^3 \ \Omega \cdot cm$。常用的半导体材料有硅（Si）、锗（Ge）和砷化镓（GaAs）及其他金属氧化物和硫化物等，半导体一般呈晶体结构。

8.1.2 半导体的特性

半导体之所以引起人们注意并得到广泛应用，其主要原因并不在于它的导电能力介于导体和绝缘体之间，而在于它有如下几个特点。

（1）掺杂性。在半导体中掺入微量杂质，可改变其电阻率和导电类型。

（2）温度敏感性。半导体的电阻率随温度变化很敏感，并随掺杂浓度不同，具有正或负的电阻温度系数。

（3）光敏感性。光照能改变半导体的电阻率。

根据半导体的以上特点，可将半导体做成各种热敏元件、光敏元件、二极管、三极管及场效应管等半导体器件。

8.1.3 本征半导体

纯净的不含任何杂质、晶体结构排列整齐的半导体称为本征半导体。图 8-1 为硅单晶体原子排列示意图，由原子结构理论可知，当原子的最外层电子数为 8 个时，其结构较稳定，这时每相邻两个原子都共用一对电子，形成电子对。电子对中的任何一个电子，既围绕自身原子核运动，也出现在相邻原子所属的轨道上，这样的组合称为共价键结构。

最外层电子（称为价电子）除受到原子核吸引外还受到共价键束缚，因而它的导电能力差。半导体的导电能力随外界条件改变而改变，它具有热敏特性和光敏特性，即温度升高或受到光照后半导体材料的导电能力会增强。这是由于共价键中的某些价电子获得能量，挣脱共价键的束缚，成为自由电子，同时在原共价键中留下相同数量的空位，通常把这种空位称为空穴，空穴与自由电子是成对出现的，如图 8-2 所示。每形成一个自由电子，同时就出现一个空穴，它们成对出现，这种现象称为本征激发。

含空穴的原子带有正电，它将吸引相邻原子中的价电子，使它挣脱原来共价键的束缚去填补前者的空穴，从而在自己的位置上出现新的空穴。这样，当电子按某一方向填补空穴时，就像带正电荷的空穴向相反方向移动，于是空穴被看成是带正电的载流子，空穴的运动相当于正电荷的运动。自由电子和空穴又称为载流子。

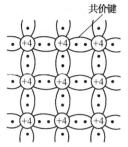

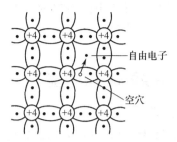

图 8-1 硅单晶体原子排列示意图	图 8-2 自由电子和空穴的形成

自由电子在运动过程中，又会和空穴相遇，重新结合而消失，这个过程称为复合。在室温下，本征半导体中的载流子数目是一定的，数量很少；当温度升高，会有更多的价电子挣脱束缚，产生的电子-空穴对的数目也相对增加，半导体的导电能力随之增强。

在没有外电场作用下，自由电子和空穴的运动是无规则的，半导体中没有电流。在外电场作用下，带负电的自由电子将逆电场方向做定向运动，形成电子电流；带正电的空穴将顺着电场方向做定向运动，形成空穴电流。

8.1.4 N 型和 P 型半导体

在本征半导体中有控制、有选择地掺入微量的有用杂质，就能制成具有特定导电性能的杂质半导体，其导电能力发生显著变化。下面就来讨论两种常用的杂质半导体。

1．N 型半导体

用特殊工艺在本征半导体掺入微量五价元素，如磷（P）。这种元素在和半导体原子组成共价键时，就多出一个电子。这个多出来的电子不受共价键的束缚成为自由电子，磷原子则因失去一个电子带正电。每掺入一个磷原子都能提供一个电子，从而使半导体中电子的数目大大增加，这种半导体导电主要靠电子，所以称为电子型半导体，又称为 N 型半导体。其中自由电子是多数载流子，空穴为少数载流子，如图 8-3（a）所示。

2．P 型半导体

在半导体硅或锗中掺入少量三价元素，如硼（B）。这种元素在与半导体原子组成共价键时，就自然形成一个空穴，这就使半导体中的空穴载流子增多，导电能力增强。这种半导体导电主要靠空穴，因此称为空穴型半导体，又称为 P 型半导体。其中空穴是多数载流子，电子是少数载流子，如图 8-3（b）所示。

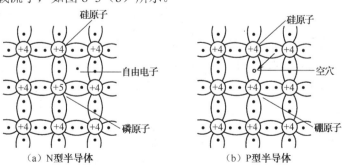

（a）N型半导体   （b）P型半导体

图 8-3 掺杂半导体共价键结构示意图

由此可见：杂质半导体中的多数载流子是掺杂造成的，尽管杂质含量很少，但它们对半导体的导电能力有很大影响；而其中少数载流子是本征激发产生的，数量少，对温度非常敏感。

8.1.5　PN结及单向导电性能

1．PN结的形成

当通过一定的工艺，使一块 P 型半导体和一块N型半导体结合在一起时，在它们的交界处会形成一个特殊区域，称为PN结。PN结是构成各种半导体器件的基础。

在 P 型半导体和N型半导体交界处，P 区的空穴浓度大，会向 N 区扩散；N 区的电子浓度大，则向 P 区扩散。这种在浓度差作用下多数载流子的运动称为扩散运动。空穴带正电，电子带负电，这两种载流子在扩散到对方区域后复合而消失，但在 P 型半导体和 N 型半导体交界面的两侧分别留下了不能移动的但带有正、负离子的一个空间电荷区，这个空间电荷区就称为PN结，如图8-4所示。

PN结的形成会产生一个由 N 区指向 P 区的内电场，内电场的产生对多数载流子的扩散运动起阻碍作用，故空间电荷区也称为阻挡层。同时，在内电场的作用下，有助于少数载流子会越过交界面向对方区域运动，这种少数载流子在内电场作用下有规则的运动称为漂移运动。

显然，多数载流子的扩散运动和少数载流子的漂移运动是对立的。开始时扩散运动占优势，随着扩散运动的进行，内电场逐步加强。内电场的加强使扩散运动减弱，使漂移运动加强。当漂移运动和扩散运动达到动态平衡，PN结的宽度就基本保持一定，PN结就形成了。

2．PN结的单向导电性

（1）PN结正偏：指在 PN 结的两端加上正向电压，即 P 区接电源的正极，N 区接电源的负极，如图8-5（a）所示。

外加电压在 PN 结上所形成的外电场与 PN 结内电场的方向相反，削弱了内电场的作用，破坏了原有的动态平衡，使 PN 结变窄，加强了多数载流子的扩散运动，形成较大的正向电流。这时称 PN 结为正向导通状态。

（2）PN结反偏：指给 PN 结加反向电压，即 P 区接电源的负极，N 区接电源的正极，如图8-5（b）所示。

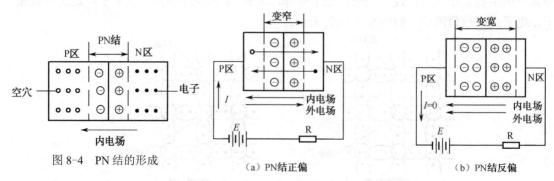

图8-4　PN结的形成　　　　（a）PN结正偏　　　　（b）PN结反偏

图8-5　PN结的单向导电性

外加电压在 PN 结上所形成的外电场与 PN 结内电场的方向相同，增强了内电场的作用，破坏了原有的动态平衡，使 PN 结变厚，加强了少数载流子的漂移运动，由于少数载流子的数量有限，所以只有很小的反向电流，一般情况下可以忽略不计。这时称 PN 结为反向截止状态。

综上所述，PN 结正偏时导通，正向电阻较小，正向电流较大；反偏时截止，反向电阻大，反向电流小，几乎为零。所以，PN 结具有单向导电性，这也是 PN 结的重要特性。

8.2　半导体二极管

在 PN 结的两端各引出一根电极引线，然后用外壳封装起来就构成了半导体二极管，简称二极管。由 P 区引出的电极称为正极或阳极，由 N 区引出的电极称为负极或阴极，如图 8-6（a）所示，电气符号如图 8-6（b）所示，电气符号中的箭头方向表示正向电流的流通方向。

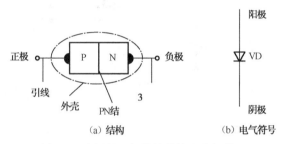

图 8-6　半导体二极管的结构和电气符号

8.2.1　二极管的分类

二极管的种类很多。

（1）按制造材料分类，主要有硅二极管和锗二极管。

（2）按用途分类，主要有整流二极管、检波二极管、稳压二极管、开关二极管等。

（3）按接触的面积大小分类，可分为点接触型、面接触型和集成型二极管。

其中点接触型二极管的结构如图 8-7（a）所示。其特点是 PN 结的面积非常小，所以它不能承受大的电流和高的反向电压，但高频性能好。故适用于高频和小功率工作，一般用于检波或脉冲电路。

面接触型或称面结型二极管的结构如图 8-7（b）所示。其特点是 PN 结的面积大，可承受较大的电流，但工作频率较低、极间电容较大。故适用于低频电路，主要用于整流电路。

集成型二极管是集成电路中常见的一种形式，如图 8-7（c）所示，常用在集成电路中。

常见普通二极管外形如图 8-8 所示。

8.2.2　二极管的伏安特性

二极管的伏安特性是指二极管两端的端电压与通过二极管的电流之间的关系。

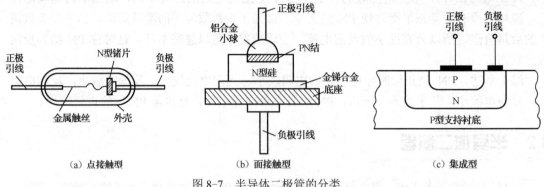

（a）点接触型　　　　　　　　（b）面接触型　　　　　　　　（c）集成型

图8-7　半导体二极管的分类

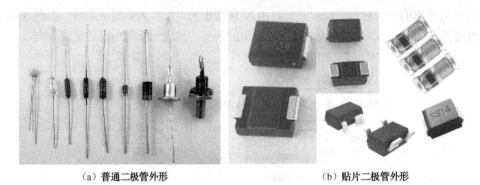

（a）普通二极管外形　　　　　　　　　（b）贴片二极管外形

图8-8　常见普通二极管外形

1. 二极管的单向导电性

正偏：是指二极管阳极接电源正极，阴极接电源负极，称为二极管正向偏置，简称正偏。

正向导通：是指二极管的正偏电压大于死区电压，如图 8-9（a）所示电路，电流较大，二极管处于导通状态，这时称二极管正偏导通。

反偏：是指二极管阳极接电源负极，阴极接正极，如图 8-9（b）所示，二极管处于反向偏置，简称反偏。从电流表中看到电流为零，二极管（PN 结）处于截止状态。

实际上，在这种状态下，二极管中仍有微小电流通过，该电流基本不随外加反向电压变化而变化，故称为反向饱和电流（也称为反向漏电流），用 I_S 表示。I_S 很小，是由少数载流子运动形成的，它会随温度上升而显著增加。所以，半导体二极管的热稳定性较差，在使用半导体器件时，要考虑温度对器件和由它所构成的电路的影响。

二极管正向偏置导通、反向偏置截止的这种特性，称为单向导电性。

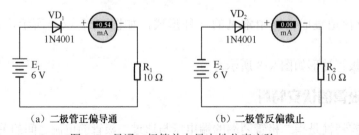

（a）二极管正偏导通　　　　　　　　　（b）二极管反偏截止

图8-9　导通二极管单向导电性仿真实验

2. 二极管的伏安特性

为了正确使用二极管,必须了解二极管的性能,二极管的性能可以用伏安特性表示,它是指二极管两端电压 U 和通过的电流 I 之间的关系。二极管的伏安特性如图 8-10 所示。

（1）正向特性。当外加正向电压较小时,外电场不足以克服内电场对多数载流子扩散运动所造成的阻力,电路中的正向电流几乎为零,这个范围称为死区,相应的电压称为死区电压,用 U_{th} 表示。锗管死区电压约为 0.1 V,硅管死区电压约为 0.5 V 。当外加正向电压超过死区电压时,电流随电压增加而快速增大,二极管处于导通状态。锗管的正

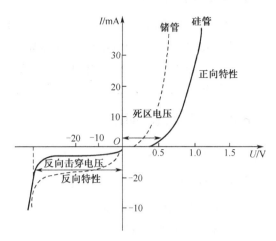

图 8-10　二极管的伏安特性

向导通压降 $U_{D(ON)(Ge)}$ 为 $0.2\sim 0.3$ V ,硅管的正向导通压降 $U_{D(ON)(Si)}$ 为 $0.6\sim 0.8$ V 。

（2）反向特性。在反向电压作用下,少数载流子漂移形成的反向电流很小,在反向电压不超过某一范围时,反向电流基本恒定,通常称之为反向饱和电流。在同样的温度下,硅管的反向饱和电流比锗管小,硅管为 1 微安至几十微安,锗管可达几百微安,此时二极管处于截止状态。当反向电压继续增加到某一电压时,反向电流剧增,二极管失去了单向导电性,称为反向击穿,该电压称为反向击穿电压。二极管正常工作时,不允许出现这种情况。

8.2.3 二极管的主要参数

电子元器件参数是国家标准或制造厂家对生产的元器件应达到技术指标所提供的数据要求,也是合理选择和正确使用器件的依据。二极管的参数可从手册上查到,二极管主要参数有如下几种。

1. 最大整流电流 I_{FM}

I_{FM} 是指二极管长期运行时允许通过的最大正向平均电流,由 PN 结的材料、面积及散热条件所决定。大功率二极管使用时,一般要加散热片。在实际使用时,通过二极管最大平均电流不能超过 I_{FM} ,否则可能因过热而烧坏二极管。

2. 最高反向工作电压 U_{RM}（反向峰值电压）

U_{RM} 是指二极管在使用时允许外加的最大反向电压,其值通常取二极管反向击穿电压的 0.5 倍左右。在实际使用时,二极管所承受的最大反向电压值不应超过 U_{RM} ,以免二极管发生反向击穿。

3. 最大反向电流 I_{RM}

I_{RM} 指二极管加最大反向工作电压时的反向电流。反向电流越小,二极管单向导电性能

越好。反向电流受温度影响较大。

4．最高工作频率 f_M

二极管的工作频率若超过一定值，就可能失去单向导电性，这一频率称为最高工作频率。它主要由 PN 结的结电容的大小来决定。

必须注意的是，手册上给出的参数是在一定测试条件下测得的数值。如果条件发生变化，相应参数也会发生变化。因此，在选择使用二极管时应注意留有余量。

8.2.4 二极管的应用

二极管在电子技术中有着广泛的应用，如整流电路、限幅电路、钳位电路、检波电路等。

1．整流电路

整流电路是利用二极管的单向导电作用，将交流电变成脉动直流电的电路。具体电路和工作原理将在第 12 章进行详细介绍。

2．限幅电路

限幅电路又称为削波电路，是用来限制输入信号电压范围的电路。

（1）单向限幅电路。单向限幅电路如图 8-11（a）所示。输入电压和输出电压波形如图 8-11（b）所示。

假设二极管为理想二极管，导通电压为 0 V。当 $u_i > U_S$ 时，二极管导通，$u_o = U_S$，输入电压正半周超出的部分降在电阻 R 上；当 $u_i < U_S$ 时，二极管截止，U_S 所在支路断开，电路中电流为零，$u_R = 0$，$u_o = u_i$。该电路使输入信号上半周电压幅度被限制在 U_S 值，称为上限幅电路。U_S 为上限门电压，用 U_{IH} 表示，即 $U_{IH} = U_S$。

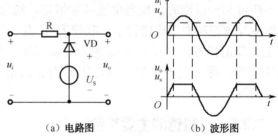

（a）电路图　　　（b）波形图

图 8-11　单向限幅电路及波形图

（2）双向限幅电路。通常将具有上、下门限的限幅电路称为双向限幅电路，电路及其输入波形如图 8-12 所示。图中电源电压 U_1、U_2 用来控制它的上、下门限值。若考虑二极管的导通电压 U_{VD}，则它的上、下门限值分别为

$$U_{IL} = -(U_2 + U_{VD}), \quad U_{IH} = U_1 + U_{VD}$$

当 $u_i < U_{IL}$ 时，二极 VD_2 导通，VD_1 截止，相应的输出电压 $u_o = U_{omin} = U_{IL}$；当 $u_i > U_{IH}$ 时，二极管 VD_1 导通，VD_2 截止，相应的输出电压 $u_o = U_{omax} = U_{IH}$。而当 $U_{IL} < u_i < U_{IH}$ 时，二极管 VD_1、VD_2 均截止，则 $u_o = u_{io}$。

3．钳位电路

钳位电路是使输出电位钳制在某一数值上保持不变的电路。钳位电路在数字电子技术中的应用最广。图 8-13 是数字电路中最基本的与门电路，是钳位电路的一种形式。

设二极管为理想二极管，当输入 $U_A = U_B = 3$ V 时，二极管 VD_1、VD_2 正偏导通，输出

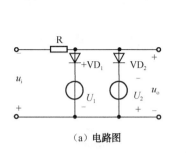
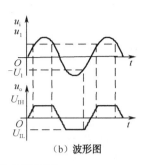

（a）电路图　　　　（b）波形图

图 8-12　双向限幅电路及波形图

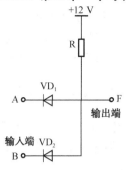

图 8-13　钳位电路（与门）

电位被钳制在 U_A 和 U_B 上，即 $U_F = 3\,V$；当 $U_A = 0\,V$、$U_B = 3\,V$ 时，VD_1 导通，输出被钳制在 $U_F = U_A = 0\,V$，VD_2 反偏截止。

8.3　特殊二极管

8.3.1　发光二极管

发光二极管（LED）是一种将电能转换成光能的特殊二极管，其外形和电气符号如图 8-14 所示。在 LED 的管头上一般都加装了玻璃透镜。

电气符号

图 8-14　发光二极管的外形和电气符号

LED 常用半导体砷、磷、镓及其化合物制成，它的发光颜色主要取决于所用的半导体材料，通电后不仅能发出红、绿、黄等可见光，也可以发出红外光。

LED 具有体积小、工作电压低（1.5～3 V）、工作电流小（10～30 mA）、发光均匀稳定且亮度比较高、响应速度快及寿命长等优点。

LED 的应用非常广泛，主要有以下几种。

（1）应用于显示。除单个使用在音响设备及电路通、断状态的指示等外，还可以用多个 PN 结按分段式制成七段数码管或者做成矩阵式显示器，如数字电路中显示 0～9 数字的七段数码管。

（2）应用于光纤通信和自动控制系统中。LED 将电信号转成光信号，通过光缆传输，然后用光电二极管接收，再现电信号。

（3）应用于光报警电路。有一种闪烁发光二级管，闪烁频率很低，只有几赫兹，很容易引起人们的警觉。

（4）应用于照明电路。目前，国内生产出一种高亮度发光二极管，发光效率大于普通白炽灯 10 倍以上，是照明领域的一场革命。

在使用 LED 时，必须正向偏置。由于 LED 允许的工作电流小，使用时应串联限流电阻。

8.3.2 光电二极管

光电二极管又称为光敏二极管，是一种将光信号转换为电信号的特殊二极管（受光器件）。与普通二极管一样，其基本结构也是一个 PN 结，它的管壳上开有一个嵌着玻璃的窗口，以便光线的射入。光电二极管的外形及电气符号如图 8-15 所示。

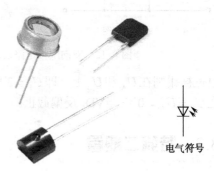

光电二极管工作在反向偏置下，无光照时，通过光电二极管的电流（称为暗电流）很小；受光照时，产生电子-空穴对（称为光生载流子），在反向电压作用下，通过光电二极管的电流（称为光电流）明显增强。

图 8-15　光电二极管的外形及电气符号

利用光电二极管可以制成光电传感器，把光信号转变为电信号，这类器件应用非常广泛，如应用于光的测量、光电自动控制、光纤通信的接收机中等。大面积的光电二极管可制成光电池。

如果把发光二极管和光电二极管组合并封装在一起，则构成二极管型光电耦合器件，光电耦合器可以实现输入和输出电路的电气隔离及信号的单向传递。它常用在数/模转换电路或计算机控制系统中做接口电路。

8.3.3 变容二极管

二极管结电容的大小除与本身结构和工艺有关外，还与外加电压有关。结电容具有与电容器相似的特性。因此电容值的大小随外加反向电压变化而变化。利用这种特性制成的二极管称为变容二极管，其外形、电气符号及压控特性曲线如图 8-16 所示。变容二极管应用于谐振回路的电调谐、压控振荡器、频率调制、参量电路等。

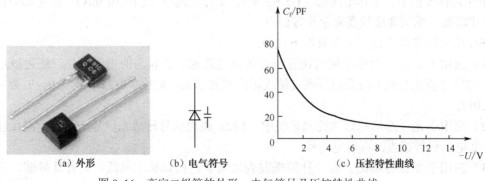

(a) 外形　　　　(b) 电气符号　　　　(c) 压控特性曲线

图 8-16　变容二极管的外形、电气符号及压控特性曲线

8.3.4 稳压二极管

稳压二极管是一种在规定反向电流范围内可以重复击穿的硅平面二极管。它的伏安特性曲线、电气符号及稳压电路如图 8-17 所示。它的正向伏安特性与普通二极管相同,它的反向伏安特性非常陡直。用电阻 R 将通过稳压二极管的反向击穿电流 I_Z 限制在 $I_{Zmin} \sim I_{Zmax}$ 之间时,稳压二极管两端的电压 U_Z 几乎不变。利用稳压二极管的这种特性,就能达到稳压的目的。图 8-17(c)就是稳压二极管的稳压电路。稳压二极管 VD_Z 与负载 R_L 并联,属并联稳压电路。显然,负载两端的输出电压 U_O 等于稳压二极管稳定电压 U_Z。

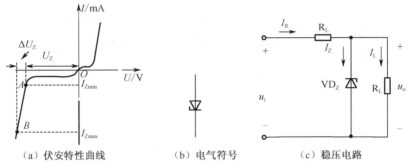

(a) 伏安特性曲线　　　　(b) 电气符号　　　　(c) 稳压电路

图 8-17　稳压二极管的伏安特性曲线、电气符号及稳压电路

稳压二极管的主要参数如下。

(1)稳定电压 U_Z。U_Z 是稳压二极管反向击穿稳定工作的电压。型号不同,U_Z 值就不同,根据需要查手册确定。

(2)稳定电流 I_Z。I_Z 是指稳压二极管工作的最小电流值。如果电流小于 I_Z,则稳压性能差,甚至失去稳压作用。

(3)动态电阻 r_Z。r_Z 是稳压二极管在反向击穿工作区,电压的变化量与对应的电流变化量的比值,即:

$$r_Z = \Delta U_Z / \Delta I_Z \tag{8-1}$$

r_Z 越小,稳压性能越好。

(4)额定功率 P_{ZM}:P_{ZM} 等于稳压二极管的稳定电压 U_Z 与最大稳定电流 I_{ZM} 的乘积。稳压二极管的功耗超过此值时,会因 PN 结温度过高而损坏。对于所选定的功率管,可以通过 P_{ZM} 求出 I_{ZM}。

(5)温度系数 α:表示温度每变化 1℃稳压值的变化量。稳定电压小于 4 V 的稳压二极管具有负温度系数,即温度升高时稳定电压值下降;稳定电压值大于 7 V 的稳压二极管具有正温度系数,温度升高时稳定电压值上升;而稳定电压为 4~7 V 的稳压二极管,温度系数非常小,近似为零。

实例 8-1　如图 8-18 所示电路,设 $u_i = 10\sin\omega t$(V),稳压二极管的稳定电压为 8 V,正向压降为 0.7 V,R 为限流电阻,试近似画出 u_o 的波形。

分析:根据稳压二极管伏安特性曲线可知,当稳压二极管工作在正向导通状态时,此时稳压二极管就是一个普通的二极管;当稳压二极管工作在反向区间时,而外加电压小于稳定电压,此时通过稳压二极管的电流是很小的,相当于截止;只有外加电压大于稳压二

极管稳定电压值时，稳压二极管才可能稳压。电流由限流电阻 R 来决定。

解 二极管输入电压 $u_i = 10\sin\omega t$（V），故：

（1）正半周幅值小于 8 V 时，输出电压 $u_i = u_o$，幅值大于 8 V 时，输出电压 $u_o = 8\,\text{V}$；

（2）负半周幅值小于 0.7 V 时，输出电压 $u_o = u_i$，幅值大于 0.7 V 时，输出电压 $u_o = -0.7\,\text{V}$。

输出电压 u_o 的波形如图 8-19 所示。

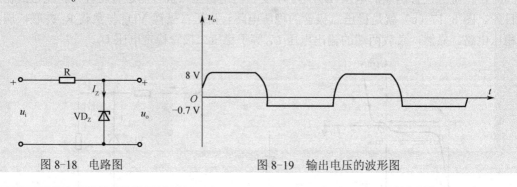

图 8-18　电路图　　　　　　　图 8-19　输出电压的波形图

实例 8-2 用两个稳定电压为 4.5 V，正向压降为 0.5 V 的稳压二极管和限流电阻可以组成几种输出电压不同的稳压电路？

解 根据稳压二极管的伏安特性曲线可知，稳压二极管工作在正向导通状态时，端电压为正向电压；工作在反向稳压区间时，端电压为稳定电压。故可以得到下面几种电路，如图 8-20 所示。

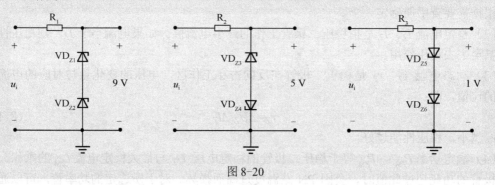

图 8-20

8.4　半导体三极管

三极管是电子电路中基本的电子器件之一，在模拟电子电路中其主要作用是构成放大电路。

8.4.1　三极管的基本结构与分类

1. 基本结构

根据不同的掺杂方式，在同一个硅片上制造出三个掺杂区域，并形成两个 PN 结，三个区引出三个电极，就构成三极管。半导体三极管可分为 PNP 型和 NPN 型两类，图 8-21 为半导体三极管结构示意图及符号。三极管有两个 PN 结、三个电极和三个区。基区与发射区之间的 PN 结称为发射结，基区与集电区之间的 PN 结称为集电结。从基区、发射区和集电区各引出一个电极，基区引出的是基极（B），发射区引出的称为发射极（E），集电区引出的称为集电极（C）。

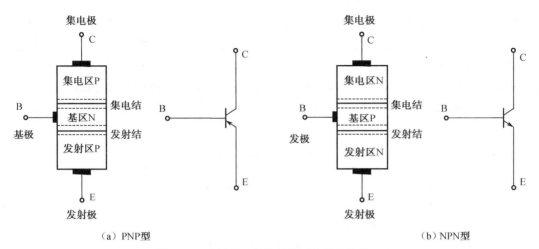

（a）PNP型　　　　　　　　　　　　　　　　　　（b）NPN型

图 8-21　半导体三极管结构示意图及符号

　　为了确保三极管正常工作，制造时三个区域有以下工艺要求：基区很薄，集电区的几何尺寸比发射区要大，发射区和集电区不能互换；发射区杂质浓度比集电区高很多，基区杂质浓度最低。

　　三极管电气符号如图 8-21 所示。在电气符号中，画箭头的电极是发射极，发射极的箭头方向是表示三极管发射结正偏时，电流的方向。NPN 型发射极箭头向外，PNP 型发射极箭头向里。

　　三极管在电路中主要起放大作用（主要应用于模拟电路）或开关作用（主要应用于数字电路）。

2．分类

（1）按所用的半导体材料可分为硅管和锗管。

（2）按 PN 结的组合方式分为 PNP 型和 NPN 型；目前，多数的 PNP 型管是锗管；NPN 型管是硅管。

（3）按功率可分为大、中、小功率三极管；按频率可分为低频三极管和高频三极管等。

　　常见三极管的类型如图 8-22 所示。

NPN型高频小功率管　　　　　NPN型低频小功率管　　　　　NPN型低频大功率管

图 8-22　常见三极管的类型

8.4.2　三极管的电流放大作用及其放大的基本条件

三极管具有电流放大作用，下面通过实验仿真来分析它的放大原理。

1．三极管各电极上的电流分配

为了了解三极管的电流放大（控制）作用，我们先做一个仿真实验，仿真电路如图 8-23 所示。电路中，用三个电流表分别测量三极管的集电极电流 I_C、基极电流 I_B 和发射极电流 I_E，它们的方向如图中箭头所示。基极电源 U_{BB} 通过基极电阻 R_b 和电位器 R_P 给发射结提供正偏压 U_{BE}；集电极电源 U_{CC}，通过电极电表 R_C 给集电极与发射极之间提供电压 U_{CE}。

调节电位器 R_P，则基极电流 I_B，集电极电流 I_C 和发射极电流 I_E 都会发生变化。仿真数据见表 8-1。

表 8-1　三极管三个电极上的电流分配

I_B/mA	0	0.01	0.02	0.03	0.04	0.05
I_C/mA	0.01	0.50	1.00	1.60	2.20	2.90
I_E/mA	0.01	0.51	1.02	1.63	2.24	2.95
I_C/I_B		50	50	53	55	58
$\Delta I_C/\Delta I_B$		50	60	60	70	

从表 8-1 中，可以得出以下结论。

（1）发射极电流 I_E 等于基极电流 I_B 和集电极电流 I_C 之和，即

$$I_E=I_B+I_C \tag{8-2}$$

（2）I_C 比 I_B 大得多。从表 8-1 中第 2 列以后的数据可得出这点。

（3）对电流进行放大。

由表 8-1 可知，当基极电流 I_B 从 0.02 mA 变化到 0.03 mA，即变化 0.01 mA 时，集电极电流 I_C 随之从 1.00 mA 变化到了 1.60 mA 即变化 0.6 mA，这两个变化量相比即（1.60-1.00）/（0.03-0.02）=60，说明此时三极管集电极电流 I_C 的变化量为基极电流 I_B 变化量的 60 倍.

可见，基极电流 I_B 的微小变化，将使集电极电流 I_C 发生大的变化，即基极电流 I_B 的微小变化控制了集电极电流 I_C 较大变化，这就是三极管的电流放大作用。

注意： 在三极管放大作用中，被放大的集电极电流 IC 是电源 UCC 提供的，并不是三极管自身生成的能量，它实际体现了用小信号控制大信号的一种能量控制作用。三极管是一种电流控制器件。

2．三极管放大的基本条件

从仿真实验结果来看，要使三极管具有放大作用，必须要有合适的偏置条件，即发射结正向偏置，集电结反向偏置。对于 NPN 型三极管，必须保证集电极电压高于基极电压，基极电压又高于发射极电压，即 $U_C>U_B>U_E$；而对于 PNP 型三极管，则与其相反，即 $U_C<U_B<U_E$。

8.4.3　三极管的伏安特性

三极管的伏安特性曲线是用来表示三极管的各个电极上电压和电流之间关系的曲线，

它是三极管内部结构的外在表现,是分析由三极管组成的放大电路和选择三极管参数的重要依据。常用的是输入特性曲线和输出特性曲线,这些特性曲线可用三极管特性图示仪直观地显示出来,也可以通过如图 8-24 所示的实验仿真电路进行测量。

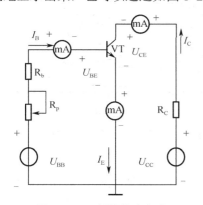

图 8-23　三极管仿真电路

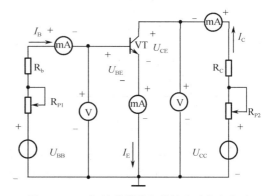

图 8-24　三极管共射输入特性实验仿真电路

1. 输入特性曲线

三极管的共射输入特性曲线表示当三极管的输出电压 u_{CE} 为常数时,输入电流 i_B 与输入电压 u_{BE} 之间关系的曲线,即:

$$i_B = f(u_{BE})|_{u_{CE}=常数} \tag{8-3}$$

测量时,先固定 u_{CE} 为某一数值,调节电路中的 R_{P1},可得到与其对应的 i_B 和 u_{BE} 值,在以 u_{BE} 为横轴、i_B 为纵轴的直角坐标系中按所取数据描点,得到一条 i_B 与 u_{BE} 的关系曲线;再改变 u_{CE} 为另一固定值,又得到一条 i_B 与 u_{BE} 的关系曲线,如图 8-25 所示。

(1) $u_{CE}=0$ 时,集电极与发射极相连,三极管相当于两个二极管并联,加在发射结上的电压即为加在并联二极管上的电压,所以三极管的输入特性曲线与二极管伏安特性曲线的正向特性相似,u_{BE} 与 i_B 也为非线性关系,同样存在着死区;这个死区电压(或阈值电压 U_{th})的大小与三极管材料有关,硅管约为 0.5 V,锗管约为 0.1 V。

(2) 当 $u_{CE}=1$ V 时,三极管的输入特性曲线向右移动了一段距离,这时由于 $u_{CE}=1$ V,集电结加了反偏电压,三极管处于放大状态,i_C 增大,对应于相同的 u_{BE},基极电流 i_B 比原来 $u_{CE}=0$ 时减小,特性曲线也相应向右移动。

$u_{CE}>1$ 以后的输入特性曲线与 $u_{CE}=1$ V 时的特性曲线非常接近,近乎重合,由于三极管实际放大时,u_{CE} 总是大于 1 V 以上,通常就用 $u_{CE}=1$ V 这条曲线来代表输入特性曲线。$u_{CE}>1$ V 时,加在发射结上的正偏压 u_{BE} 基本上为定值,只能为零点几伏。其中硅管为 0.7 V 左右,锗管为 0.3 V 左右。这一数据是检查放大电路中三极管静态是否处于放大状态的依据之一。

2. 输出特性曲线

三极管的共射输出特性曲线表示当三极管的输入电流 i_B 为某一常数时,输出电流 i_C 与输出电压 u_{CE} 之间关系的曲线,即:

$$i_C = f(u_{CE})|_{i_B=常数} \tag{8-4}$$

在测试电路中,先使基极电流 i_B 为某一值,再调节 R_{P2},可得到对应的 u_{CE} 和 i_C 值,将这

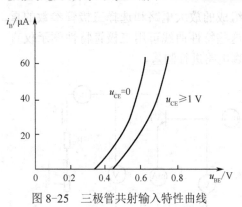

图 8-25　三极管共射输入特性曲线

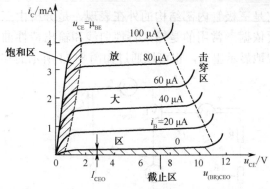

图 8-26　三极管共射输出特性曲线

些数据在以 u_{CE} 为横轴，i_C 为纵轴的直角坐标系中描点，得到一条 u_{CE} 与 i_C 的关系曲线；再改变 i_B 为另一固定值，又得到另一条曲线。若用一组不同数值的 i_B 可得到如图 8-26 所示的输出特性曲线。

由图 8-26 中可以看出，曲线起始部分较陡，且不同 i_B 曲线的上升部分几乎重合；随着 u_{CE} 的增大，i_C 跟着增大；当 u_{CE} 大于 1 V 左右以后，曲线比较平坦，只略有上翘。为说明三极管具有恒流特性，即 u_{CE} 变化时，i_C 基本上不变。输出特性不是直线，是非线性的，所以，三极管是一个非线性器件。

三极管输出特性曲线可以分为三个区。

（1）放大区。放大区是指 $i_B>0$ 和 $u_{CE}>1$ V 的区域，就是曲线的平坦部分。要使三极管静态时工作在放大区（处于放大状态），发射结必须正偏，集电结反偏。此时，三极管是电流受控源，i_B 控制 i_C，i_C 与 i_B 成正比关系，$i_C=\beta i_B$；即 i_B 有一个微小变化，i_C 将发生较大变化，体现了三极管的电流放大作用，图中曲线间的间隔大小反映出三极管电流放大能力的大小。

注意：只有工作在放大状态的三极管才有放大作用。放大时硅管 $U_{BE}\approx0.7$ V，锗管 $U_{BE}\approx0.3$ V，$|U_{CE}|>1$ V。

（2）饱和区。饱和区是指 $i_B>0$，$u_{CE}\leq0.3$ V 的区域。工作在饱和区的三极管，发射结和集电结均为正偏。此时，i_C 随着 u_{CE} 变化而变化，几乎不受 i_B 的控制，三极管失去放大作用。当 $u_{CE}=u_{BE}$ 时集电结零偏，三极管处于临界饱和状态。处于饱和状态的 u_{CE} 称为饱和压降，用 U_{CE}（sat）表示；小功率硅管 U_{CE}（sat）约为 0.3 V，小功率锗管 U_{CE}（sat）约为 0.1 V。

（3）截止区。截止区就是 $i_B=0$ 曲线以下的区域。工作在截止区的三极管，发射结零偏或反偏，集电结反偏，由于 u_{BE} 在死区电压之内（$u_{BE}<U_{th}$），处于截止状态。此时三极管各极电流均很小（接近或等于零），E、B、C 极之间近似看做开路。

8.4.4　三极管的主要参数

三极管的参数是选择和使用三极管的重要依据。三极管的参数可分为性能参数和极限参数两大类。值得注意的是，由于制造工艺的离散性，即使同一规格的三极管，参数也不完全相同。

1．电流放大系数 β 和 $\overline{\beta}$ 。

$\overline{\beta}$ 是三极管共射连接时的直流放大系数，$\overline{\beta} = \dfrac{I_C}{I_B}$ 。

β 是三极管共射连接时的交流放大系数，它是集电极电流变化量 ΔI_C 与基极电流变化量 ΔI_B 的比值，即 $\beta = \Delta I_C / \Delta I_B$ 。β 和 $\overline{\beta}$ 在数值上相差很小，一般情况下可以互相代替使用。

电流放大系数是衡量三极管电流放大能力的参数，但是 β 值过大热稳定性差。

2．极间反向电流

（1）集电极和基极之间的反向饱和电流 I_{CBO} 。I_{CBO} 是指发射极开路时，集电极和基极之间的电流。在一定温度下，I_{CBO} 数值很小，基本是一个常数。I_{CBO} 受温度的影响较大，温度升高 I_{CBO} 增加。一般小功率锗管的 I_{CBO} 约为几微安到几十微安，硅管的 I_{CBO} 要小得多，可达到纳安级，因此硅管的热稳定性比锗管好。

（2）集电极和发射极之间的穿透电流 I_{CEO} 。I_{CEO} 是指基极开路时，集电极流向发射极的电流。

$$I_{CEO} = (1+\beta) I_{CBO} \tag{8-5}$$

当温度升高时，I_{CBO} 增加，则 I_{CEO} 增加更快，对三极管的工作影响更大。因此 I_{CEO} 是衡量三极管质量好坏的重要参数，其值越小越好。

3．极限参数

（1）集电极最大允许电流 I_{CM} 。三极管的集电极电流 I_C 增大时，其 β 值将减小，由于 I_C 的增加使 β 值下降到正常值的 2/3 时的集电极电流，称为集电极最大允许电流 I_{CM} 。

（2）集电极最大允许耗散功率 P_{CM} 。P_{CM} 是三极管集电极上允许的最大功率损耗，如果集电极耗散功率 $P_C > P_{CM}$ 将烧坏三极管。对于功率较大的三极管，应加装散热器。集电极耗散功率为：

$$P_C = U_{CE} I_C \tag{8-6}$$

根据式（8-6）可求出临界 I_C 和 U_{CE} 的值，如图 8-27 所示。

（3）反向击穿电压 $U_{(BR)CEO}$ 。$U_{(BR)CEO}$ 是三极管基极开路时集电极和发射极之间的最大允许电压。若集电极和发射极之间的电压大于此值，三极管将被击穿而损坏。

三极管的主要应用分为两方面：一是工作在放大状态，作为放大器（在第 9 章将重点介绍）；二是工作在饱和与截止状态，在脉冲数字电路中作为三极管开关。实用中常通过测量 U_{CE} 值的大小来判断三极管的工作状态。

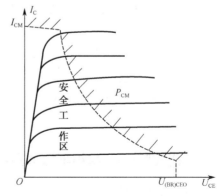

图 8-27　三极管输出特性极限区

实例 8-3　用万用表电压挡测量某放大电路中某个三极管各极对地的电位分别是：$U_1 = 2\,V$，$U_2 = 6\,V$，$U_3 = 2.7\,V$。试判断三极管各对应电极与三极管管型。

解　三极管能正常实现电流放大的电压关系是：NPN 型管 $U_C > U_B > U_E$，且硅管放大时

U_{BE} 约为 0.7 V，锗管 U_{BE} 约为 0.3 V，而 PNP 型管 $U_C<U_B<U_E$，且硅管放大时 U_{BE} 约为 -0.7 V，锗管 U_{BE} 约为-0.3 V，所以先找电位差绝对值为 0.7 V 或 0.3 V 的两个电极，若 $U_B>U_E$ 则为 NPN 型，$U_B<U_E$ 则为 PNP 型三极管。本例中，U_3 比 U_1 高 0.7 V，所以此管为 NPN 型硅管，U_1 端是发射极，U_2 端是集电极，U_3 端是基极。

实例 8-4 三极管作为开关的电路如图 8-28 所示，输入信号为幅值 $u_i=3$ V 的方波。

（1）若 $R_B=100$ kΩ，$R_C=5.1$ kΩ，验证三极管是否工作在开关状态？

（2）若 $R_B=100$ kΩ，$R_C=3$ kΩ，三极管又工作在什么状态？

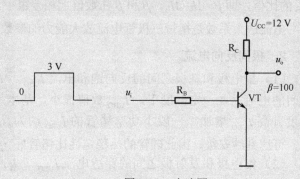

图 8-28　电路图

解　当 $u_i=0$ V 时，$U_B=U_E=0$，$I_B=0$，说明三极管工作在截止状态，所以 $I_C=0$，$u_o=U_{CC}=12$ V。

当 $u_i=3$ V 时，三极管处于导通状态，取 $U_{BE}=0.7$ V，则基极电流为：

$$I_B=\frac{u_i-U_{BE}}{R_B}=\frac{3-0.7}{100\times10^3}\text{ A}=23\,\mu\text{A}$$

假设三极管工作在放大区，则集电极电流为：

$$I_C=\beta I_B=100\times23\,\mu\text{A}=2.3\text{ mA}$$

（1）$R_C=5.1\,\text{k}\Omega$ 时，集电极与发射极间的电压为：

$$U_{CE}=U_{CC}-I_CR_C=12-2.3\times5.1=0.27\text{ V}$$

可见 $U_{CE}<U_{CES}$，三极管不是工作在放大状态而是饱和状态。说明 u_i 是幅值为 3 V 的方波时，三极管工作在开关状态。

（2）$R_C=3\,\text{k}\Omega$ 时，集电极与发射极间的电压为：

$$U_{CE}=U_{CC}-I_CR_C=12-2.3\times3=5.1\text{ V}$$

可见 $U_{CC}>U_{CE}>U_{CES}$，三极管工作在放大状态。说明 u_i 是幅值为 3 V 的方波时，三极管工作在截止和放大状态。

由计算可知，改变电阻 R_C 大小，可以改变三极管的工作状态。

技能训练 8　常用半导体器件性能的测试

1．训练目的

（1）熟悉二极管、三极管和场效应三极管半导体器件。

（2）掌握使用万用表判别二极管、三极管管脚及类型的方法。

2．实验仪器及器材

万用表、二极管、三极管、场效应管。

3．实验内容及步骤

1）二极管的简易测量

把二极管一端标记为 A，另一端标记为 B。选择万用表的欧姆挡 $R \times 100$ 或 $R \times 1k$ 挡，A 端接红表笔，B 端接黑表笔，测得电阻阻值为 R_{AB}；然后把黑表笔和红表笔对换，即 B 端接红表笔，A 端接黑表笔，测得电阻阻值为 R_{BA}。

若 R_{AB} 和 R_{BA} 中一个很大，一个很小，则说明二极管是好的，可以正常使用。若 $R_{AB} > R_{BA}$，则 A 端为二极管的正极，B 端为负极；若 $R_{AB} < R_{BA}$，则 A 端为二极管的负极，B 端为二极管的正极。

若两个阻值均接近于无穷大，则说明二极管内部断路；若都接近于零，说明二极管内部击穿。这两种情况下，二极管都已经损坏，不能使用。

若两个阻值相差不大，则说明二极管漏电严重，也不能使用。

将上述测量数据及判定结果填于表 8-2 中。

表 8-2 二极管的测试结果

	R_{AB}/Ω	R_{BA}/Ω	二极管好坏	正极端
二极管 1				
二极管 2				
二极管 3				

2）三极管的简易测量

（1）判别三极管的基极 B。选择万用表的欧姆挡 $R \times 100$ 或 $R \times 1k$ 挡，用黑表笔接触三极管某一管脚，用红表笔分别接触另外两个管脚，若两次测得的阻值相近，则黑表笔接触的就是三极管的基极 B。若测得阻值一高一低，则黑表笔接触的不是三极管的基极，需换管脚再测。

（2）判别三极管的管型。用万用表的黑表笔接触基极不动，红表笔分别接触其余两极，若两次测得均为高电阻值，则为 PNP 型三极管，若两次测得均为低电阻值，则为 NPN 型三极管。

（3）判别三极管的集电极 C 和发射极 E。

① 以 NPN 型三极管为例，在判别出 B 极的基础上，把剩余两管脚中的一个假设为 C 极，另一个假设为 E 极，用万用表的黑表笔接到假设的 C 极上，红表笔接到假设的 E 极上，并用手捏住 B 极和假设的 C 极，读出此时万用表上的阻值。

② 把 a 中假设的 C 极假设为 E 极，把 a 中假设的 E 极假设为 C 极，重复 a 的测量过程，又测得一个阻值。

③ 比较 a、b 两次所测的阻值，阻值小的一次假设是对的。

（4）三极管质量判别。将万用表的黑表笔接在三极管的 B 极，红表笔分别接 C 极和 E 极，此时测得的阻值记为 R_{BC} 和 R_{BE}，若为 NPN 型三极管则 R_{BC} 和 R_{BE} 都应较小，若为 PNP 型三极管则 R_{BC} 和 R_{BE} 都应较大；将红表笔接 B 极，黑表笔分别接 C 极和 E 极，此时测得的阻值记为 R_{CB} 和 R_{EB}，若为 NPN 型三极管则 R_{CB} 和 R_{EB} 都应该比较大，若为 PNP 型三极管则 R_{CB} 和 R_{EB} 都应较小。若 R_{BB} 和 R_{EB} 都很小或很大，则说明三极管的发射

结已坏；若 R_{BC} 和 R_{CB} 都很小或很大，则说明管子集电结已坏。结合测量数据填写表8-3。

表8-3　三极管的测试结果

	类型	R_{BC}/Ω	R_{BE}/Ω	R_{CB}/Ω	R_{CB}/Ω	三极管好坏
三极管1						
三极管2						
三极管3						

4．实验报告

完成实验报告。

知识梳理与总结

（1）半导体的导电性受外界条件的影响，特别是易受温度和光照的影响，利用这一特点可以制成许多器件，但这也给半导体器件工作的稳定带来影响。

（2）PN结具有单向导电性。PN结正偏时导通，正向电阻较小，正向电流较大；反偏时截止，反向电阻大，反向电流小，几乎为零。

（3）普通二极管也具有单向导电性，在电子技术中有着广泛的应用。

（4）在PN结中掺入一些特殊的原材料，就制成了不同用途的二极管。常用的特殊二极管有稳压二极管、发光二极管、光敏二极管、变容二极管等。

（5）三极管有三种工作状态，工作在放大区（处于放大状态），发射结必须正偏，集电结反偏，集电极电流与基极电流成正比关系，$i_C=\beta i_B$；工作在截止区，发射结零偏或反偏，集电结反偏，各个电极电流基本为零；工作在饱和区，发射结和集电结均正偏，i_C 随着 u_{CE} 变化而变化，却几乎不受 i_B 的控制。

注意： 三极管工作在截止区或饱和区，集电极电流与基极电流不成比例关系。

（6）由于二极管、三极管是半导体器件，是非线性器件。所以它们的伏安特性曲线常用特性曲线来表示。在使用这些器件时要参考它们的主要参数。

思考与练习题 8

1．填空题

（1）电子电路中常用的半导体器件有二极管、稳压管、双极型三极管和场效应管等。制造这些器材的主要材料是半导体，例如_____和_____等。

（2）半导体中存在两种载流子：_____和_____。

（3）纯净的半导体称为_____，它的导电能力很差。

（4）掺有少量其他元素的半导体称为杂质半导体。杂质半导体分为两种：_____型半导体——多数载流子是_____；_____型半导体——多数载流子是_____。当把P型半导体和N型半导体结合在一起时，在两者的交界处形成一个_____结，这是制造半导体器件的基础。

（5）三极管的共射输出特性可以划分为三个区：_____区、_____区和_____区。为了对输入信号进行线性放大，避免产生严重的非线性失真，应使三极管工作在_____区内。当三极管的静态工作点非常靠近_____区时容易产生截止失真，当三极管的静态工作点靠近_____区时容易产生饱和失真。

（6）半导体二极管就是利用一个_____加上外壳，引出两个电极而制成的。它的主要特点是具有_____性，在电路中可以起整流和检波等作用。半导体二极管工作在___区时，即使流过管子的电流变化很大，管子两端的电压变化也很小，利用这种特性可以做成_____。

2．分析与计算题

（1）如图 8-29 所示电路，已知 $u_i = 10\sin\omega t(\text{V})$ ，试求 u_i 与 u_o 的波形。设二极管正向导通电压可忽略不计。

（2）如图 8-30 所示电路，已知 $u_i = 5\sin\omega t(\text{V})$ ，二极管导通压降为 0.7 V。试画出 u_i 与 u_o 的波形，并标出幅值。

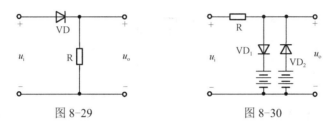

图 8-29   图 8-30

（3）写出图 8-31 所示电路的输出电压值，设二极管导通后电压降为 0.7 V。

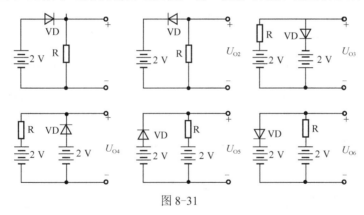

图 8-31

（4）图 8-32 所示电路中 $D_1 \sim D_3$ 为理想二极管，A、B、C 灯都相同，试问哪个灯最亮？

（5）现有两个稳压二极管，它们的稳定电压分别为 6 V 和 8 V，正向导通电压为 0.7 V。试问：将它们串联相接，可得到几种稳压值？各为多少？

（6）设硅稳压管 D_{z1} 和 D_{z2} 的稳定电压分别为 5 V 和 10 V，求图 8-33 所示中电路的输出电压 U_o（已知稳压管的正向压降为 0.7 V）。

（7）已知稳压二极管的稳定电压 $U_{VZ}=6$ V，稳定电流的最小值 $I_{VZmin}=5$ mA，最大功耗 $P_{VZmax}=150$ mW。试求图 8-34 所示电路中电阻 R 的取值范围。

（8）已知图 8-35 所示电路中稳压二极管的稳定电压 $U_{VZ}=6$ V，最小稳定电流 $I_{VZmin}=5$ mA，最大稳定电流 $I_{VZmax}=25$ mA。

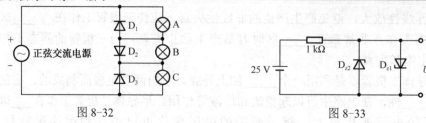

图 8-32

图 8-33

① 分别计算 U_1 为 10 V、15 V、35 V 三种情况下输出电压 U_O 的值；

② 若 $U_1=35$ V 时负载开路，则会出现什么现象？为什么？

（9）在图 8-36 所示电路中，发光二极管导通电压 $U_{VD}=1.5$ V，正向电流在 5～15 mA 时才能正常工作。

试问：① 开关 S 在什么位置时发光二极管才能发光？

② R 的取值范围是多少？

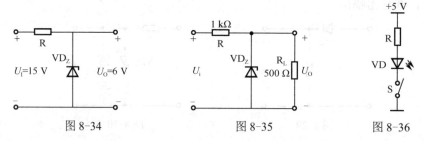

图 8-34

图 8-35

图 8-36

（10）如图 8-37 所示电路，三极管导通时 $U_{BE}=0.7$ V，$\beta=50$。试分析 U_{BB} 为 0 V、1 V、1.5 V 三种情况下 VT 的工作状态及输出电压 u_o 的值。

（11）如图 8-38 所示电路，试问 β 大于多少时三极管饱和？

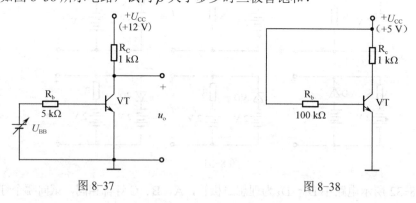

图 8-37

图 8-38

（12）分别判断图 8-39 所示各电路中三极管是否有可能工作在放大状态。

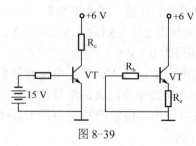

图 8-39

（13）在晶体管放大电路中测得三个晶体管的各个电极的电位如图 8-40 所示。试判断各晶体管的类型（是 PNP 管还是 NPN 管，是硅管还是锗管），并区分 e、b、c 三个电极。

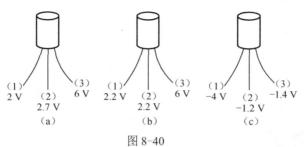

图 8-40

第 *9* 章

基本放大电路

教	知识重点	CE、CC 放大电路的工作原理； CE、CC 放大电路静态工作的估算； CE、CC 放大电路的性能指标估算； 静态工作点、温度对放大电路的影响
	知识难点	用微变等效方法估算 CE、CC 放大电路的性能指标
	推荐教学方式	结合实际应用电路、软件仿真、实验讲授
	建议学时	14（理论 10+实践 4）
学	学习目标	掌握基本 CE、CC 放大电路的工作原理； 学会分析电路的直流通路和交流通路； 学会 CE、CC 放大电路静态工作的估算方法； 学会用微变等效方法估算 CE、CC 放大电路的性能指标； 理解静态工作点、温度对基本放大电路的影响
	学习技能	掌握常用电子仪器及模拟电路实验设备的使用； 掌握晶体管放大电路动态性能指标的测试方法； 掌握放大器静态工作点的调试方法

在科研和生产中，往往要对一些微弱的电信号（电压、电流或功率）进行放大，以便有效地进行观察、测量、调节或者控制。例如，微弱的音频信号，只有通过用三极管或者运算放大器组成的放大电路放大后，才能推动扬声器正常工作；又如，在温度测控系统中测得的微弱电信号，不能直接用来驱动显示器件显示温度的变化情况，也不能直接推动控制元件接通或切断加热电路，要想达到需要的中间变化电路，方法之一就是用三极管构成放大电路进行放大。可见放大电路的应用非常广泛，它是各种电子设备中最重要、最基本的单元电路。

9.1　放大电路的主要性能指标与符号规定

放大电路又称为放大器，所谓"放大"就是将输入的微弱信号（变化的电压、电流等）放大到所需要的幅度值并与原输入信号变化规律一致，即进行不失真的放大。放大电路的本质是能量的控制和转换。放大电路框图如图 9-1 所示。

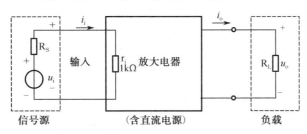

图 9-1　放大电路框图

9.1.1　放大电路的主要性能指标

放大电路的性能指标是衡量它的品质优劣的标准，并决定其适用范围。主要性能指标有放大倍数、输入电阻、输出电阻、最大输出幅值、通频带、最大输出功率等，本节主要介绍前三种性能指标。

1. 放大倍数

放大倍数是衡量放大电路放大能力的重要性能指标，常用 A 表示。放大倍数可分为电压放大倍数、电流放大倍数等。

1）电压放大倍数

电压放大倍数指放大电路输出电压的变化量与输入电压的变化量之比，用 A_u 表示，即：

$$A_u = u_o / u_i \tag{9-1}$$

在某些情况下还要用到源电压放大倍数 A_{u_S}，其定义为：

$$A_{u_S} = u_o / u_i \tag{9-2}$$

式（9-2）中，u_S 为信号源电压。

2）电流放大倍数

电流放大倍数指放大电路输出电流与输入电流的变化量之比，用 A_i 表示，即：

$$A_i = i_o / i_i \tag{9-3}$$

工程上常用对数来表示放大倍数，称为增益 G，单位为分贝（dB），常用的有：

$$G_u = 20\lg|A_u| \tag{9-4}$$

$$G_i = 20\lg|A_i| \tag{9-5}$$

2．输入电阻

输入电阻就是从放大电路输入端看进去的交流等效电阻，用 r_i 表示。在数值上等于输入电压 u_i 与输入电流 i_i 之比，即：

$$r_i = \frac{u_o}{i_i} \tag{9-6}$$

R_i 相当于信号源的负载，R_i 越大，信号源的电压便更多地传输到放大电路的输入端。在电压放大电路中，希望 R_i 大一些。

3．输出电阻

输出电阻就是从放大电路输出端（不包括 R_L）看进去的交流等效电阻，用 r_o 表示。r_o 的求法如图 9-2 所示，即先将信号源 u_S 短路，保留内阻 R_S，将 R_L 开路，在输出端加一交流电压 u_o，产生电流 i_o，输出电阻等于 u_o 与 i_o 之比，即：

$$r_o = \frac{u_o}{i_o}\bigg|_{u_S=0, R_L\to\infty} \tag{9-7}$$

图 9-2　输出电阻的求法

r_o 越小，则电压放大电路带负载能力越强，且负载变化时，对放大电路影响也小，所以 r_o 越小越好。

9.1.2　放大电路中的符号规定

1．直流分量

图 9-3（a）所示波形为直流分量，用大写字母和大写下标表示，比如 I_B 表示基极的直流电流。

2．交流分量

图 9-3（b）所示波形为交流分量，用小写字母和小写下标表示，比如 i_b 表示基极交流电流。

3．总变化量

图 9-3（c）所示波形是直流分量与交流分量之和，交流量叠加在直流量上，用小写字母和大写下标表示，比如 $i_B = I_B + i_b$，这表示的是基极的总电流。

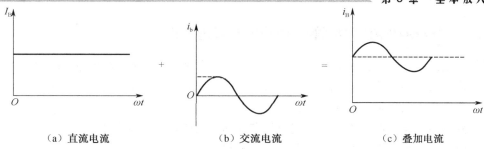

(a) 直流电流　　　　　　　(b) 交流电流　　　　　　　(c) 叠加电流

图 9-3　放大电路电流波形图

9.2　共发射极放大电路的工作原理

作为放大电路中的三极管有三个电极，一个电极作为交流信号的输入端、一个电极作为交流信号的输出端，剩下的电极作为电路的公共端。由于公共端选择不同，三极管就有三种电路组态，即共发射极电路、共集电极电路和共基极电路。在实际应用中，三种电路各有特点，应用场合不同。

9.2.1　共发射极放大电路组成及各元件的作用

1. 组成

基本共发射极放大电路（又称 CE 放大电路）如图 9-4 所示，主要由三极管 VT，基极偏置电阻 R_B、集电极负载电阻、耦合电容 C_1 和 C_2 及直流电源等组成。

2. 各元件的主要作用

三极管 VT：是放大电路的核心元件。利用三极管在放大区的电流控制作用，即 $i_c = \beta i_b$ 的电流放大作用，将微弱的电信号进行放大。

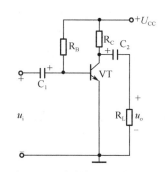

图 9-4　共发射极基本放大电路

集电极电源 U_{CC}：它除了为输出信号提供能量外，还为集电结和发射结提供偏置，以使三极管起到放大作用。U_{CC} 一般为几伏到几十伏。

集电极负载电阻 R_C：它的主要作用是将已经放大的集电极电流的变化变换为电压的变化，以实现电压放大。R_C 阻值一般为几千欧到几十千欧。

基极偏置电阻 R_B：它的作用是使发射结处于正向偏置，串联 R_B 是为了控制基极电流 i_B 的大小，使放大电路获得较合适的工作点。R_B 阻值一般为几十千欧。

耦合电容 C_1 和 C_2：它们分别接在放大电路的输入端和输出端。利用电容器"通交隔直"这一特性，一方面隔断放大电路的输入端与信号源、输出端与负载之间的直流通路，保证放大电路的静态工作点不因输出、输入的连接而发生变化；另一方面又要保证交流信号畅通无阻地经过放大电路，沟通信号源、放大电路和负载三者之间的交流通路。在信号频率范围内，认为容抗近似为零。所以分析电路时，在直流通路中电容视为开路，在交流通路中电容视为短路。C_1、C_2 一般为十几微法到几十微法的有极性的电解电容。

9.2.2 共发射极放大电路的工作原理及波形分析

在放大电路中，未加输入信号（$u_i=0$）时，电路的状态为直流工作状态，简称静态。静态时，三极管具有固定的 I_B、U_{BE} 和 I_C、U_{CE}，它们分别确定输入和输出特性曲线上的一个点，称为静态工作点，常用 Q 来表示。

当正弦信号 u_i 输入时，电路处于交流状态或动态工作状态，简称动态。

基极电流 i_B：设输入信号 u_i 为正弦信号，通过耦合电容 C_1 加到三极管的基-射极，产生电流 i_b，因而基极电流为 $i_B=I_B+i_b$，如图 9-5（c）所示。

集电极电流 i_C：集电极电流受基极电流的控制，$i_C=I_C+i_c=\beta（I_B+i_b）$，如图 9-5（d）所示。

集电极-发射极的管压降 u_{CE}：电阻 R_C 上的压降为 $i_C R_C$，它随 i_C 成比例地变化。而集-射极的管压降 $u_{CE}=U_{CC}-i_C R_C=U_{CC}-（I_C+i_c）R_C=U_{CE}-i_c R_C$，它却随 $i_C R_C$ 的增大而减小，如图 9-5（e）所示。

输出电压 u_o：耦合电容 C_2 阻隔直流分量 U_{CE}，将交流分量 $u_{ce}=-i_c R_C$ 送至输出端，这就是放大后的信号电压 $u_o=u_{ce}=-i_c R_C$，其中 u_o 为负，说明与输入信号电压 u_i 反相，如图 9-5（f）所示。

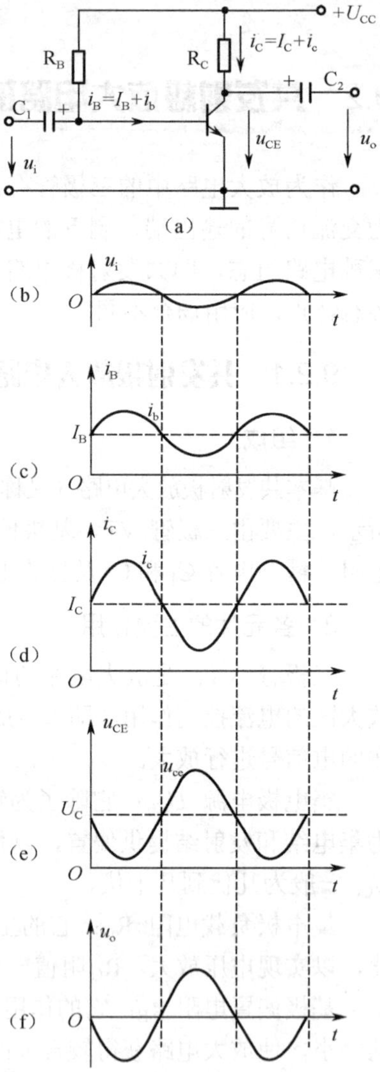

综上所述，可归纳为以下几点。

（1）无输入信号时，三极管的电压、电流都是直流分量。有输入信号后，i_B、i_C、U_{CE} 都在原来静态值的基础上叠加了一个交流分量。虽然 i_B、i_C、u_{CE} 的瞬时值是变化的，但它们的方向始终不变，即均是脉动直流量。

（2）输出 u_o 与输入 u_i 频率相同，且幅度 u_o 比 u_i 大的多，从而达到电压放大的目的。

（3）电流 i_b、i_c 与输入 u_i 同相，输出电压 u_o 与输入 u_i 反相，即共发射极放大电路具有"倒相"作用。

9.2.3 放大电路组成的原则

放大电路组成的原则如下：

（1）有直流电源，而且电源的设置应保证三极管工作在线性放大状态；

（2）元器件的安排要能保证信号有传输通路，即保证信号能够从放大电路的输入端输入，经过放大电路放大后从输出端输出；

（3）元器件参数的选择要保证信号能不失真地放大，并满足放大电路的性能指标要求。

图 9-5　放大电路中电压、电流的波形分析图

9.3 放大电路的分析

放大电路的工作状态分为交流状态和直流状态，分别称为"动态"和"静态"。静态确定静态工作点，动态主要研究放大电路的性能指标。分析电路的步骤是先静态、后动态。常用的分析方法有估算计算法、图解法和微变等效电路法。本节以共发射极放大电路为例来分析放大电路的分析方法。

9.3.1 静态分析

放大电路 $u_i=0$ 时称为静态。静态分析就是确定静态值，即直流电量，由电路中的 I_B、I_C 和 U_{CE} 一组数据来表示。这组数据是三极管输入、输出特性曲线上的某个工作点，习惯上称静态工作点，用点 Q（I_{BQ}、I_{CQ}、U_{CEQ}）表示。

在图 9-6（a）中，u_S 为信号源，R_S 为信号源内阻，R_L 为放大电路的负载电阻。

1. 直流通路

电路在输入信号为零时（$u_i=0$）所形成的电流通路，称为直流通路。由放大电路确定直流通路，关键是处理好信号源、电容、电感等电抗元件，同时应遵循如下原则：

（1）电容视为开路；

（2）电感线圈视为短路

（3）信号源视为短路，但应保留其内阻。

根据上述原则，共发射极放大电路的直流通路如图 9-6（b）所示。

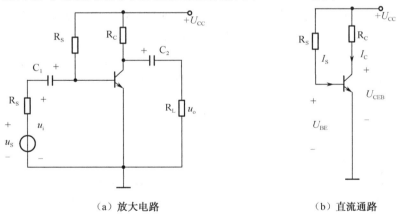

（a）放大电路 　　　　（b）直流通路

图 9-6　共发射极放大电路及其直流通路

2. 由估算法确定静态工作点 Q

共发射极放大电路的直流通路如图 9-6（b）所示，由电路可得：

$$\left. \begin{array}{l} I_{BQ} = \dfrac{U_{CC} - U_{BE}}{R_B} \approx \dfrac{U_{CC}}{R_B} \\[2mm] I_{CQ} = \beta I_{BQ} \\[2mm] U_{CEQ} = U_{CC} - I_{CQ}R_C \end{array} \right\} \tag{9-8}$$

电路与电子技术（第2版）

用式（9-8）可以近似估算此放大电路的静态工作点。三极管导通后，硅管导通电压 U_{BE} 在 $0.6\sim0.7$ V 之间（锗管 U_{BE} 在 $0.2\sim0.3$ V 之间）。而当 U_{CC} 较大时，U_{BE} 可以忽略不计。

实例 9-1 图 9-6（b）所示电路中，$U_{CC}=12$ V，$R_C=3.9$ kΩ，$R_B=300$ kΩ，三极管为 3DG100，$\beta=40$，试求：①放大电路的静态工作点；②如果偏置电阻 R_B 由 300 kΩ 改为 100 kΩ，三极管工作状态有何变化？求静态工作点。

解 （1）$I_{BQ}=(U_{CE}-U_{BEQ})/R_B \approx U_{CC}/R_B=40$ μA

$\qquad I_{CQ}=\beta I_{BQ}=1.6$ mA

$\qquad U_{CEQ}=U_{CC}-I_{CQ}R_C=5.76$ V

（2）$I_{BQ} \approx U_{CC}/R_B=12/100$ mA$=0.12$ mA$=120$ μA

$\qquad I_{CQ} \approx \beta I_{BQ}=4800$ μA$=4.8$ mA

$\qquad U_{CEQ}=U_{CC}-I_{CQ}R_C=12-4.8\times3.9=-6.72$ V

表明三极管工作在饱和区，$I_{CQ}=I_{CS} \approx U_{CC}/R_C=12/3.9$ mA ≈ 3 mA。

3. 由图解法求静态工作点 Q

（1）用输入特性曲线确定 I_{BQ} 和 U_{BEQ}。根据图 9-6（b）所示电路，可列出输入回路电压方程：

$$U_{CC} = I_B R_B + U_{BE} \tag{9-9}$$

同时 U_{BE} 和 I_B 还符合三极管输入特性曲线所描述的关系，输入特性曲线用函数式表示为：

$$I_B = f(U_{BE})\big|_{U_{CE}=常数} \tag{9-10}$$

用作图的方法在输入特性曲线所在的 U_{BE}-I_B 平面上作出式（9-9）对应的直线，那么求得两线的交点就是静态工作点 Q，如图 9-7（a）所示，Q 点的坐标就是基极电流 I_{BQ} 和发射结电压 U_{BEQ}。

（2）用输出特性曲线确定 I_{CQ} 和 U_{CEQ}。由图 9-6（b）所示电路及三极管的输出特性曲线可以写出下面两式：

$$U_{CC} = I_C R_C + U_{CE} \tag{9-11}$$

$$I_C = f(U_{CE})\big|_{I_B=常数} \tag{9-12}$$

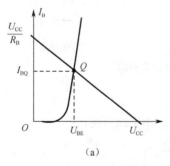

（a）

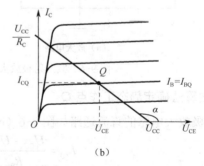

（b）

图 9-7 图解法求静态工作点

三极管的输出特性可由已选定的型号在手册上查找，或从图示仪上描绘，而式（9-11）为

一直线方程，其斜率为 $\tan\alpha=-1/R_C$，在横轴的截距为 U_{CC}，在纵轴的截距为 U_{CC}/R_C。这一直线很容易在图 9-7（b）上作出。因为它是直流通路得出的，且与集电极负载电阻有关，故称之为直流负载线。由于已确定了 I_{BQ} 的值，因此直流负载线与 $I_B=I_{BQ}$ 所对应的那条输出特性曲线的交点就是静态工作点 Q。如图 9-7（b）所示，Q 点的坐标就是三极管的集电极电流 I_{CQ} 和集电极-发射极间电压 U_{CEQ}。

由图 9-7 可知，基极电流的大小影响静态工作点的位置。若 I_{BQ} 偏低，则静态工作点 Q 靠近截止区；若 I_{BQ} 偏高则 Q 靠近饱和区。因此，在已确定直流电源 U_{CC} 集电极电阻 R_C 的情况下，静态工作点设置得合适与否取决于 I_B 的大小，调节基极电阻 R_B，改变电流 I_B，可以调整静态工作点。

9.3.2　动态分析

动态是指放大电路有输入信号输入，即 $u_i \neq 0$。放大电路的动态分析，就是要对放大电路中信号的传输过程、放大电路的性能指标等进行分析讨论。放大电路的动态分析方法，主要采用图解法和微变等效电路法两种基本分析方法。

1．交流通路

交流通路是指交流信号所流经的通路。放大电路的直流通路确定静态工作点，交流通路则反映了信号的传输过程并通过它可以分析计算放大电路的性能指标。由放大电路确定其交流通路应遵循如下原则：

（1）信号频率较高时，将容量较大的电容视为短路，将电感视为开路；

（2）将直流电源（设内阻为零）视为短路，其他不变。

画出图 9-6 所示电路的交流通路，如图 9-8 所示。

2．微变等效电路法

（1）三极管的微变等效电路。所谓三极管的微变等效电路，是指三极管在小信号（微变量）的情况下工作在特性曲线直线段时，将三极管（非线性元件）用一个线性电路代替。

由图 9-9（a）所示的三极管输入特性曲线可知，在小信号作用下的静态工作点 Q 邻近的 $Q_1\sim Q_2$ 工作范围内的曲线可视为直线，其斜率不变。两变量的比值称为三极管的输入电阻，即：

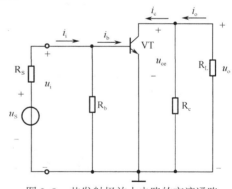

图 9-8　共发射极放大电路的交流通路

$$r_{be} = \frac{\Delta U_{BE}}{\Delta I_B}\bigg|_{U_{CE}=\text{常数}} = \frac{u_{be}}{i_b} \tag{9-13}$$

式（9-13）表明，三极管的输入回路可用其输入电阻 r_{be} 来等效代替，其等效电路见图 9-10（b），工程中低频小信号下的 r_{be} 可用下式估算：

$$r_{be} = 300 + (1+\beta)\frac{26\text{mV}}{I_{EQ}(\text{mA})} \tag{9-14}$$

小信号低频下工作时的三极管的 r_{be} 一般为几百到几千欧。

由图 9-9（b）所示的三极管输出特性曲线可知，在小信号作用下的静态工作点 Q 邻近的 $Q_1 \sim Q_2$ 工作范围内，放大区的曲线是一组近似等距的水平线，它反映了集电极电流 I_C 只受基极电流 I_B 控制而与三极管两端电压 U_{CE} 基本无关，因而三极管的输出回路可等效为一个受控的恒流源，即：

$$\Delta I_C = \Delta \beta I_B \quad \text{及} \quad i_c = \beta i_b \tag{9-15}$$

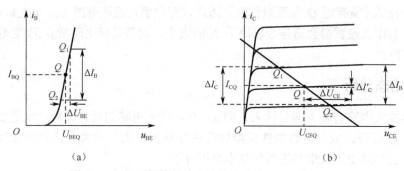

(a) (b)

图 9-9 根据三极管的输出特性曲线求 r_{be}、β 和 r_{ce}

综上可得到三极管的微变等效电路，如图 9-10（b）所示。该微变等效电路不仅适用于 NPN 型三极管，也适用于 PNP 型三极管。

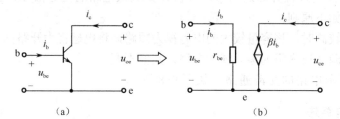

(a) (b)

图 9-10 三极管微变等效电路

（2）用微变等效电路法分析基本放大电路。图 9-11（a）所示的交流通路中，三极管用微变等效电路来取代，可得共射放大电路的微变等效电路，如图 9-11（b）所示。

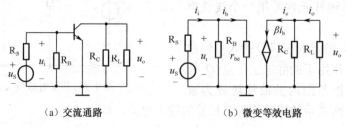

(a) 交流通路 (b) 微变等效电路

图 9-11 共发射极放大电路的交流通路及微变等效电路

3. 动态性能指标的计算

1）电压放大倍数 A_u

由图 9-11（b）可列出：

$$u_o = -\beta i_b \cdot (R_C // R_L)$$
$$u_i = i_b r_{be}$$

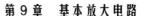
$$A_u = \frac{u_o}{u_i} = \frac{-\beta i_b(R_C /\!/ R_L)}{i_b r_{be}} = -\beta \frac{R'_L}{r_{be}} \tag{9-16}$$

其中，$R'_L = R_C /\!/ R_L$，A_u 反映了输出电压与输入电压之间大小和相位的关系。式（9-16）中的负号表示输出电压与输入电压的相位反相。

当放大电路输出端开路时（未接负载电阻 R_L），可得空载时的电压放大倍数（A_{u_o}）：

$$A_{u_o} = -\beta \frac{R_C}{r_{be}} \tag{9-17}$$

比较式（9-16）和式（9-17）可得出：放大电路接有负载电阻 R_L 时的电压放大倍数比空载时降低了。R_L 越小，电压放大倍数越低。一般共射放大电路为提高电压放大倍数，总希望负载电阻 R_L 大一些。

源电压放大倍数（A_{u_S}）为：

$$A_{u_S} = \frac{u_o}{u_S} = \frac{u_o}{u_i} \cdot \frac{u_i}{u_S} = A_u \cdot \frac{r_i}{R_S + r_i} \approx \frac{-\beta R'_L}{R_S + r_{be}} \tag{9-18}$$

式（9-18）中 $r_i = R_B /\!/ r_{be} \approx r_{be}$（通常 $R_B \gg r_{be}$）。可见 R_S 越大，电压放大倍数越低。一般共射放大电路为提高电压放大倍数，总希望信号源内阻 R_S 小一些。

2）放大电路的输入电阻 r_i

输入电阻 r_i 也是放大电路的一个主要的性能指标。放大电路是信号源（或前一级放大电路）的负载，其输入端的等效电阻就是信号源（或前一级放大电路）的负载电阻，也就是放大电路的输入电阻 r_i。

由图 9-11（b）可知：

$$i_i = \frac{u_i}{R_B} + \frac{u_i}{r_{be}}$$

则：

$$r_i = \frac{u_i}{i_i} = R_B /\!/ r_{be} \approx r_{be} \tag{9-19}$$

一般输入电阻越大越好。原因是：第一，较小的 r_i 从信号源取用较大的电流而增加信号源的负担；第二，电压信号源内阻 R_S 和放大电路的输入电阻 r_i 分压后，r_i 上得到的电压才是放大电路的输入电压 u_i［如图 9-11（b）所示］，r_i 越小，相同的 u_S 使放大电路的有效输入 u_i 就越减小，那么放大后的输出也就小；第三，若与前级放大电路相连，则本级的 r_i 就是前级的负载电阻 R_L，若 r_i 较小，则前级放大电路的电压放大倍数也就越小。总之，要求放大电路要有较高的输入电阻。

3）输出电阻 r_o

放大电路的输出电阻 r_o，即从放大电路输出端看进去的戴维宁等效电路的等效内阻，实际中我们采用如下方法计算输出电阻：将输入信号源短路，但保留信号源内阻，在输出端加一信号 u'_o，以产生一个电流 i'_o，则放大电路的输出电阻为：

$$r_o = \frac{u'_o}{i'_o}\bigg|_{u_S=0} \tag{9-20}$$

输入信号 $u_S = 0$ 时，$i_b = 0$，$\beta i_b = 0$，受控源相当于开路，所以：

$$r_o \approx R_C \tag{9-21}$$

计算输出电阻的另一种方法是，假设放大电路负载开路（空载）时输出电压为 u_{oc}，接上负载后输出端电压为 u_o，则：

$$u_o = \frac{R_L}{r_o + R_L} u_{oc}$$

则：

$$r_o = \left(\frac{u_{oc}}{u_o} - 1\right) R_L \tag{9-22}$$

由此可见，输出电阻越小，负载得到的输出电压越接近于输出信号，或者说输出电阻越小，负载大小变化对输出电压的影响越小，带载能力就越强。

一般输出电阻越小越好。原因是：第一，放大电路对后一级放大电路来说，相当于信号源的内阻，若 r_o 较大，则使后一级放大电路的有效输入信号降低，使后一级放大电路的 A_{u_s} 降低；第二，放大电路的负载发生变动，若 r_o 较大，必然引起放大电路输出电压有较大的变动，即放大电路带负载能力较差。总之，希望放大电路的输出电阻 r_o 越小越好。

实例 9-2　图 9-12（a）所示的共发射极放大电路，已知 $U_{CC}=12$ V，$R_B=300$ kΩ，$R_C=4$ kΩ，$R_L=4$ kΩ，$R_S=100$ Ω，三极管的 $\beta=40$。求：①估算静态工作点；②计算电压放大倍数；③计算输入电阻和输出电阻。

解　（1）静态工作点的估算。直流通路如图 9-12（b）所示，由直流通路得：

$$I_{BQ} \approx \frac{U_{CC}}{R_B} = \frac{12}{300} = 40 \text{ μA}$$

$$I_{CQ} = \beta I_{BQ} = 40 \times 40 = 1.6 \text{ mA}$$

$$U_{CEQ} = U_{CC} - I_{CQ} R_C = 12 - 1.6 \times 4 = 5.6 \text{ V}$$

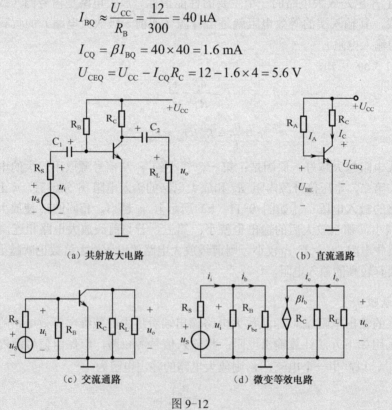

（a）共射放大电路　　　　　　　　　　（b）直流通路

（c）交流通路　　　　　　　　（d）微变等效电路

图 9-12

（2）计算电压放大倍数。先画出如图 9-12（c）所示的交流通路，然后画如图 9-12（d）

所示的微变等效电路，可得：

$$r'_{be} = 300 + (1+\beta)\frac{26}{I_E} = 300 + 41 \times \frac{26}{1.6} = 0.966 \text{ k}\Omega$$

$$u_o = -\beta i_b \cdot (R_C /\!/ R_L)$$

$$u_i = i_b r_{be}$$

$$A_u = \frac{u_o}{u_i} = \frac{-\beta i_b \cdot (R_C /\!/ R_L)}{i_b r_{be}} = -40 \times \frac{2}{0.966} = -82.8$$

（3）计算输入电阻和输出电阻：

$$r_i = \frac{u_i}{i_i} = R_B /\!/ r_{be} \approx 0.966 \text{ k}\Omega \ , \quad r_o = R_C = 4 \text{ k}\Omega$$

9.4　放大电路静态工作点的稳定与设置

静态工作点不但决定了电路的工作状态，而且还影响着电压放大倍数、输入电阻等动态参数。实际上电源电压的波动、元件的老化及因温度变化所引起三极管参数的变化，都会造成静态工作点的不稳定，从而使动态参数不稳定，有时电路甚至无法正常工作。在引起 Q 点不稳定的诸多因素中，温度对三极管参数的影响最为主要。

9.4.1　温度对静态工作点的影响

1. 温度升高使反向饱和电流 I_{CBO} 增大

I_{CBO} 是集电区和基区的少子在集电结反向电压的作用下形成的电流，对温度十分敏感，温度每升高 10 ℃时，I_{CBO} 约增大 1 倍。

由于穿透电流 $I_{CEO}=(1+\beta)I_{CBO}$，故 I_{CEO} 上升更显著。I_{CEO} 的增加，表现为共射输出特性曲线族向上平移。

2. 温度升高使电流放大系数 β 增大

温度升高会使 β 增大。实验表明，温度每升高 1 ℃，β 增大 0.5%～1.0%。β 的增大反映在输出特性曲线上，各条曲线的间隔增大。

3. 温度升高使发射结电压 U_{BE} 减小

当温度升高时，发射结导通电压将减小。温度每升高 1 ℃，U_{BE} 约减小 2.5 mV。

对于共射基本电路，其基极电流 $I_B=(U_{CC}-|U_{BE}|)/R_B$ 将增大。考虑到 $I_C=\beta I_B+I_{CEO}$。当温度升高时，三极管的集电极电流 I_C 将迅速增大，工作点向上移动。当环境温度发生变化时，共射基本电路工作点将发生变化，严重时会使电路不能正常工作。

9.4.2　典型的静态工作点稳定电路

1. 稳定原理

典型的工作点稳定电路如图 9-13（a）所示，其偏置电路由电阻 R_{B1}、R_{B2}（称为分压电阻）和发射极电阻 R_E 组成，故称为分压式偏置共射放大电路。

首先利用 R_{B1}、R_{B2} 的分压为基极提供一个固定电压［要求：$I_{B1}\square I_B$（5 倍以上）］，则认为 I_B 不影响 U_B，基极电压为：

$$U_{BQ} = \frac{R_{B2}}{R_{B1} + R_{B2}} U_{CC} \tag{9-23}$$

式（9-23）表明，基极电压几乎仅决定于电阻 R_{B1} 与 R_{B2} 对电源 U_{CC} 的分压，与环境温度无关，即当温度变化时，U_{BQ} 基本不变。

其次在发射极串接一个电阻 R_E，使得温度 $T\uparrow \to I_C\uparrow \to I_E\uparrow \to V_E\uparrow \to U_{BE}\downarrow \to I_B\downarrow \to I_C\downarrow$。

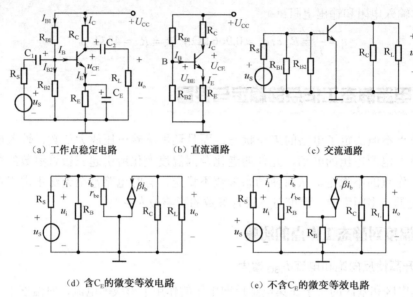

（a）工作点稳定电路　　　（b）直流通路　　　（c）交流通路

（d）含 C_E 的微变等效电路　　　（e）不含 C_E 的微变等效电路

图 9-13　典型的静态工作点稳定电路

当温度升高使 I_C 增加时，电阻 R_E 上的压降 $I_E R_E$ 增加，即发射极电位 V_E 升高，而基极电位 V_B 固定，所以净输入电压 $U_{BE}=V_B-V_E$ 减小，从而使输入电流 I_B 减小，最终导致集电极电流 I_C 也减小，这样在温度变化时静态工作点便得到了稳定，这个过程可简单表述为：

$$T\uparrow \to I_C\uparrow \to I_E\uparrow \to V_E\uparrow \to U_{BE}\downarrow \to I_B\downarrow \to I_C\downarrow$$

但是由于 R_E 的存在使得输入电压 u_i 不能全部加在 B、E 两端，使 u_o 减小，造成了 A_u 的减小，为了克服这一不足，在 R_E 两端再并联一个旁路电容 C_E，使得对于直流 C_E 相当于开路，仍能稳定工作点，而对于交流信号，C_E 相当于短路，这使输入信号不受损失，电路的放大倍数不至于因为稳定了工作点而下降。一般旁路电容 C_E 取几十微法到几百微法。图中 R_E 越大，稳定性越好。但过大的 R_E 会使 U_{CE} 下降，影响输出 u_o 的幅度，通常小信号放大电路中 R_E 取几百欧到几千欧。

2. 静态工作点分析

图 9-13（b）为放大电路的直流通路，由直流通路得：

$$U_B = \frac{R_{B2}}{R_{B1} + R_{B2}} U_{CC}$$

$$I_C \approx I_E = \frac{V_B - U_{BE}}{R_E} \approx \frac{V_E}{R_E}$$

$$U_{CE} = U_{CC} - I_C R_C - I_E R_E \approx U_{CC} - I_C (R_C + R_E) \tag{9-24}$$

3．动态分析

1）有旁路电容 C_E

放大电路的微变等效电路如图 9-13（d）所示，电路中的电容对于交流信号可视为短路，R_E 被 C_E 交流旁路掉了，$R_B = R_{B1} // R_{B2}$，分析如下。

电压放大倍数：

$$u_o = -\beta i_b R'_L$$
$$R'_L = R_C // R_L$$
$$u_i = i_b r_{be} \tag{9-25}$$
$$A_u = \frac{u_o}{u_i} = \frac{-\beta i_b R'_L}{i_b r_{be}} = \frac{-\beta R'_L}{r_{be}}$$

输入电阻：

$$r_i = \frac{u_i}{i_i} = \frac{u_i}{\dfrac{u_i}{R_{B1}} + \dfrac{u_i}{R_{B2}} + \dfrac{u_i}{r_{be}}} \tag{9-26}$$
$$r_i = R_B // r_{be} = R_{B1} // R_{B2} // r_{be} \approx r_{be}$$

输出电阻：

$$r_o = R_C$$

2）无旁路电容 C_E

对于交流信号而言，R_E 未被 C_E 交流旁路掉，其等效电路如图 9-13（e）所示，图中 $R_B = R_{B1} // R_{B2}$，分析如下。

电压放大倍数：

$$u_o = -\beta i_b R'_L$$
$$R'_L = R_C // R_L$$
$$u_i = i_b r_{be} + (1+\beta) i_b R_E$$
$$A_u = \frac{u_o}{u_i} = \frac{-\beta i_b R'_L}{i_b r_{be} + (1+\beta) i_b R_E} = \frac{-\beta R'_L}{r_{be} + (1+\beta) R_E} \tag{9-27}$$

输入电阻：

$$u_i = i_b r_{be} + (1+\beta) i_b R_E$$
$$r_i = \frac{u_i}{i_i} = \frac{u_i}{\dfrac{u_i}{R_B} + \dfrac{u_i}{r_{be} + (1+\beta)R_E}} = \frac{u_i}{\dfrac{u_i}{R_{B2}} + \dfrac{u_i}{R_{B2}} + \dfrac{u_i}{r_{be} + (1+\beta)R_E}} \tag{9-28}$$
$$r_i = R_{B1} // R_{B2} // [r_{be} + (1+\beta)R_E]$$

输出电阻：

$$r_o = R_C$$

实例 9-3　在图 9-13 所示的放大电路中，已知 U_{CC}=24 V，R_{B1}=33 kΩ，R_{B2}=10 kΩ，R_C=3.3 kΩ，R_E =1.5 kΩ，R_L=5.1 kΩ，三极管的 β=66，设 R_S=0。求：（1）估算静态工作点；（2）画微变等效电路；（3）计算电压放大倍数；（4）计算输入、输出电阻；（5）当 R_E 两端

未并联旁路电容时，画其微变等效电路，计算电压放大倍数及输入、输出电阻。

解 （1）估算静态工作点：

$$U_{BE} = 0.7 \text{ V}$$

$$V_B = \frac{R_{B2}}{R_{B1} + R_{B2}} U_{CC} = \frac{10}{33 + 10} \times 24 = 5.6 \text{ V}$$

$$I_C \approx I_E = \frac{V_B - U_{BE}}{R_E} \approx \frac{V_B}{R_E} = \frac{5.6}{1.5} = 3.8 \text{ mA}$$

$$U_{CE} \approx U_{CC} - I_C(R_C + R_E) = 24 - 3.8 \times (3.3 + 1.5) = 5.76 \text{ V}$$

（2）画微变等效电路，如图 9-13（d）所示。

（3）计算电压放大倍数。由微变等效电路得：

$$A_u = \frac{u_o}{u_i} = \frac{-\beta(R_L // R_C)}{r_{be}} = \frac{-66 \times (5.1 // 3.3)}{300 + (1 + 66)\dfrac{26}{3.8}} = -174$$

（4）计算输入、输出电阻：

$$r_{be} = 300 + (1 + 66) \times \frac{26}{3.8} = 0.758 \text{ k}\Omega$$

$$r_i = R_{B1} // R_{B2} // r_{be} = 33 // 10 // 0.758 = 0.69 \text{ k}\Omega$$

$$r_o = R_C = 3.3 \text{ k}\Omega$$

（5）当 R_E 两端未并联旁路电容时，其微变等效电路如图 9-13（e）所示。

电压放大倍数：

$$A_u = \frac{u_o}{u_i} = \frac{-\beta(R_L // R_C)}{r_{be} + (1 + \beta)R_E} = \frac{-66 \times (5.1 // 3.3)}{0.758 + (1 + 66) \times 1.5} = -1.3$$

输入、输出电阻：

$$r_i = R_{B1} // R_{B2} // [r_{be} + (1 + \beta)R_E] = 33 // 10 // [0.758 + (1 + 66) \times 1.5] = 7.66 \text{ k}\Omega$$

$$r_o = R_C = 3.3 \text{ k}\Omega$$

从计算结果可知，去掉旁路电容后，电压放大倍数大大降低，输入电阻提高。这是因为电路引入了串联负反馈，负反馈内容将在第 10 章讨论。

9.4.3 静态工作点设置对输出波形的影响

输出信号波形与输入信号波形存在差异称为失真。引起失真的原因有多种，其中最基本的一种就是静态工作点设置不合适或者输入信号过大，使放大电路的工作范围超出三极管特性曲线的线性区域而产生失真，这种称为非线性失真。

1. 截止失真

在图 9-14（a）中，静态工作点 Q 偏低，而信号的幅度又较大，在信号负半周的部分时间内，使动态工作点进入截止区，i_b 的负半周被削去一部分。因此 i_c 的负半周和 u_{ce} 的正周也被削去相应的部分，产生了严重的失真，如图 9-14（a）所示。这种由于三极管的截止而引起的失真称为截止失真。

2．饱和失真

在图 9-14（b）中，静态工作点 Q 偏高，而信号的幅度又较大，在信号正半周的部分时间内，使动态工作点进入饱和区，结果 i_c 的正半周和 u_{ce} 的负半周被削去一部分，也产生严重的失真，如图9-14（b）所示。这种由于三极管在饱和而引起的失真称为饱和失真。

3．截顶失真

如果输入信号幅度过大，可能同时产生截止失真和饱和失真，这种失真称为截顶失真，波形如图9-14（c）所示。

为了减小或避免非线性失真，必须合理选择静态工作点位置，一般选在交流负载结的中点附近，通过改变 R_b 来调整工作点；同时限制输入信号的幅度。

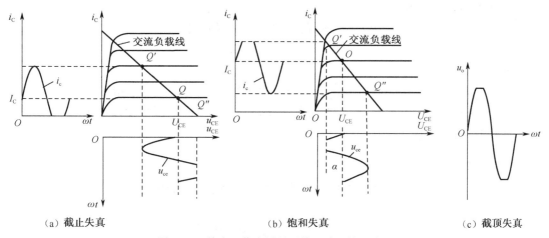

（a）截止失真　　　　　　　　（b）饱和失真　　　　　　　　（c）截顶失真

图 9-14　静态工作点设置对输出波形的影响

9.5　共集电极放大电路

共集电极放大电路的组成如图 9-15（a）所示。交流信号由基极输入，输出信号来自于发射极，而集电极则是输入、输出回路的公共端，所以是共集电极放大电路。由于发射极是信号的输出端，又称射极输出器。

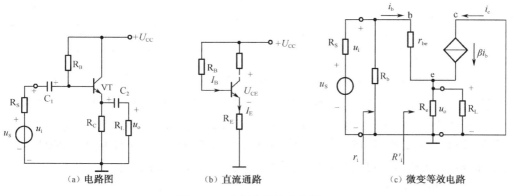

（a）电路图　　　　　　　　（b）直流通路　　　　　　　　（c）微变等效电路

图 9-15　共集电极放大电路

1. 静态分析

由图 9-15（b）所示直流通路可得：

$$U_{CC} = I_B R_B + U_{BE} + (1+\beta) I_B R_E \tag{9-29}$$

则：

$$I_B = \frac{U_{CC} - U_{BE}}{R_B + (1+\beta) R_E}$$

$$I_C = \beta I_B \tag{9-30}$$

$$U_{CE} = U_{CC} - I_E R_E \approx U_{CC} - I_C R_E \tag{9-31}$$

2. 动态分析

1）电压放大倍数 A_u

由图 9-15（c）可知：

$$u_i = i_b r_{be} + i_e R_L' = i_b [r_{be} + (1+\beta) R_L']$$

$$u_o = i_e R_L' = (1+\beta) i_b R_L'$$

式中，$R_L' = R_e // R_L$。故：

$$A_u = u_o/u_i = i_b (1+\beta) R_L' / i_b [r_{be} + (1+\beta) R_L'] = (1+\beta) R_L' / [r_{be} + (1+\beta) R_L'] \tag{9-32}$$

一般 $(1+\beta) R_L' > r_{be}$，故 $A_u \approx 1$，即共集电极放大电路输出电压与输入电压大小近似相等，相位相同，没有电压放大作用。

2）输入电阻 r_i

$$R_i' = u_i / i_b = [i_b r_{be} + (1+\beta) i_b R_L'] / i_b = r_{be} + (1+\beta) R_L'$$

故

$$r_i = R_b // R_i' = R_b // [r_{be} + (1+\beta) R_L'] \tag{9-33}$$

式（9-33）说明，共集电极放大电路的输入电阻比较高，它一般比共射基本放大电路的输入电阻高几十倍到几百倍。

3）输出电阻 r_o

将图 9-15（c）中信号源 u_S 短路，负载 R_L 断开，计算 r_o 的等效电路如图 9-16 所示。

由图 9-16 可得：

$$i = i_e + i_b + \beta i_b = i_e + (1+\beta) i_b = u_o/R_e + (1+\beta) \cdot u_o/(r_{be} + R_S')$$

式中，$R_S' = R_S // R_b$。故：

$$u_o/i = R_e // [(r_{be} + R_S')/(1+\beta)]$$

通常 R_e 较小，所以：

$$r_o \approx (r_{be} + R_S')/(1+\beta) = [r_{be} + (R_S // R_b)]/(1+\beta) \tag{9-34}$$

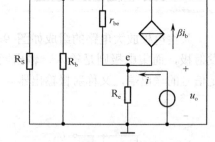

图 9-16 计算输出电阻的等效电路

式（9-34）中，信号源内阻和三极管输入电阻 r_{be} 都很小，而三极管的 β 值一般较大，所以共集电极放大电路的输出电阻比共发射极放大电路的输出电阻小得多，一般在几十欧左右。

实例 9-4 若如图 9-15 所示电路中各元件参数为：$U_{CC} = 12 \text{ V}, R_B = 240 \text{ k}\Omega, R_E = 3.9 \text{ k}\Omega, R_S = 600 \Omega, R_L = 12 \text{ k}\Omega, \beta = 60$，$C_1$ 和 C_2 容量足够大。试求：A_u、R_i、R_o。

解 由式（9-30）得：

$$I_B = \frac{U_{CC} - U_{BE}}{R_B + (1+\beta)R_E} \approx \frac{12}{240 + (1+60)\times 3.9}\, mA = 25\,\mu A$$

$$I_E \approx I_C = \beta I_B = 60 \times 25\,\mu A = 1.5\,mA$$

因此：

$$r_{be} = 300 + (1+\beta)\frac{26\,mV}{I_E} = 300\,\Omega + (1+60)\frac{26\,mV}{1.5\,mA} = 1.4\,k\Omega$$

又：

$$R_L' = R_E\,//\,R_L = \frac{3.9 \times 12}{3.9 + 12}\,k\Omega \approx 2.9\,k\Omega$$

由式（9-32）～式（9-34）得：

$$A_u = \frac{(1+\beta)R_L'}{r_{be} + (1+\beta)R_L'} = \frac{(1+60)\times 2.9}{1.4 + (1+60)\times 2.9} = 0.99$$

$$r_i = R_B\,//\,[r_{be} + (1+\beta)R_L'] = 200\,//\,[1.4 + (1+60)\times 2.9]\,k\Omega = 102\,k\Omega$$

$$r_o \approx \frac{r_{be} + (R_S\,//\,R_B)}{1+\beta} = \frac{1.4 \times 10^3 + (0.6\,//\,240)\times 10^3}{1+60}\,\Omega = 33\,\Omega$$

3．特点和应用

共集电极放大电路的主要特点是：输入电阻大，传递信号源信号效率高；输出电阻小，带负载能力强；电压放大倍数小于或近似等于 1 而接近于 1；输出电压与输入电压同相位，具有跟随特性。虽然没有电压放大作用，但仍有电流放大作用，因而有功率放大作用。

射极放大电路在电子电路中主要应用有如下几种。

（1）作为多级放大电路的输入级。由于输入电阻大可使输入放大电路的信号电压基本上等于信号源电压。因此常用在测量电压的电子仪器中作为输入级。

（2）作为多级放大电路的输出级。由于输出电阻小提高了放大电路的带负载能力，故常用于负载电阻较小和负载变动较大的放大电路的输出级。

（3）作为多级放大电路的缓冲级。将射极输出器接在两级放大电路之间，利用其输入电阻大、输出电阻小的特点。可用于阻抗变换，在两级放大电路中间起缓冲作用。

9.6 共基极放大电路

共基极放大电路的主要作用是高频信号放大，其电路组成如图 9-17 所示。图 9-17 中 R_{B1}、R_{B2} 为发射结提供正向偏置，公共端三极管的基极通过一个电容器接地，不能直接接地，否则基极上得不到直流偏置电压。输入端发射极可以通过一个电阻或一个绕组与电源的负极连接，输入信号加在发射极与基极之间（输入信号也可以通过电感耦合接入放大电路）。集电极为输出端，输出信号从集电极和基极之间取出。

1．静态分析

由图 9-17 不难看出，共基极放大电路的直流通路与图 9-13（b）所示直流通路一样，所以与共发射极放大电路的静态工作点的计算相同。

2．动态分析

共基极放大电路的微变等效电路如图9-18所示，由图可知：

$$A_u = \frac{u_o}{u_i} = \frac{-ic(R_e \mathbin{/\!/} R_L)}{-i_b r_{be}} = \beta \frac{R_L'}{r_{be}} \tag{9-35}$$

式（9-35）说明，共基极放大电路的输出电压与输入电压同相位，这是共发射极放大电路的不同之处；它也具有电压放大作用，A_u 的数值与固定偏置共发射极放大电路相同。

由图9-18可得：

$$r_{eb} = \frac{u_i}{-i_e} = \frac{-i_b r_{be}}{-(1+\beta)i_b} = r_{be} / (1+\beta)$$

它是共发射极接法时三极管输入电阻的 $1/(1+\beta)$ 倍，这是因为在相同的 U_i 作用下，共基极接法三极管的输入电流 $i = (1+\beta)i_b$，比共射接法三极管的输入电流大 $(1+\beta)$ 倍，这里体现了折算的概念，即将 r_{be} 从基极回路折算到射极电路的输入电阻：

$$r_i = R_e \mathbin{/\!/} r_{be} = R_e \mathbin{/\!/} \left[r_{be} / (1+\beta) \right] \tag{9-36}$$

可见，共发射极放大电路的输入电阻很小，一般为几欧到几十欧。

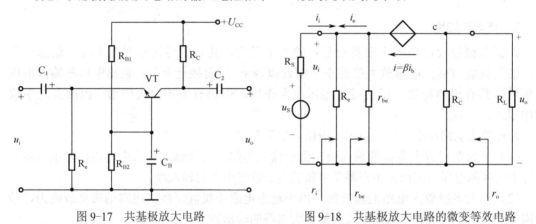

图9-17　共基极放大电路　　　　　图9-18　共基极放大电路的微变等效电路

由于在求输出电阻 r_o 时令 $u_S = 0$。则有 $i_b = 0$，$\beta i_b = 0$ 受控电流源作开路处理，故输出电阻为：

$$r_o \approx R_C \tag{9-37}$$

由式（9-35）～式（9-37）可知，共基极放大电路的电压倍数较大，输出电压和输入电压相位相同；输入电阻较小，输出电阻较大。由于共基极电路的输入电流为发射极电流。输出电流为集电极电流，电流放大倍数为 $\beta / (1+\beta)$，小于1且近似为1，因此共基极放大电路又称电流跟随器。共基极放大电路主要应用于高频电子电路中。

9.7　多级放大电路

在实际应用中，通常需要放大的信号都很微弱，而单级放大电路的电压放大倍数一般为几十倍，放大电路的负载却需要较大的电压或者一定的功率才能被驱动，因此为了达到这个目的，常常需要把若干单级放大电路连接起来，使信号逐级放大，以满足需要。由几

个单级放大电路连接起来的电路称为多级放大电路。

9.7.1　级间耦合方式

多级放大电路内部各级之间的连接方式，称为耦合方式。常用的有阻容耦合、变压器耦合、直接耦合和光电耦合等。

1．阻容耦合

通过电容和下一级输入电阻连接起来的方式，称为阻容耦合方式。图 9-19 是用电容 C_2 将两个单级放大电路连接起来的两级放大电路。可以看出，第一级的输出信号是第二级的输入信号，第二级的输入电阻 R_{i2} 是第一级的负载。

阻容耦合的优点：由于前后级之间是通过电容相连的，所以各级的直流电路互不相通，每一级的静态工作点相互独立，互不影响，这样就给电路的设计、调试和维修带来很大的方便。缺点是：不适于低频信号的放大，不便于集成化。

2．变压器耦合

前级放大电路的输出信号经变压器加到后级输入端的耦合方式，称为变压器耦合。图 9-20 为变压器耦合两级放大电路，第一级与第二级、第二级与负载之间均采用变压器耦合方式。

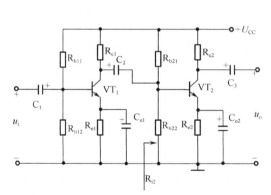

图 9-19　两级阻容耦合放大电路

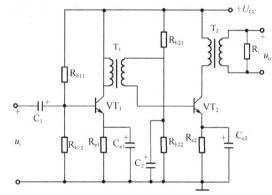

图 9-20　变压器耦合两级放大电路

变压器耦合的优点是：由于变压器隔断了直流，所以各级的静态工作点也是想互独立的；而且，在传输信号的同时，变压器还有阻抗变换作用，以实现变抗匹配。缺点是：频率特性较差、体积大、质量大，不宜集成化。变压器耦合常用于选频放大或要求不高的功率放大电路。

3．直接耦合

前级的输出端直接与后级的输出端相连的方式，称为直接耦合。图 9-21 为直接耦合两级放大电路，采用了双电源和 NPN 与 PNP 两种管型互补直接耦合方式。

直接耦合的优点是：低频特性好，可用于直流和交流及变化缓慢信号的放大，便于集成，故直接耦合在集成电路中获得广泛应用。缺点是：静态工作点不独立、相互影响、相互牵制，易产生零点漂移。

4. 光电耦合

放大电路的级与级之间通过光电耦合器相连接的方式，称为光电耦合。由光敏三极管作为接收端的光电耦合器如图 9-22（a）所示，由光敏二极管作为接收端的光电耦合器如图 9-22（b）所示。

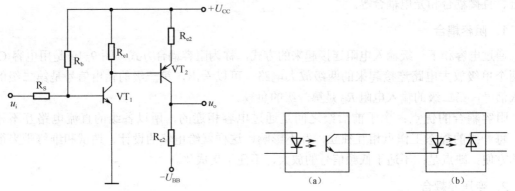

图 9-21 直接耦合两级放大电路　　　　　图 9-22 光电耦合器

由于光电耦合器是通过电—光—电的转换来实现级间耦合，各级的直流工作点相互独立。采用光电耦合，可以提高电路的抗干扰能力。

9.7.2 多级放大电路的主要性能指标

单级放大电路的某些性能指标可作为分析多级放大电路的依据。多级放大电路的主要性能指标采用以下方法估算。

1. 电压放大倍数

由于前级的输出电压就是后级的输入电压，因此，多级放大电路的电压放大倍数等于各级放大倍数之积，对于 n 级放大电路，有：

$$A_u = A_{u1} A_{u2} \cdots A_{un} \tag{9-38}$$

在计算各级放大电路的放大倍数时，一般采用以下两种方法：第一，在计算某一级电路的电压放大倍数时，首先计算下一级放大电路的输入电阻，将这一电阻视为负载，然后再按单级放大电路的计算方法计算放大倍数；第二，先计算前一级在负载开路时的电压放大倍数和输出电阻，然后将它作为有内阻的信号源接到下一级的输入端，再计算下级的电压放大倍数。

2. 输入电阻

多级放大电路的输入电阻 R_i 就是第一级的输入电阻 R_{i1}，即：

$$R_i = R_{i1} \tag{9-39}$$

3. 输出电阻

多级放大电路的输出电阻等于最后一级（第 n 级）的输出电阻 R_{on}，即

$$R_o = R_{on} \tag{9-40}$$

多级放大电路的输入电阻和输出电阻要分别与信号源内阻及负载电阻相匹配，这样才

能使信号获得有效放大。

9.7.3　组合放大电路

组合放大电路是由三种基本组态电路适当组合构成的一种电路结构。实际应用的放大电路，除要有较高的放大倍数之外，往往还对输入、输出电阻及其他性能提出要求。根据三种基本放大电路的特性，将它们适当组合，取长补短，可以获得各具特色的组合放大电路。组合放大电路的形式很多，下面介绍常用的"共射-共基"组合（CE-CB）和"共集-共射"组合（CC-CE）。

1．共射-共基组合电路

共射-共基组合电路如图 9-23（a）所示，图中 C_1、C_2 为耦合电容，C_{e1} 为射极旁路电容，C_{b2} 为基极旁路电容。图 9-23（b）为其交流通路，图中为了简化起见忽略 R_{b11} 和 R_{b21}，$R'_L = R_{C2} // R_L$。可以看出，VT_1 为共射组态，VT_2 为共基组态。

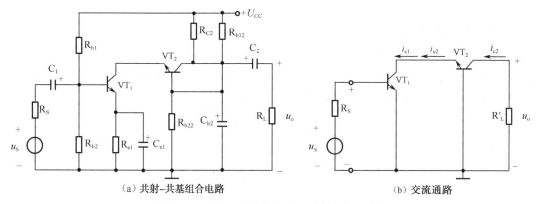

（a）共射-共基组合电路　　　　（b）交流通路

图 9-23　共射-共基组合电路及其交流通路

由图 9-23 可以看出，接入低输入电阻的共基电路，会使共射电路的电压增益下降，但其结果是一方面提高了电路高频工作时的稳定性，另一方面明显改善了放大器的频率特性。正是这一特点，使得 CE-CB 组合放大电路在高频电路中获得广泛应用。

2．共集-共射组合电路

共集-共射组合电路如图 9-24 所示。其中 VT_1 为共集组态，VT_2 为共射组态。

利用共集放大电路输入电阻大而输出电阻小的特点，将它作为输入级构成共集-共射组合电路时，放大电路具有很高的输入电阻，这时信号电压几乎全部输送到共射电路的输入端，因此，这种组合电路的源电压增益近似为后级共射电路的电压增益。同时由于 VT_1 很小的输出阻抗就是 VT_2 的信号源的内阻抗，因此这将有效地扩展 VT_2 的上限截止频率，使整个组合

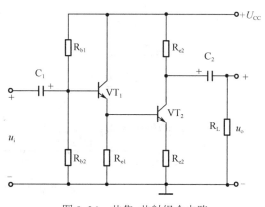

图 9-24　共集-共射组合电路

电路的通频带大大扩展了。

技能训练 9　共发射极单管放大电路性能测试

1. 实训目的

（1）掌握放大电路静态工作点的调试方法，分析静态工作点对放大电路性能的影响。

（2）掌握三极管放大电路动态性能指标的测试方法。

（3）掌握常用电子仪器及模拟电路实验设备的使用。

2. 实训仪器与器材

+12 V 直流电源、函数信号发生器、双踪示波器、交流毫伏表、直流电压表、直流毫安表、频率计、万用电表；三极管 3DG6×1（β＝50～100）或 9011×1，电阻器、电容器若干。

3. 实训内容及步骤

实验电路如图 9-25 所示。各电子仪器可按图 9-26 所示方式连接，为防止干扰，各仪器的公共端必须连在一起，同时信号源、交流毫伏表和示波器的引线应采用专用电缆线或屏蔽线，如使用屏蔽线，则屏蔽线的外包金属网应接在公共接地端上。

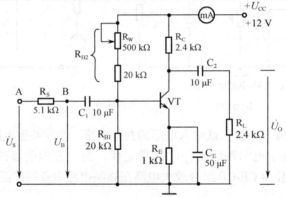

图 9-25　共发射极单管放大器实验电路

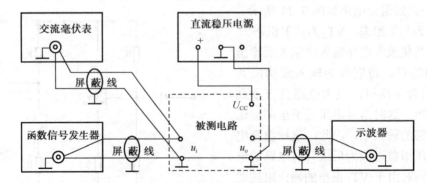

图 9-26　模拟电子电路中常用电子仪器布局图

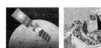

（1）调试静态工作点。接通直流电源前，先将 R_W 调至最大，函数信号发生器输出旋钮旋至零。接通+12 V 电源、调节 R_W，使 I_C=2.0 mA（即 U_E=2.0 V），用直流电压表测量 U_B、U_E、U_C 并用万用表测量 R_{B2} 值，将结果记入表 9-1 中。

表 9-1　测量结果（I_C=2 mA）

测　量　值				计　算　值		
U_B（V）	U_E（V）	U_C（V）	R_{B2}（kΩ）	U_{BE}（V）	U_{CE}（V）	I_C（mA）

（2）测量电压放大倍数。在放大电路输入端加入频率为 1 kHz 的正弦信号 u_S，调节函数信号发生器的输出旋钮使放大电路输入电压 $u_i \approx 10$ mV，同时用示波器观察放大电路输出电压 u_o 波形，在波形不失真的条件下用交流毫伏表测量表 9-2 所示三种情况下的 u_o 值，并用双踪示波器观察 u_o 和 u_i 的相位关系，将测量结果记入表 9-2 中。

表 9-2　测量结果（i_c=2.0 mA，u_i=10 mV）

R_C（kΩ）	R_L（kΩ）	u_o（V）	A_u	观察记录一组 u_o 和 u_i 波形
2.4	∞			
1.2	∞			
2.4	2.4			

（3）观察静态工作点对电压放大倍数的影响。置 R_C=2.4 kΩ，R_L=∞，u_i 适量，调节 R_W，用示波器监视输出电压波形，在 u_o 不失真的条件下，测量数组 I_C 和 u_o 值，记入表 9-3 中。

表 9-3　测量结果（R_C=2.4 kΩ，R_L=∞，u_i 适量）

I_C（mA）			2.0		
u_o（V）					
A_u					

测量 I_C 时，要先将信号源输出旋钮旋至零（即使 u_i=0）。

（4）观察静态工作点对输出波形失真的影响。置 R_C=2.4 kΩ，R_L=2.4 kΩ，u_i=0，调节 R_W 使 I_C=2.0 mA，测出 U_{CE} 值，再逐步加大输入信号，使输出电压 u_o 足够大但不失真。然后保持输入信号不变，分别增大和减小 R_W，使波形出现失真，绘出 u_o 的波形，并测出失真情况下的 I_C 和 U_{CE} 值，记入表 9-4 中。每次测 I_C 和 U_{CE} 时都要将信号源的输出旋钮旋至零。

（5）测量最大不失真输出电压。置 R_C=2.4 kΩ，R_L=2.4 kΩ，按照实验原理中所述方法，同时调节输入信号的幅度和电位器 R_W，用示波器和交流毫伏表测量 U_{OPP} 及 u_o 值，记入表 9-5 中。

（6）测量输入电阻和输出电阻。置 R_C=2.4 kΩ，R_L=2.4 kΩ，I_C=2.0 mA。输入 f=1 kHz 的正弦信号，在输出电压 u_o 不失真的情况下，用交流毫伏表测出 u_S，u_i 和 u_L 记入表 9-6 中。

表9-4　测量结果（R_C=2.4 kΩ，R_L=∞，u_i=0 mV）

I_C（mA）	U_{CE}（V）	u_o波形	失真情况	工作状态
		u_o O t		
2.0		u_o O t		
		u_o O t		

表9-5　测量结果（R_C=2.4 kΩ，R_L=2.4 kΩ）

I_C（mA）	u_{imax}（mV）	u_{omax}（V）	U_{OPP}（V）

保持 u_S 不变，断开 R_L，测量输出电压 u_o，记入表 9-6 中。

表9-6　测量结果（I_C=2.4 mA，R_C=2.4 kΩ，R_L=2.4 kΩ）

u_S（mV）	u_i（mV）	r_i（kΩ）		u_L（V）	u_o（V）	r_o（kΩ）	
		测量值	计算值			测量值	计算值

（7）测量幅频特性曲线。取 I_C=2.0 mA，R_C=2.4 kΩ，R_L=2.4 kΩ。保持输入信号 u_i 的幅度不变，改变信号源频率 f，逐点测出相应的输出电压 u_o，记入表 9-7 中。

表9-7　测量结果（U_i幅度不变）

	f_l	f_o	f_n
f（kHz）			
u_o（V）			
$A_u=u_o/u_i$			

为了信号源频率 f 取值合适，可先估测一下，找出中频范围，然后再仔细读数。

知识梳理与总结

（1）基本放大电路有三种组态：共发射极放大电路（CE）、共基极放大电路（CB）、共集电极放大电路（CC）。

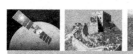

（2）放大电路的静态分析就是求解放大电路的静态工作点。利用直流通路图，对基本放大电路利用基尔霍夫电压定律（KVL）和欧姆定律就可以求出静态工作点。

（3）放大电路的动态分析主要是用元件参数表示电压放大倍数、输入电阻、输出电阻等性能指标。

（4）共发射极放大电路（CE）的主要特点是输入与输出相位反相，电压放大倍数大，输入、输出电阻大小适中，故常常处于放大电路的中间级，起到电压放大的用。

（5）共集电极放大电路（CC）的主要特点是：输入电阻大，输出电阻小，带负载能力强；电压放大倍数小于或近似等于 1 而接近于 1；且输出电压与输入电压同相位，具有跟随特性。没有电压放大作用，但有电流放大作用。主要应用：作为多级放大电路的输入级；作为多级放大电路的输出级；作为多级放大电路的缓冲级。

（6）多级放大电路的耦合方式有直接耦合、电容耦合、变压器耦合、光电耦合。

思考与练习题 9

1．填空题

（1）在 NPN 三极管组成的基本单管共射放大电路中，如果电路的其他参数不变，三极管的 β 增大时，I_{BQ}_____，I_{CQ}_____，U_{CEQ}_____。（a．增大　b．减小　c．基本不变）

（2）在分压工作点稳定电路中：

① 估算静态工作点的过程与基本单管共射放大电路_____；（a．相同　b．不同）

② 电压放大倍数 A_u 的表达式与基本单管共射放大电路_____；（a．相同　b．不同）

③ 如果去掉发射旁路电容 C_E，则电压放大倍数 $|A_u|$_____，输入电阻 r_i_____，输出电阻 r_o_____。（a．增大　b．减小　c．基本不变）

（3）在 NPN 三极管组成的分压式工作点稳定电路中，如果其他参数不变，只改变某一个参数，分析下列电量如何变化。（a．增大　b．减小　c．基本不变）

① 增大 R_{B1}，则 I_{QB}_____，I_{CQ}_____，U_{CEQ}_____，r_{be}_____，$|A_u|$_____。

② 增大 R_{B2}，则 I_{QB}_____，I_{CQ}_____，U_{CEQ}_____，r_{be}_____，$|A_u|$_____。

③ 增大 R_E，则 I_{QB}_____，I_{CQ}_____，U_{CEQ}_____，r_{be}_____，$|A_u|$_____。

（4）放大电路的输入电阻 r_i 越_____；向信号源索取的电流越小；输出电阻 r_o 越_____，则带负载能力越强。（a．大　b．小）

（5）在电容耦合单管共射放大电路中，电压放大倍数在低频段下降主要与_____有关，在高频段下降主要与_____有关。（a．极间电容　b．隔直电容）

（6）在三种不同耦合方式的放大电路中，_____能够放大缓慢变化的信号，能够放大交流信号。能够实现阻抗，_____各级静态工作点互相独立，_____适于集成化。（a．阻容耦合　b．直接耦合　c．变压器耦合）

2．分析与计算题

（1）分析图 9-27 中各三极管组成的放大电路有无放大作用，简述理由。

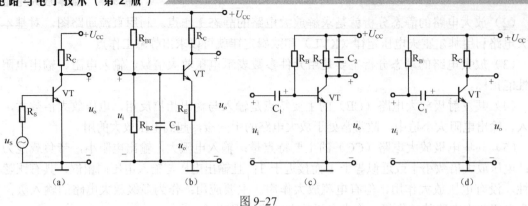

图 9-27

（2）试画出图 9-28 中各电路的直流通路和交流通路（设电路中的电容均足够大），并估算静态工作点。

（3）在图 9-29 中，β=50，试估算静态工作点 I_{CQ}、U_{CEQ} 的值，用微变等效分析方法计算 A_u、R_i、和 R_o。

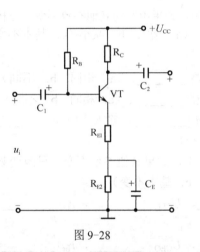

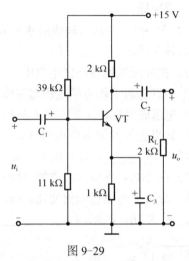

图 9-28   图 9-29

（4）在上题的分压式工作点稳定电路中：

① 如果换在一只 β 比原来大一倍的三极管，静态工作点 Q 将如何变化？I_{BQ}、I_{CQ} 和 U_{CEQ} 将增大、减小还是基本不变？试估算出它们的数值。

② 分别估算 β 增大一倍后 r_{be} 和 $|A_u|$ 的值，与上题原来的结果做比较，看它们是增大、减小了还是基本不变。

③ 可以采取什么措施能有效地提高放大电路的电压放大倍数？为此应调整哪些电阻？增大还是减小？

（5）在图 9-30 所示的射极输出器中，已知三极管的 β=100，U_{BEQ}=0.7 V，r_{be}=1.5 kΩ。

① 试估算静态工作点。

② 分别求出当 $R_L=\infty$ 和 R_L=3 kΩ时放大电路的电压放大倍数 $A_u\left(=\dfrac{u_o}{u_i}\right)$。

③ 估算该射极输出器的输入电阻 r_i 和输出电阻 r_o。

④ 若信号源内阻 r_S=1 kΩ；R_L=3 kΩ，则此时 $A_{us}\left(=\dfrac{u_o}{u_S}\right)$ 的值是多少？

（6）在图 9-31 的电路中，已知静态时 $I_{CQ1}=I_{CQ2}$=0.65mA，$\beta_1=\beta_2=29$。

① 求 r_{be1}。

② 求中频时（可认为 C_1、C_2、C_3 交流短路）第一级放大倍数 $A_{u1}\left(=\dfrac{u_{c1}}{u_i}\right)$。

③ 求中频时 $A_{u2}\left(=\dfrac{u_o}{u_{b2}}\right)$。

④ 求中频时 $A_u\left(=\dfrac{u_o}{u_i}\right)$。

⑤ 估算放大电路总的 r_i 和 r_o。

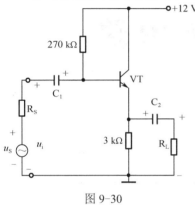

图 9-30

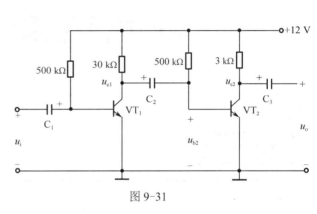

图 9-31

（7）放大电路如图 9-32（a）所示，u_i 为正弦信号，分析电路并回答下列问题。

① 此电路是什么放大电路？该放大电路的特点是什么？

② 若输出信号的波形如图 9-32（b）、（c）所示，试问它们各为何种失真？如何调节 R_B 消除失真？

③ 画出直流通路。

④ 写出静态工作点 Q 的表达式。

⑤ 画出交流通路。

⑥ 画出微变等效电路图。

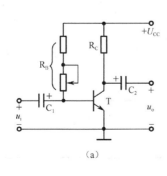

（a）

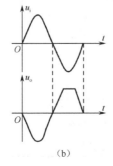

（b）

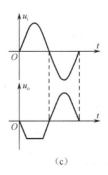

（c）

图 9-32

第10章

集成运算放大电路

教	知识重点	虚短、虚断； 负反馈放大电路的类型判断； 负反馈对放大电路的影响； 集成运算放大器的线性应用——比例、加法、减法、微分、积分等； 集成运算放大器的非线性应用——电压比较器、滞回比较器
	知识难点	反馈类型判断、加法电路、减法电路、滞回比较器
	推荐教学方式	启发性（实际应用电路）课堂教学讲授、学生互动探讨教学方式等
	建议学时	12（理论10+实践4）
学	必须掌握的理论知识	集成运算放大器的符号、工作特性"虚短"及"虚断"； 正、负反馈及负反馈基本类型的判断； 负反馈对放大电路的影响； 同相比例、反相比例、加法、减法、微分、积分等运算放大电路； 电压比较器
	必须掌握的技能	反馈电路参数的测试； 集成运算放大器的测试； 相关仪器的使用

能够有效地放大缓慢变化的直流信号的最常用的器件是集成运算放大器（简称运放）。目前所用的运算放大器是把多个三极管组成的直接耦合的具有高放大倍数的电路集成在微小的一块硅片上。运算放大器最初应用于模拟电子计算机，用于实现加、减、乘、除、比例、微分、积分等运算功能。随着集成电路的发展，以差分放大电路为基础的各种集成运算放大器迅速发展起来，由于其运算精度的提高和工作可靠性的增强，很快成为一种灵活的通用器件，除用于模拟计算机外，在信号的变换、测量技术、自动控制领域都获得了广泛的应用。

10.1　集成运算放大器的基本知识

集成运算放大器具有以下优点：

（1）集成密度高，成本低；

（2）外围元件少，使用灵活；

（3）稳定性高，电路通用性强；

（4）电压放大倍数高；

（5）输入电阻大，输出电阻小等。

集成电路具有上述多项优点，促进了各科学技术领域的技术发展，因此得到了广泛应用。

10.1.1　集成运算放大器的基本组成与符号

1. 基本组成

图 10-1 为集成运算放大器内部电路原理框图。它由 4 部分组成：输入级、中间级（电压放大级）、输出级和偏置电路。

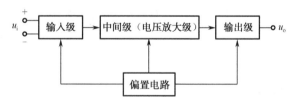

图 10-1　集成运算放大器内部电路原理框图

（1）输入级。输入级常用具有恒流源的双输入端的差分放大电路，其目的是减小放大电路的零点漂移、提高输入阻抗。

零点漂移（简称零漂）是指在一个理想的直接耦合放大电路中，当输入信号为零（即输入端短接）时，输出端电压不为零，却有一定数值的无规则缓慢变化的电压输出。

引起零点漂移的原因很多，如三极管参数随温度的变化、电源电压的波动、电路元件参数变化等，其中以温度变化的影响最为严重，所以零点漂移也称温漂。在多级直接耦合放大电路的各级漂移中，又以第一级的漂移影响最为严重。由于直接耦合，在第一级的漂移被逐级传输放大，级数越多，放大倍数越高，在输出端产生的零点漂移越严重。由于零点漂移电压和有用信号电压共存于放大电路中，在输入信号较小时，放大电路就无法正常

工作。因此，减小第一级的零点漂移，成为多级直接耦合放大电路一个至关重要的问题。差动放大电路利用两个型号和特性相同的三极管来实现温度补偿，是直接耦合放大电路中抑制零点漂移最有效的电路结构。由于它在电路和性能等方面具有许多优点，因而被广泛应用于集成电路中。

（2）中间级。中间级（电压放大级）的主要作用是提高电压增益，大多采用由恒流源作为有源负载的共发射极放大电路，其放大倍数可达数千乃至数万倍。

（3）输出级。输出级应具有较大的电压输出幅度、较高的输出功率和较小的输出电阻，一般采用电压跟随器或甲乙类互补对称放大电路。

（4）偏置电路。偏置电路提供给各级直流偏置电流，使其获得合适的静态工作点，一般由恒流源电路组成。

此外还有一些辅助环节，如电平移动电路、过载保护电路及高频补偿环节等。

2. 集成运算放大器的符号

集成运算放大器具有两个输入端 $u_P (u_+)$、$u_N (u_-)$ 和一个输出端 u_o，其中 $u_P (u_+)$ 称为同相端、$u_N (u_-)$ 称为反相端。同相和反相只指输入电压和输出电压相位之间的关系，若输入信号从同相端输入，则输出电压与输入信号同相；若输入信号从反相端输入，则输出电压与输入信号反相。集成运算放大器的常用符号如图10-2所示。

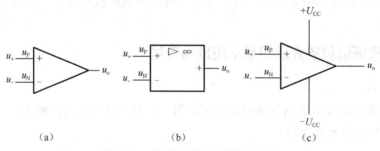

（a） （b） （c）

图10-2 集成运算放大器常用符号

3. 集成运算芯片 UA741

图 10-3 为 UA741 集成运算放大器外形和管脚图。它有 8 个管脚，各个管脚的用途如下。

（1）输入端和输出端：UA741的管脚 6 为功放级的输出端，管脚 2 和管脚 3 为差分输入级的两个输入端。管脚 2 为集成运算放大器反相输入端，管脚 3 为集成运算放大器同相输入端，运算放大器的反相和同相输入端对于它的应用极为重要，绝对不能搞错。

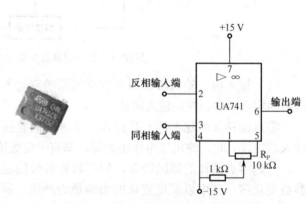

图 10-3 集成运算放大器外形和管脚图

（2）电源端：管脚 7 与管脚 4 为外接电源端，为集成运算放大器提供直流电源。运算

放大器通常采用双电源供电方式，管脚 4 接负电源组的负极，管脚 7 接正电源组的正极，使用时不能接错。

（3）调零端：管脚 1 和管脚 5 为外接调零补偿电位器端。集成运算放大器的输入级虽为差分电路，但电路参数和三极管特性不可能完全对称，因而当输入信号为零时，输出一般不为零。调节电位器 R_p，可使输入信号为零时，输出信号为零。

10.1.2 集成运算放大器的主要特性指标

集成运算放大器性能的好坏常用一些特性指标表征。这些特性指标是选用集成运算放大器的主要依据。下画介绍集成运算放大器的一些主要特性指标。

1. 开环差模电压增益 A_{uo}

开环差模电压增益 A_{uo} 指在无外加反馈情况下的直流差模增益，它是决定运算精度的重要指标，通常用分贝表示，即

$$A_{uo} = 20 \lg \frac{\Delta u_o}{\Delta (u_{i1} - u_{i2})}$$

A_{uo} 数值越大性能越好。不同功能的集成运算放大器，A_{uo} 相差悬殊，F007 的 A_{uo} 为 80～120 dB，高质量集成运算放大器的开环差模电压增益可达 140 dB。

2. 输入失调电压 u_{io} 及失调电压的温漂 $\dfrac{du_{io}}{dT}$

由于运算放大器的输入极不可能做到完全对称，当输入电压为零时，输出电压并不为零。为了使输出电压为零，输入端所加的补偿电压称为输入失调电压 u_{io}。u_{io} 一般为毫伏级。

u_{io} 是温度的函数，用输入失调电压温漂 $\dfrac{du_{io}}{dT}$ 来表示 u_{io} 受温度影响的程度，其典型值为每度几个毫伏。u_{io} 可以通过调节调零电位器得到解决，但不能通过调节调零电位器使 $\dfrac{du_{io}}{dT}$ 得到一次性补偿。

输入失调电压 u_{io} 及失调电压的温漂 $\dfrac{du_{io}}{dT}$ 数值越小，集成运算放大器的性能越好。

3. 输入失调电流 I_{io} 及输入失调电流温漂 $\dfrac{dI_{io}}{dT}$

零输入时，两输入的静态电流之差称为输入失调电流 I_{io}，即 $I_{io} = |I_{B1} - I_{B2}|$，$I_{io}$ 反映了输入级差动管输入电流的对称性，I_{io} 越小越好。普通集成运算放大器的 I_{io} 为 1 nA～0.1 μA，F007 的 I_{io} 为 50～100 nA。

输入失调电流温漂 $\dfrac{dI_{io}}{dT}$ 指在规定的温度范围内，I_{io} 的温度系数，是对放大器电流温漂的量度，典型值为每摄氏度几纳安（nA/℃）。

4．差模输入电阻 r_{id} 和输出电阻 r_o

$r_{id} = \dfrac{\Delta u_{id}}{\Delta i_i}$，是衡量差动管向输入信号源索取电流大小的标志，$r_{id}$ 越大越好。F007 的 r_{id} 约为 2 MΩ，用场效应管作为差动输入级的集成运算放大器，r_{id} 可达 10^6 MΩ。

r_o 是指集成运算放大器在开环状态时，从输出端看进去的等效电阻，它反映了运算放大器带负载的能力。r_o 越小，说明运算放大器带负载能力越强。

5．共模抑制比 K_{CMR}

$$K_{CMR} = 20\lg\left|\frac{A_{ud}}{A_{uc}}\right|$$

它反映了集成运算放大器对共模信号的抑制能力。K_{CMR} 越大，集成运算放大器的质量越好。F007 的 K_{CMR} 为 80～86 dB，高质量的可达 180 dB。

6．转换速率

转换速率是表明集成运算放大器对高速变化信号的响应情况，单位为 V/μs。

$$S_R = \left|\frac{du_o}{dt}\right|_{max}$$

7．截止频率 f_H

截止频率 f_H 是指集成运算放大器的 A_{uo} 下降 3dB 时的信号频率，又称集成运算放大器的 -3 dB 带宽，是表征集成运算放大器的信号频率特性的参数。

所以，集成运算放大器是一个双端输入、单端输出、具有高差模放大倍数、大输入电阻、小输出电阻、具有抑制温度漂移能力的放大电路。

10.1.3 理想集成运算放大器

为简化分析，人们常把集成运算放大器理想化。理想集成运算放大器电气符号如图 10-5 所示，它与一般集成运算放大器的区别是多了一个"∞"符号。

1．理想集成运算放大器的主要条件

（1）开环差模电压放大倍数 $A_{ud} = \infty$。

（2）开环差模输入电阻 $r_{id} = \infty$。

（3）共模抑制比 $K_{CMR} = \infty$。

（4）输入偏置电流 $I_{B+} = I_{B-} = 0$。

（5）开环输出电阻 $r_o = \infty$。

（6）开环带宽 $B_W = \infty$。

（7）转换速率 $S_R \to \infty$。

2．理想集成运算放大器的特点

集成运算放大器电压传输特性是指集成运算放大器的输出电压 u_o 与输入电压 $(u_p - u_N)$ 之间的关系曲线。对于采用正负电源供电的集成运算放大器，电压传输特性如图 10-4 所示。

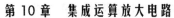
从传输特性可以看出，集成运算放大器有两个工作区：线性放大区和饱和区。在线性放大区，曲线的斜率就是放大倍数；在饱和区，输出电压不是 U_{O+} 就是 U_{O-}。由传输特性可知集成运算放大器的放大倍数为：$A_{\mathrm{o}} = \dfrac{u_{\mathrm{o+}} - u_{\mathrm{o-}}}{u_{\mathrm{P}} - u_{\mathrm{N}}}$

一般情况下，集成运算放大器的放大倍数很高，可达几十万甚至上百万倍。集成运算放大器的线性工作范围很窄，为了扩大线性范围，在电路中必须接入负电馈。比如，对于开环增益为 100 dB、电源电压为 ±10 V 的 F007，开环放大倍数 $A_{\mathrm{d}} = 10^5$，其最大线性工作范围为

$$u_{\mathrm{P}} - u_{\mathrm{N}} = \frac{|u_{\mathrm{o}}|}{A_{\mathrm{d}}} = \frac{10}{10^5} = 0.1\,\mathrm{mV}$$

1）理想集成运算放大器工作在线性区的特点

当集成运算放大器电路引入负反馈时，集成运算放大器工作在线性区，如图 10-6 所示。引入负反馈是集成运算放大器工作在线性区的基本特征。

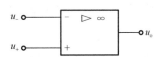

图 10-5　理想集成运算放大器电气符号

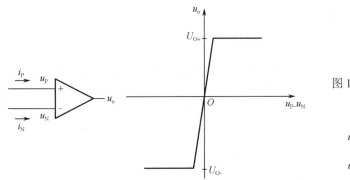

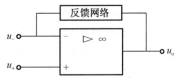

图 10-4　集成运算放大器的电压传输特性　　　图 10-6　集成运算放大器负反馈图

工作在线性放大状态的理想集成运算放大器具有"虚短"和"虚断"两个重要特点。

（1）虚短。对于理想集成运算放大器，由于 $A_{\mathrm{od}} \to \infty$，而输出电压 u_{o} 总为有限值，根据 $A_{\mathrm{od}} = u_{\mathrm{id}} / u_{\mathrm{o}}$ 可知 $u_{\mathrm{o}} = 0$ 或 $u_{+} = u_{-}$，即理想集成运算放大器两输入端电压相等，相当于两输入端短路，但又不是真正的短路，故称为"虚短"。

（2）虚断。由于理想集成运算放大器的 $r_{\mathrm{id}} \to \infty$，通过理想集成运算放大器两输入端的电流 $i_{+} = i_{-} = 0$，相当于两输入端断开，但又不是真正的断开，故称为"虚断"，仅表示集成运算放大器两输入端不取电流。

2）理想集成运算放大器工作在非线性区的特点

集成运算放大器在应用过程中若处于开环状态（即没有引入反馈，或只引入了正反馈），则表明集成运算放大器工作在非线性区。

对于理想集成运算放大器，由于 $A_{\mathrm{od}} \to \infty$，只要同相输入端与反相输入端之间有无穷小的差值电压，输出电压就将达到正最大值或负最大值，即输出电压 u_{o} 与输入电压 $(u_{+} - u_{-})$ 不再是线性关系，称集成运算放大器工作在非线性工作区，其电压传输特性如图 10-7 所示。

理想集成运算放大器工作在非线性区的两个特点如下。

（1）输出电压 u_{o} 只有两种可能的情况：当 $u_{+} > u_{-}$ 时，$u_{\mathrm{o}} = +U_{\mathrm{Omax}}$；当 $u_{+} < u_{-}$ 时，

$u_o = -U_{Omax}$。

（2）由于理想集成运算放大器的 $r_{id} \rightarrow \infty$，则有 $i_+ = i_- = 0$，即输入端几乎不取用电流。

由此可见，理想集成运算放大器工作在非线性区时具有"虚断"的特点，但其净输入电压不再为零，而取决于电路的输入信号。对于集成运算放大器工作在非线性区的应用电路，上述两个特点是分析其输入信号和输出信号关系的基本出发点。

10.2　放大电路中的负反馈

反馈在电子电路中的应用非常广泛。正反馈应用于各种振荡电路，用于产生各种波形的信号源；负反馈则是用来改善放大器的性能，在实际放大电路中几乎都采取负反馈。

10.2.1　反馈放大电路的组成

反馈，就是将放大电路输出信号（电压或电流信号）的全部或一部分，通过反馈支路形成反馈信号引回到输入端，和输入信号做比较（相加或相减）从而影响输入量。

1. 反馈的组成

反馈放大电路由基本放大电路、反馈支路（网络）和比较环节组成，如图 10-8 所示，图中 A 为基本放大电路，F 为反馈网络，圆圈中间加 X 的符号表示比较环节。基本放大电路 A 是由三极管、电阻、电容等元器件组成的；反馈网络 F 一般由无源元件构成，其功能是将取自输出回路的信号，变成与原输入端类别相同的信号，送回到输入回路；比较环节中 X_o、X_i 和 X_f 分别表示放大的输出信号、输入信号和反馈信号，它们可以是电压也可以是电流。输出信号 X_o 经反馈网络后形成反馈信号 X_f。X_f 与输出信号成正比，即：

$$X_f = FX_o$$

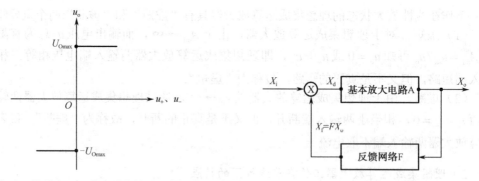

图 10-7　集成运算放大器工作在非线性区时的电压传输特性　　　　图 10-8　反馈放大电路框图

式中的比例系数 F 称为反馈系数。根据上式，反馈系数为反馈信号与输出信号的比值，即：

$$F = \frac{X_f}{X_o} \tag{10-1}$$

2. 正反馈与负反馈

反馈信号 X_f 通过比较环节与输入信号 X_i 相减或相加，形成差值信号 X_d，这一差值信号

是实际输入基本放大电路的信号，称为净输入信号。

（1）正反馈。当比较环节使反馈信号和输入信号相加时，即：

$$X_d = X_f + X_i$$

这时 $X_d > X_i$，反馈信号加强了输入信号，这种反馈为正反馈。正反馈极易产生振荡，从而使放大电路工作不稳定。

（2）负反馈。当比较环节使反馈信号和输入信号相减时，即：

$$X_d = X_i - X_f \qquad (10\text{-}2)$$

这时 $X_d < X_i$，反馈信号削弱输入信号，这种反馈称为负反馈。负反馈能有效地改善放大电路的各项性能指标，使放大电路稳定性、可靠性提高。

3．反馈电路的增益

（1）开环增益。分析图 10-8 所示的框图，设基本放大电路的增益（即开环增益）为 A，它等于放大电路的输出信号 X_o 和净输入信号 X_d 的比值，即：

$$A = \frac{X_o}{X_d} \qquad (10\text{-}3)$$

（2）闭环增益。反馈放大电路的增益 A_f 即闭环增益，按定义是输出信号 X_o 和输入信号 X_i 的比值，即：

$$A_f = \frac{X_o}{X_i} \qquad (10\text{-}4)$$

将式（10-2）代入式（10-4），可求得闭环增益 A_f 为：

$$A_f = \frac{X_o}{X_d + X_f} = \frac{X_o / X_d}{X_d / X_d + X_f / X_d} = \frac{A}{1 + AF} \qquad (10\text{-}5)$$

式（10-5）表明了开环增益 A、闭环增益 A_f 及反馈系数 F 之间的关系，这是负反馈放大电路的一般表达式，是分析各种负反馈放大电路的基本公式。

从式（10-5）可以看出，闭环增益 A_f 与（$1+AF$）成反比，负反馈时|$1+AF$|>1，闭环增益 A_f 总小于开环增益 A，|$1+AF$|越大，A_f 下降越严重。（$1+AF$）称为反馈深度，它的大小反映了反馈的强弱，乘积 AF 称为环路的增益。

10.2.2　负反馈放大电路的判别与基本类型

1．反馈放大电路的判别

1）有无反馈的判别

若放大电路中存在将输出回路与输入回路连接的通路，即反馈通路，并由此影响了放大器的净输入，则表明电路引入了反馈。在图 10-9 所示的电路中就引入了反馈。

2）直流反馈与交流反馈

根据反馈量本身的交、直流性质，可分为直流反馈和交流反馈。若反馈量中只包含直流成分，则称为直流反馈；若反馈量中只有交流成分，则称为交流反馈。在很多情况下，交、直流两种反馈兼而有之。

3）反馈极性的判断

根据反馈量的极性，可分为正反馈和负反馈。

判断正反馈还是负反馈，可用"瞬时极性判别法"。具体做法是先假定输入信号处于某一个瞬时极性（用"+"表示正极性，"−"表示负极性），沿基本放大电路逐级推出电路各点的瞬时极性，再沿反馈网络推出反馈信号的瞬时极性，最后判断净输入信号是增大了还是减小了。若净输入信号增大则为正反馈，反之，净输入信号减小则为负反馈。

在图 10-9（a）所示的电路中，假设输入电压瞬时极性为正，所以集成运算放大器的输出为正，产生电流通过 R_2 和 R_1，在 R_1 上产生上正下负的反馈电压 u_f，由于 $u_{id}=u_i-u_f$，所以 $u_{id}<u_i$，净输入减小，说明该电路引入了负反馈。

在图 10-9（b）所示的电路中，假设 i_i 的瞬时方向是流入放大器的反相输入端，相当于在放大器反相输入端加入了正极性的信号，所以放大器输出为负，放大器输出的负极性电压使通过 R_2 的电流 i_f 的方向是从节点 N 流出，由于 $i_i=i_d+i_f$，有 $i_d=i_i-i_f$，所以 $i_d<i_i$，也就是说净输入电流比输入电流小，所以电路引入了负反馈。

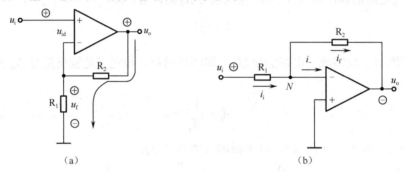

图 10-9　反馈极性的判断

4）电压反馈和电流反馈

根据反馈量在电路输出端采样方式的不同，可分为电压反馈和电流反馈。若反馈信号取自输出电压，则称为电压反馈；若反馈信号取自输出电流，则称为电流反馈。

电压反馈和电流反馈的判别可采用输出短路判别法、输出开路判别法和"两点法"。

（1）输出短路判别法：将输出端交流负载短路（即令 $u_o=0$），若这种情况下反馈信号依然存在，则为电流反馈，否则为电压反馈。

（2）输出开路法：将输出端交流负载开路（令 $i_o=0$），若这种情况下反馈信号依然存在，则为电压反馈，否则为电流反馈。

（3）"两点法"：反馈信号取自于输出信号同一点，则为电压反馈，取自于不同点，则为电流反馈。

例如，图 10-10（a）所示的电路中，如果把负载短路，则 u_o 等于 0，这时反馈就不存在了，所以是电压反馈。而图 10-10（b）所示的电路中，若把负载短路，反馈电压 u_f 仍然存在，所以是电流反馈。

5）串联反馈和并联反馈的判别

根据反馈量与输入量在电路输入回路中求和形式的不同，可分为串联反馈和并联反馈。判断是串联反馈还是并联反馈，可根据反馈信号与输入信号的连接方式来判别。

若输入信号与反馈信号相串联的为串联反馈，这时两信号在输入端是以电压相加减的形式出现，如图 10-11（a）所示；输入信号与反馈信号相并联的为并联反馈，这时两信号在输入端是以电流相加减的形式出现，如图 10-11（b）所示。

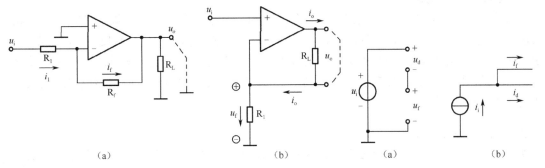

图 10-10　电压反馈与电流反馈的判断　　　　图 10-11　串联反馈与并联反馈的等效电路

并联反馈的判断也可采用"两点法"，即反馈回来的信号与输入信号为同一点，则为并联反馈；为不同一点，则为串联反馈。

实例 10-1　共发射极负反馈放大电路如图 10-12 所示，试判别电路中所存在的反馈。

解　分析图 10-12 所示电路，图中有反馈网络存在，反馈元件为电阻 R_e。

（1）交、直流反馈判别：分析该电路的直流通路和交流通路，发现反馈电阻 R_e 在交、直流通路中都存在。所以属于交、直流反馈。

（2）反馈极性的判别：假设输入端三极管 VT_1 基极信号极性为"+"，发射极输出的信号极性也为"+"，这一正极性信号趋于减小三极管基-发射结电压，相当于使基极有一个"–"极性的反馈信号，因此属负反馈。这一判别过程可表示为：

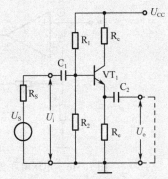

图 10-12　共发射极反馈放大电路

$$U_{IB}\uparrow \rightarrow U_{IE}\uparrow \rightarrow U_{IBE}\uparrow \rightarrow U_{IB}\downarrow$$

（3）电压、电流反馈的判别：输出端交流短路，即 VT_1 发射极经电容 C_2 接地（如图 10-12 中虚线所示），这种情况下 R_e 上的反馈电压并未消失，因此属于电压反馈，这表示反馈信号取自输出电压。

（4）串联反馈、并联反馈的判别：反馈回来的信号与输入信号不在同一点，因此属于串联反馈。

因此，图 10-12 所示电路属于交、直流电压串联负反馈。

2．四种基本负反馈组态

根据反馈网络在输出端采样方式的不同及与输入端连接方式的不同，负反馈放大电路有以下四种基本组态。

电压串联负反馈：负反馈信号取自输出电压，反馈信号与输入信号相串联。

电压并联负反馈：负反馈信号取自输出电压，反馈信号与输入信号相并联。

电流串联负反馈：负反馈信号取自输出电流，反馈信号与输入信号相串联。

电流并联负反馈：负反馈信号取自输出电流，反馈信号与输入信号相并联。

1）电压串联负反馈

判别如图 10-13 所示的反馈组态，先使用瞬时极性法判断正、负反馈，各瞬时极性如图 10-13 所示，可见 u_i 与 u_f 极性相同，净输入信号小于输入信号，故是负反馈；将负载 R_L 短路，相当于输出端接地，这时 $u_o=0$，反馈的原因不存在，所以是电压反馈；从输入端来看，净输入信号 u_d 等于输入信号 u_i 与反馈信号 u_f 之差，是串联反馈。所以该电路的反馈组态是电压串联负反馈。

2）电流串联负反馈

判别如图 10-14 所示的反馈组态，先使用瞬时极性法判断正负反馈，各瞬时极性如图 10-14 所示，可见 u_i 与 u_f 极性相同，净输入信号小于输入信号，故是负反馈；将负载 R_L 短路，仍有电流通过电阻 R_1，产生反馈电压 u_f，所以是电流反馈；从输入端来看，净输入信号 u_d 等于输入信号 u_i 与反馈信号 u_f 之差，是串联反馈。所以该电路的反馈组态是电流串联负反馈。

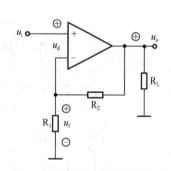

图 10-13　电压串联负反馈电路

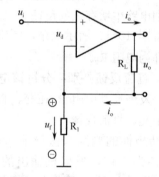

图 10-14　电流串联负反馈电路

3）电压并联负反馈

判别图 10-15 所示的反馈组态，先使用瞬时极性法判断正负反馈，各瞬时极性和瞬时电流方向如图 10-15 所示，可见 i_f 瞬时流向是对 i_i 分流，使 i_d 减小，净输入信号 i_d 小于输入信号 i_i，故是负反馈；将负载 R_L 短路，相当于输出端接地，这时 $u_o=0$，反馈的原因不存在，所以是电压反馈；从输入端来看，输入信号 i_i 与反馈信号 i_f 并联在一起，净输入电流信号 i_d 等于输入电流信号 i_i 与反馈电流信号 i_f 之差，是并联反馈。所以该电路的反馈组态是电压并联负反馈。

4）电流并联负反馈

判别图 10-16 所示的反馈组态，先使用瞬时极性法判断正负反馈，各瞬时极性和瞬时电流方向如图 10-16 所示，可见 i_f 瞬时流向是对 i_i 分流，使 i_d 减小，净输入信号 i_d 小于输入信号 i_i，故是负反馈；将负载 R_L 短路，这时仍有电流通过电阻 R_1，产生反馈电流 i_f，所以是电流反馈；从输入端来看，输入信号 i_i 与反馈信号 i_f 并联在一起，净输入电流信号 i_d 等于输入电流信号 i_i 与反馈电流信号 i_f 之差，故是并联反馈。所以该电路的反馈组态是电流并联负反馈。

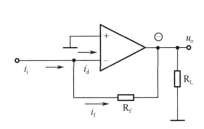

图 10-15　电压并联负反馈电路

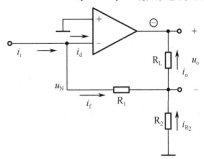

图 10-16　电流并联负反馈电路

10.2.3　负反馈对放大电路性能的影响

通过前面反馈放大电路组成的讨论可知，引入负反馈以后，放大电路的闭环放大倍数总是下降的，以牺牲放大倍数为代价，放大电路的其他性能得到了改善，提高了放大倍数的稳定性，减小了非线性失真，扩展了通频带；还可以根据需要提高或降低输入、输出电阻。

1．提高放大倍数的稳定性

放大电路的开环放大倍数取决于三极管的电流放大倍数、发射极电阻和负载电阻等，由于温度变化、电源电压波动和负载变化等原因，开环放大倍数是不稳定的。为了说明负反馈在稳定放大电路放大倍数上所起的作用，我们引入开环放大倍数的相对变化量 $\Delta A/A$ 来描述开环放大倍数的稳定程度，其中 ΔA 表示各种原因引起的放大电路开环放大倍数的变化量，该变化量除以放大倍数，即为开环放大倍数的相对变化量。$\Delta A/A$ 越小就表示放大倍数越稳定。同理，$\Delta A_f/A_f$ 反映闭环放大倍数的稳定性。

式（10-5）两边求导得：

$$\frac{\mathrm{d}A_f}{\mathrm{d}A} = \frac{1}{(1+AF)^2} \tag{10-6}$$

由此可得：

$$\mathrm{d}A_f = \frac{1}{(1+AF)^2}\mathrm{d}A \tag{10-7}$$

等式两边除以 A_f 得：

$$\frac{\mathrm{d}A_f}{A_f} = \frac{1}{(1+AF)^2}\frac{\mathrm{d}A}{A_f} = \frac{1}{(1+AF)}\frac{\mathrm{d}A}{A} \tag{10-8}$$

式（10-8）表明，负反馈放大电路闭环放大倍数的不稳定程度 $\mathrm{d}A_f/A_f$ 是开环放大倍数不稳定程度 $\mathrm{d}A/A$ 的 $1/(1+AF)$ 倍，也就是说，由各种原因引起开环放大倍数产生 $\mathrm{d}A/A$ 的相对变化量时，引入负反馈后闭环放大倍数的相对变化量 $\mathrm{d}A_f/A_f$ 将减小到前者的 $1/(1+AF)$，这将明显提高放大倍数的稳定性。

实例 10-2　已知一个负反馈放大电路的反馈系数 F 为 0.1，其基本放大电路的放大倍数 A 为 10^5。若 A 产生 $\pm 10\%$ 的变化，试求闭环放大倍数 A_f 及其相对变化量。

解　反馈深度为 $1+AF = 1+10^5 \times 0.1 \approx 10^4$，根据式（10-8），闭环放大倍数为：

$$A_l = \frac{A}{1+AF} = \frac{10^5}{10^4} = 10$$

A_l 的相对变化量为：

$$\frac{\mathrm{d}A_l}{A_l} = \frac{1}{1+AF} \frac{\mathrm{d}A}{A} = \frac{\pm 10\%}{10^4} = \pm 0.001\%$$

一种特殊的情况是在深度负反馈的情况下 $|1+AF| \gg 1$，此时：

$$A_f = \frac{A}{1+AF} \approx \frac{1}{F} \tag{10-9}$$

这表明闭环放大倍数是反馈系数 F 的倒数。我们知道，反馈网络一般由电阻、电容组成，不含有源器件，由于引起放大倍数不稳定的主要原因是半导体器件参数随温度的变化，反馈系数 F 随温度的变化相对较小，因此，具有深度负反馈的放大电路，其闭环放大倍数具有较高的稳定性。

2．减小非线性失真

由于构成放大器的核心元件（BJT 或 FET）的特性是非线性的，常使输出信号产生非线性失真，引入负反馈后，可减小这种失真，而且，负反馈对非线性失真的改善程度与（$1+AF$）有关。

同理，凡是由电路内部产生的干扰和噪声（可看做与非线性失真相似的谐波），引入负反馈后均可得到抑制。

注意： 负反馈只能改善由放大器本身引起的非线性失真，抑制反馈环内的干扰和噪声，而不能改善输入信号本身存在的非线性失真，对混入输入信号的干扰和噪声也无能为力。

假定输出的失真波形是正半周大负半周小，当放大器引入负反馈时，由于反馈电压与输出电压成正比，所以反馈电压的波形也是正半周大负半周小，将其反馈到输入端，与输入端电压串联，则使净输入电压为负半周大正半周小，这种失真波形通过放大器后，就使输出波形趋于正弦波，减小了非线性失真，如图 10-17 所示。

3．对输入电阻和输出电阻的影响

放大电路引入负反馈后，其输入、输出电阻也随之变化。不同类型的反馈对输入、输出电阻的影响各不相同，因此，在放大电路设计时可以选择不同类型的负反馈以满足对于输入、输出电阻的不同需要。

1）串联负反馈使输入电阻增加

无论采用电压负反馈还是电流负反馈，只要输入端属串联负反馈方式，与无反馈时相比其输入电阻都要增加，增加的倍数即为反馈深度（$1+AF$），即：

$$r_{if} = r_i(1+AF) \tag{10-10}$$

式（10-10）中，r_{if} 为加负反馈后的输入电阻；r_i 为无负反馈时的输入电阻。

无反馈时，开环输入电阻（见图 10-18）为：

$$r_i = \frac{u_d}{I_i}$$

引入串联负反馈后，闭环输入电阻为：

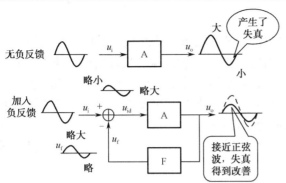

图 10-17　负反馈改善非线性失真

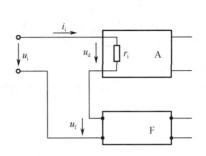

图 10-18　串联负反馈提高输入电阻

$$r_{if} = \frac{u_i}{i_i} = \frac{u_d + u_f}{i_i}$$

式中，反馈电压 $u_f = Fu_o = FAu_d$，代入上式，即得：

$$r_{if} = \frac{u_d + u_f}{i_i} = \frac{u_d + FAu_d}{i_i} = (1 + AF)r_i$$

2）并联负反馈使输入电阻减小

无论采用电压负反馈还是电流负反馈，只要输入端属并联负反馈方式，与无反馈时相比，其输入电阻都要减小，减小的倍数即为反馈深度（$1 + AF$）：

$$r_{if} = \frac{r_i}{1 + AF} \tag{10-11}$$

式（10-11）中，r_{if} 为加负反馈后的输入电阻；r_i 为无负反馈时的输入电阻。

无反馈时，开环输入电阻（见图 10-19）为：

$$r_i = \frac{u_d}{i_i}$$

闭环输入电阻为：

$$r_{if} = \frac{u_i}{i_i} = \frac{u_i}{i_d + i_f}$$

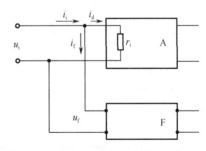

图 10-19　并联负反馈降低输入电阻

将 $i_f = AFi_d$ 代入上式，即得：

$$r_{if} = \frac{u_i}{i_d + i_f} = \frac{u_i}{i_d + AFi_d} = \frac{r_i}{(1 + AF)}$$

3）对输出电阻的影响

电压负反馈趋向于稳定输出电压，因此将减小输出电阻。可以证明，电压负反馈放大电路闭环输出电阻 r_{of} 减小的数是反馈深度（$1 + AF$），即：

$$r_{of} = \frac{r_o}{1 + AF} \tag{10-12}$$

电流负反馈趋向于稳定输出电流，因此将增大输出电阻。可以证明，电流负反馈放大电路闭环输出电阻 r_{of} 提高的倍数也是反馈深度（$1 + AF$），即：

$$r_{of} = (1 + AF)r_o \tag{10-13}$$

4. 宽通频带

负反馈能展宽放大电路的通频带，展宽的原理和改善非线性失真类似。在低频段和高频段输出信号减弱，因反馈系数 F 为一固定值，反馈至输入端的反馈信号也减弱，于是原输入信号与反馈信号相减后的净输入信号增强，从而使得放大电路输出信号的减弱程度比不加负反馈时小，这就相当于放大电路的通频得到了展宽。负反馈展宽通频带如图 10-20 所示，图中 f_{bw} 为开环带宽，f_{bwf} 为展宽后的闭环带宽：

$$f_{bwf} = (1 + A_m F) f_{bw} \tag{10-14}$$

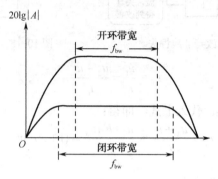

图 10-20　负反馈展宽频带

即通频带被展宽了（$1+A_mF$）倍。式中 A_m 为开环情况下的中频放大倍数；加了负反馈以后，闭环中频放大倍数 A_{mf} 因负反馈而下降为：

$$A_{mf} = \frac{A}{(1 + A_m F)} A_m \tag{10-15}$$

由式（10-14）和式（10-15）可以看出，闭环放大器的带宽 f_{bwf} 增加了（$1+A_mF$）倍，同时其中频放大倍数 A_{mf} 比开环小了 $1/（1+A_mF）$ 倍，因此闭环放大倍数和闭环带宽的乘积等于开环放大倍数和开环带宽和乘积，即：

$$A_{mf} f_{bwf} = A_m f_{bw} = 常数 \tag{10-16}$$

放大电路的带宽和放大倍数的乘积称为放大电路的带宽增益积，式（10-16）表明负反馈放大电路的带宽增益积为常数，负反馈越深，频带展宽越大，中频放大倍数也下降得越明显。

10.3　集成运算放大器的线性应用

利用集成电路和其他外围元器件，可以实现比例、加法、减法、积分、微分等运算功能。此时要求集成运算放大器必须工作在线性区，电路存在深度负反馈。本节中的集成运算放大器都是理想集成运算放大器，在分析时，注意使用"虚断"、"虚短"。

10.3.1　比例运算电路

1. 反相比例运算

如图 10-21 所示电路，输入信号 u_i 经输入外接电阻 R_1 送到反相输入端，而同相输入端

通过电阻 R_2 接地。反馈电阻 R_f 跨接在输入端与输出端之间，形成电压并联负反馈。R_2 为直流平衡电阻，其作用是保证集成运算放大器电路输入级静态电路的平衡，其值为 $u_i=0$（即输入端接地）时反相输入端总等效电阻，即 $R_2=R_1//R_f$。

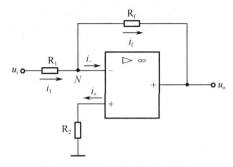

图 10-21　反相比例运算电路

集成运算放大器工作在线性区的两条分析依据为：

（1）"虚断"：$i_+ = i_- = 0$。

（2）"虚短"：$u_+ = u_- = i_+ R_2 = 0$。

所以说反相比例运算电路的同相输入端电位为"0"，与大地的电位相同，由于没有实际接地，所以称为"虚地"。

根据 KCL 和欧姆定律，节点 N 方程表达式为：

$$i_1 = i_f + i_- \Rightarrow i_1 = i_f$$

$$i_1 = \frac{u_i - u_-}{R_1} = \frac{u_i}{R_1}$$

$$i_f = \frac{u_- - u_o}{R_f} = -\frac{u_o}{R_f}$$

整理可得：

$$u_o = -\frac{R_f}{R_1}u_i \qquad (10\text{-}17)$$

式（10-17）说明，u_o 与 u_i 成比例关系，比例系数为 $-R_f/R_1R$，比例系数的数值可以是大于、等于和小于 1 的任何值，其负号说明输出信号 u_o 与输入信号 u_i 反相，故又称为反相器。

由式（10-17）可以看出，u_o 与 u_i 的关系与集成运算放大器本身的参数无关，仅与外部电阻 R_1 和 R_f 有关。只要电阻的精度和稳定性很高，计算的精度和稳定性就很高。

该电路的放大倍数为：

$$A_{uf} = \frac{u_o}{u_i} = -\frac{R_f}{R_1}$$

根据负反馈对放大器性能的影响，可得出 $R_o=0$ 和 $R_i=R_1$。

实例 10-3　在图 10-21 中，已知 $R_1 = 20\ \text{k}\Omega$，$R_f = 40\ \text{k}\Omega$，求 A_{uf} 和直流平衡电阻 R_2。如果 $u_i = 0.2\ \text{V}$，输出 u_o 为多少？

解：

$$A_{uf} = -\frac{R_f}{R_1} = -\frac{40}{20} = -2$$

$$R_2 = R_1 // R_f = 20 // 40 = 16.67\ \text{k}\Omega$$

$$u_o = A_{uf}u_i = -2 \times 0.2 = -0.4\ \text{V}$$

2．同相比例运算电路

如图 10-22 所示电路，输入信号 u_i 经输入外接电阻 R_2 送到同相输入端，而反相输入端

经电阻 R_1 接地，反馈电阻 R_f 跨接在反相输入端与输出端之间，形成电压串联负反馈。

根据"虚断"、"虚短"及 KCL 和欧姆定律可知，节点 N 的方程表达式为：

$$i_R = i_f$$

$$i_R = \frac{0 - u_-}{R} = \frac{0 - u_+}{R} = \frac{-u_+}{R}$$

$$i_f = \frac{u_- - u_o}{R_f} = \frac{u_+ - u_o}{R_f}$$

所以：

$$u_o = \left(1 + \frac{R_f}{R}\right)u_+ = \left(1 + \frac{R_f}{R}\right)u_i$$

闭环电压放大倍数为：

$$A_{uf} = \frac{u_o}{u_i} = \left(1 + \frac{R_f}{R}\right) \tag{10-18}$$

式（10-18）表明 u_o 与 u_i 同相且 u_o 大于 u_i，其比例关系是 $1 + \dfrac{R_f}{R}$。由于是串联反馈电路，所以输入电阻很大，理想情况下 $R_i = \infty$。由于信号加在同相输入端，而反相端和同相端电位一样，所以输入信号对于集成运算放大器是共模信号，这就要求集成运算放大器有良好的共模抑制能力。

若电阻 R 断路或 $R = \infty$，就成为电压跟随器，如图 10-23 所示。由图可知 $u_o = u_- = u_+ = u_i$，输出与输入大小相等，相位相同，电压放大倍数为 1。由于集成运算放大器性能优良，用它构成的电压跟随器不仅精度高，而且输入电阻大、输出电阻小。通常用做阻抗变换器和缓冲级。

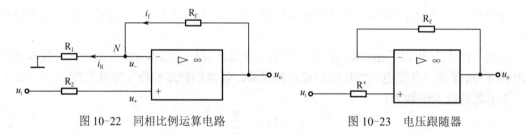

图 10-22　同相比例运算电路　　　　　　图 10-23　电压跟随器

实例 10-4　分析图 10-24 中输出电压与输入电压的关系，并说明电路的作用。

解　图 10-24 所示电路中，反相输入端未接电阻 R_1（即 $R_1 = \infty$），稳压管电压 U_Z 作为输入信号 u_i 加到同相输入端，该电路为电压跟随器，则有：

$$u_o = u_i = U_Z$$

由于比较稳定、精确，此电路可作为基准电压源，且可以提供较大输出电流。

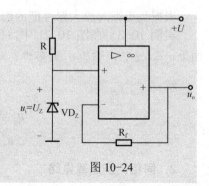

图 10-24

3. 比例运算电路应用举例

图 10-25 为电子温度计原理图。A_1 和 A_2 分别为同相比例运算电路和反相比例运算电路。三极管 VT 为温度传感器，其导通电压 U_{BE} 随温度 T 呈线性变化，温度系数为负值，即 T 上升时 U_{BE} 减小，这时信号源电压为 $u_S = \Delta U_{BE}$。设温度 T 变化范围为 $-50 \sim +50$ ℃。电容 C 可对交流干扰起旁路作用。

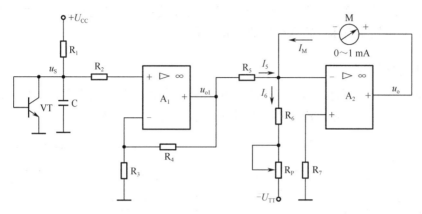

图 10-25　电子温度计原理图

电路的输出端接有电流表 M，其量程范围为 $I_M = 0 \sim 1\,\text{mA}$，与温度 T 变化范围相对应，当 T 上升时，则 I_M 随之上升。设 M 的标尺刻度为 100 格，则每格对应温升 1 ℃。

图中 R_6 和 R_P 为定标电阻。在 $T = -50$ ℃时，调节 R_P 使 $I_M = 0$，则 I_6 就固定下来。测量过程如下：

$$T \uparrow \rightarrow u_S \downarrow \rightarrow u_{o1} \downarrow \rightarrow I_5 \downarrow \rightarrow I_M \uparrow \rightarrow u_o \uparrow$$

当温度下降时，各量变化相反，M 指示值下降。

10.3.2　加法运算电路

1. 反相加法运算电路

反相加法运算电路是指多个输入信号均作用于集成运算放大器的反相输入端（如图 10-26 所示）、三个输入电压反相加法运算的电路。其平衡电阻 $R' = R_1 // R_2 // R_3 // R_f$。根据"虚地"、"虚短"及反相比例运算放大电路"虚地"的特点，可列出节点 N 电流方程为：

$$i_f = i_1 + i_2 + i_3$$

则有：

$$\frac{-u_f}{R_f} = \frac{u_{i1}}{R_1} + \frac{u_{i2}}{R_2} + \frac{u_{i3}}{R_3}$$

所以：

$$u_o = -\left(\frac{R_f}{R_1} u_{i1} + \frac{R_f}{R_2} u_{i2} + \frac{R_f}{R_3} u_{i3} \right) \tag{10-19}$$

从而实现了 u_{i1}、u_{i2}、u_{i3} 按一定比例反相相加，比例系数取决于反馈电阻与各输入回路电阻之比值，而与集成运算放大器本身参数无关，其稳定性极高。

若取 $R_1 = R_2 = R_3 = R$，则：

$$u_o = -\frac{R_f}{R}(u_{i1} + u_{i2} + u_{i3})$$

若 $R = R_f$，则：

$$u_o = -(u_{i1} + u_{i2} + u_{i3})$$

如果在图 10-26 的输出端再接一反相器，应可以消去负号。实现完全符合常规的算术加法运算。

对于多输入的电路除用上述节点电流法求解运算关系外，还可以利用叠加定理得到所有信号共同作用时输出电压与输入电压的运算关系。

2. 同相加法运算电路

同相加法运算电路是指多个输入信号同时作用于集成运算放大器的同相输入端，电路如图 10-27 所示。为了满足直流平衡，电阻关系为 $R_1 // R_2 // R_3 = R' // R_f$。

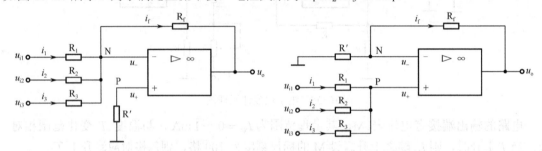

图 10-26　反相加法运算电路　　　　图 10-27　同相加法运算电路

由于同相比例运算电路的输出与输入关系为 $u_o = \left(1 + \frac{R_f}{R'}\right)u_+$，只要能求出 u_+ 与 u_{i1}、

u_{i2}、u_{i3} 之间的关系，便能得到 u_o 与 u_{i1}、u_{i2}、u_{i3} 之间的关系。

根据"虚断"、"虚短"及欧姆定律，节点 P 的电流方程为：

$$i_1 + i_2 + i_3 = 0$$

$$\frac{u_{i1} - u_+}{R_1} + \frac{u_{i2} - u_+}{R_2} + \frac{u_{i3} - u_+}{R_3} = 0$$

移项整理可得：

$$u_+ = \frac{1}{\frac{1}{R_1} + \frac{1}{R_2} + \frac{1}{R_3}}\left(\frac{u_{i1}}{R_1} + \frac{u_{i2}}{R_2} + \frac{u_{i3}}{R_3}\right) = (R_1 // R_2 // R_3)\left(\frac{u_{i1}}{R_1} + \frac{u_{i2}}{R_2} + \frac{u_{i3}}{R_3}\right)$$

$$u_o = \left(1 + \frac{R_f}{R'}\right)u_+ = \left(1 + \frac{R_f}{R'}\right)(R_1 // R_2 // R_3)\left(\frac{u_{i1}}{R_1} + \frac{u_{i2}}{R_2} + \frac{u_{i3}}{R_3}\right) \qquad (10-20)$$

若考虑直流电阻平衡关系 $R_1 // R_2 // R_3 = R' // R_f$，则可得：

$$u_o = R_f\left(\frac{u_{i1}}{R_1} + \frac{u_{i2}}{R_2} + \frac{u_{i3}}{R_3}\right)$$

从而实现了 u_{i1}、u_{i2}、u_{i3} 按一定比例同相相加，比例系数也是取决于反馈电阻与各输入回路电阻之比值。但在同相加法运算电路中若调节某一输入回路以改变该电路的比例系

数，还必须改变 R' 以满足直流平衡要求。

实例 10-5　图 10-28 所示电路中的集成运算放大器 A_1、A_2 都具有理想特性，试求输出电压的表达式。当满足平衡条件时，R' 和 R'' 各为多少？

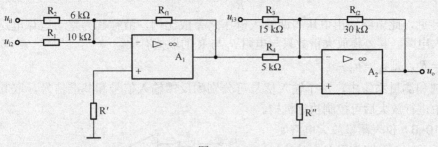

图 10-28

解　利用叠加定理分别求出 u_{o1}、u_o：

$$u_{o1} = -R_{f1}\left(\frac{u_{i1}}{R_1} + \frac{u_{i2}}{R_2}\right)$$

$$u_o = -R_{f2}\left(\frac{u_{o1}}{R_4} + \frac{u_{i3}}{R_3}\right)$$

所以：

$$u_o = R_{f2}\left[\frac{R_{f1}}{R_4}\left(\frac{u_{i1}}{R_1} + \frac{u_{i2}}{R_2}\right) - \frac{u_{i3}}{R_3}\right] = 9u_{i1} + 15u_{i2} - 2u_{i3}$$

当满足平衡条件时，同相输入端和反相输入端对地等效电阻相等，所以：

$$R' = R_1 // R_2 // R_{f1} = 3\ \text{k}\Omega$$

$$R'' = R_3 // R_4 // R_{f2} = 3.3\ \text{k}\Omega$$

10.3.3　减法运算电路

减法运算电路是指输入信号分别从反相端和同相端输入，电路如图 10-29 所示。

当输入信号 u_{i2} 为零时，电路相当于反相比例运算放大电路，输出：

$$u_{o1} = -\frac{R_f}{R}u_{i1}$$

当输入信号 u_{i1} 为零时，电路相当于同相比例运算放大电路，输出：

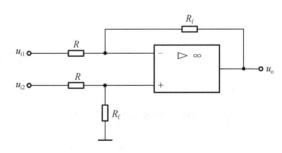

图 10-29　减运算电路

$$u_{o2} = \left(1 + \frac{R_f}{R}\right)u_+$$

由叠加原理可得：

$$u_o = u_{o1} + u_{o2} = u_{o1} = -\frac{R_f}{R}u_{i1} + \left(1 + \frac{R_f}{R}\right)u_+$$

式中 $u_+ = \dfrac{R_f}{R_f + R} u_{i2}$，则上式变为：

$$u_o = \frac{R_f}{R}(u_{i2} - u_i) \qquad (10\text{-}21)$$

由此可见，此电路输出电压与两输入电压之差成比例，故称其为差动运算电路或减差分输入放大电路。其差模放大倍数只与电阻 R_f 与 R 的取值有关。

若 $R_f = R$，则 $u_o = u_{i2} - u_i$。

在控制和测量系统中，两个输入信号可分别为反馈输入信号和基准信号，取其差值送到放大器中进行放大后可控制执行机构。

实例 10-6 仪表测量放大电路如图 10-30 所示，该电路常用在自动控制和非电量测量系统中。试分析输出 u_o 的表达式。

解 由图 10-30 可知，$u_i = u_{i1} - u_{i2} = u_a - u_b$，所以：

$$u_i = u_a - u_b = \frac{R_P}{2R + R_P}(u_{o1} - u_{o2})$$

则：

$$u_{o1} - u_{o2} = \left(1 + \frac{2R}{R_P}\right)u_i$$

由叠加原理有：

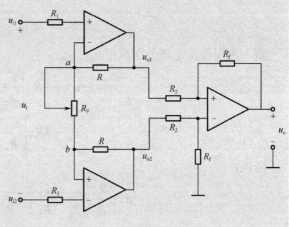

图 10-30

$$u_o = \left(1 + \frac{R_f}{R_2}\right)\frac{R_f}{R_2 + R_f}u_{o2} - \frac{R_f}{R_2}u_{o1}$$

$$= \frac{R_f}{R_2}(u_{o2} - u_{o1})$$

将前式代入后：

$$u_o = -\frac{R_f}{R_2}\left(1 + \frac{2R}{R_P}\right)$$

改变电阻 R_P 的数值，就可以改变该电路的放大倍数。

10.3.4 微分和积分运算电路

在自动控制系统中，微分电路和积分电路常作为调节环节；此外，该电路还广泛应用于波形的产生和变换及仪器仪表中。以集成运算放大器作为放大器，用电阻和电容作为反馈网络，利用电容器充电电流与其端电压的关系，可以实现微分和积分运算。

1. 微分运算电路

如果将反相比例运算电路中 R 换以电容 C，则构成微分运算的基本电路形式，如图 10-31 所示。

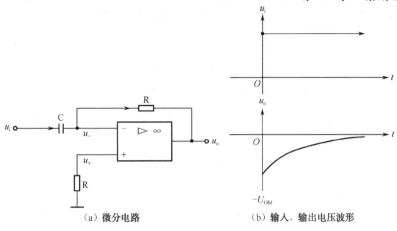

（a）微分电路   （b）输入、输出电压波形

图 10-31 微分运算电路

由 "虚短" 和 "虚断" 概念可知，通过电容 C 和反馈电阻 R 中的电流相等，其值为：

$$i = C\frac{\mathrm{d}u_\mathrm{i}}{\mathrm{d}t} \tag{10-22}$$

输出电压 u_o 为：

$$u_\mathrm{o} = -iR = -RC\frac{\mathrm{d}u_\mathrm{i}}{\mathrm{d}t} \tag{10-23}$$

式（10-23）表明输出电压与输入电压的微分成正比，RC 为微分时间常数，负号表示 u_o 与 u_i 反相。

当 u_i 为正向阶跃信号时，在 $t=0$ 瞬间，u_i 突然加入，由于信号源存在一定的内阻，输出电压为一负向最大有限值，随着电容 C 的充电，输出电压逐渐衰减，最后趋于零，其波形如图 10-31（b）所示。

图 10-32 是一个实用的微分运算电路，图中 R_1 用于限制输入电流，并联的稳压二极管起限制输出电压的作用，电容 C_1 起相位补偿作用，提高电路的稳定性。

微分运算电路除作为微分运算外，还在脉冲数字电路中用做波形变换，如将矩形波变换为尖顶脉冲波。

2．积分运算电路

积分运算电路是将微分运算电路中的电阻和电容交换位置而构成的，如图 10-33 所示。

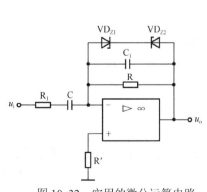

图 10-32 实用的微分运算电路

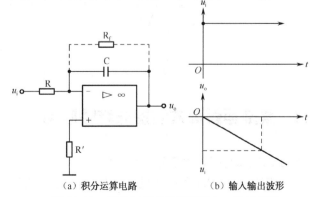

（a）积分运算电路   （b）输入输出波形

图 10-33 积分运算电路和其输入、输出波形

利用"虚短"和"虚断"概念并设电容 C 上的初始电压为零，则电容 C 将以电流 $i=u_i/R$ 进行充电。于是：

$$u_o = -u_c = -\frac{1}{C}\int i\,\mathrm{d}t = -\frac{1}{RC}\int u_i\,\mathrm{d}t \qquad (10\text{-}24)$$

式（10-24）表明，输出电压与输入电压的积分成正比。负号表示 u_o 与 u_i 的相位相反。

当 u_i 为正向阶跃信号时，电容将以近似线性关系下降，波形如图 10-33（b）所示，输出电压的数学表达式为：

$$u_o = -\frac{1}{RC}\int u_i\,\mathrm{d}t = -u_i\frac{t}{\tau}$$

式中，u_i 为输入电压的幅值，$\tau=RC$ 为积分时间常数。

在实用电路中，为了防止低频信号增益过大，常在电容上并联一个电阻加以限制，如图 10-33 中虚线所示。

3．应用举例

微分和积分运算电路应用很广，除微积分运算外，还可用于延时、波形变换、波形发生、模数转换及移相等。由于微分与积分互为逆运算，两者的应用也类似，下画仅举几个积分运算电路的应用例子。

（1）波形变换。当输入电压为方波和正弦波时，输出电压波形分别如图 10-34（a）、（b）所示。

（2）移相作用。如果积分运算电路中 u_i 为正弦波，则由式（10-25）可求得 u_o 为余弦波，u_i 和 u_o 波形如图 10-34（b）所示，由图可知，u_o 超前 u_i 90°，因此积分运算电路可对输入正弦信号实现移相。

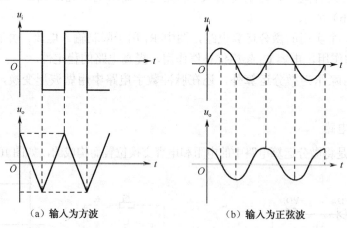

（a）输入为方波　　　　　　　（b）输入为正弦波

图 10-34　积分运算电路在不同输入情况下的波形

10.4　集成运算放大器的非线性应用

电压比较器是指输入信号（被测信号）u_i 与给定参考电压（基准电压）u_{REF} 进行比较，输出比较信号去实现相关控制的电路单元，是模拟量与数字量的接口电路，主要用于 A/D

 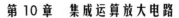

转换、波形变换等，因此在自动控制、测量、波形产生、变换和整形等方面，电压比较器都有广泛的应用。

在比较器中，把比较器的输出电压从一个电平跳到另一个电平时所对应的输入电压值称为转折电压，也称阈值电压或门槛电压，用 u_{th} 表示。

1. 过零电压比较器

过零电压比较器是指参考电压为零，待比较电压（输入信号）和零参考电压（基准电压）在输入端进行比较，输出端得到比较后的电压。反相过零电压比较器及其电压传输特性如图 10-35 所示。

集成运算放大器工作在开环状态时，根据集成运算放大器工作在非线性的特点，输出电压为 $\pm U_{OM}$。

当输入电压 $u_i < 0$ 时，$u_o = +U_{OM}$；

当输入电压 $u_i > 0$ 时 $u_o = -U_{OM}$。

因此，电压传输特性如图 10-35（b）所示。

若想获得 u_o 跃变方向相反的电压传输特性，则应在图 10-33（a）中将反相输入端接地而在同相输入端接输入电压。

为了限制集成运算放大器的差模输入电压，保护其输入级，可加二级管限幅电路，如图 10-36 所示。

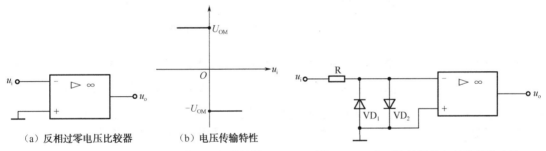

（a）反相过零电压比较器　（b）电压传输特性

图 10-35　反相过零电压比较器及其电压传输特性

图 10-36　电压比较器输入级的保护电路

在实用电路中为了满足负载的需要，常在集成运算放大器的输出端加稳压二极管限幅电路，从而获得合适的 U_{OL} 和 U_{OH}，如图 10-37（a）所示。图中 R 为限流电阻，两个稳压二极管的稳定电压均应小于集成运算放大器的最大输出电压 U_{OM}。限幅电路的稳压二极管可接在集成运算放大器的输出端和反相输入端之间，如图 10-37（b）所示。

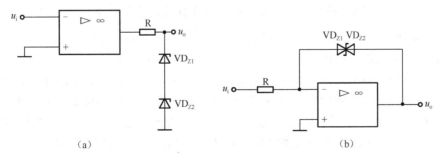

（a）　　　　　　　　　　　（b）

图 10-37　电压比较器的输出限幅电路

2. 任意电压比较器

任意电压比较器，如图 10-38（a）所示，U_{REF} 为外加参考电压。反相输入端接信号 u_i，同相输入端接参考电压 U_{REF}。

当 $u_i < U_{REF}$ 时 $u_o = +U_{OM}$，即 $U_{OH} = +U_{OM}$；

当 $u_i > U_{REF}$ 时，$u_o = -U_{OM}$，即 $U_{OL} = -U_{OM}$。

其传输入特性如图 10-38（b）实线所示。

如果将参考电压 U_{REF} 与 u_i 的输入端互换，可得到比较器的另一条传输特性，如图 10-38（b）中的虚线所示。

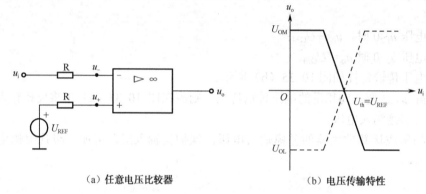

（a）任意电压比较器　　　　　　（b）电压传输特性

图 10-38　任意电压比较器及其电压传输特性

实例 10-7　电压比较器如图 10-39（a）所示。已知 VD_{Z1} 和 VD_{Z2} 的稳定电压 $U_{VD_{Z1}} = U_{VD_{Z2}} = 5$ V，正向压降 $U_{D1(ON)} = U_{D2(ON)} \leqslant 0.3$ V，$R_1 = 30$ kΩ，$R_2 = 10$ kΩ，参考电压 $U_{REF} = 2$ V。若输入电压 $u_i = 3\sin\omega t$（V），试画出输出电压的波形。

解　在电路中，根据"虚短"和"虚断"的概念，利用叠加定理，集成运算放大器反相输入端的电位为：

$$u_- = \frac{R_1}{R_1 + R_2} \cdot u_i + \frac{R_2}{R_1 + R_2} \cdot U_{REF}$$

令 $u_- = u_+ = 0$，则求出门限电压为：

$$U_{th} = -\frac{R_2}{R_1} \square U_{REF} = -1 \text{（V）}$$

即 u_i 在 $U_{th} = -1$ V 附近稍有变化，电路就会发生翻转，输出电压为 $U_{OH} = U_{VD_{Z1}} + U_{D2(ON)} = 5.3$ V，当 $u_i > U_{th} = -1$ V 时，输出电压为 $U_{OL} = (-VD_{Z2}) + (-U_{D1(ON)}) = -5.3$ V。根据以上分析结果和 $u_i = 3\sin\omega t$（V）波形，可画出输出波形，如图 10-39（b）所示。

通过上述分析，得出分析电压比较器传输特性的方法是：首先，依据集成运算放大器输出端所接的限幅电路来确定电压比较器的输出电压；其次，写出集成运算放大器同相输入端及反相输入端 U_{th}；最后，u_o 在 u_i 过 U_{th} 时的跃变方向决定于 u_i 作用于集成运算放大器的那个输入端。当 u_i 从反相输入端输入时，$u_i < U_{th}, u_o = U_{OH}$；$u_i > U_{th}$ 时，$u_o = U_{OL}$。u_i 从同相输入端输入时则相反。

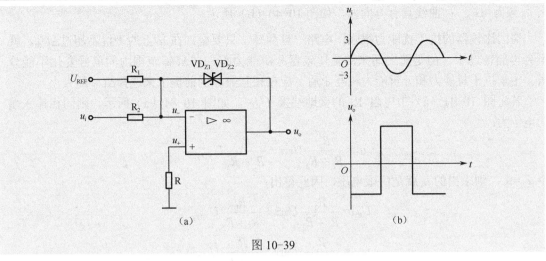

图 10-39

3. 滞回比较器

在电压比较器中，输入电压在门限电压附近的任何微小变化，不管这种微小的变化是来源于输入信号还是外部干扰，都将引起输出电压的跃变。因此，电压比较器抗干扰能力较差，为了提高比较器的抗干扰能力，可采用滞回比较器，如图 10-40（a）所示。

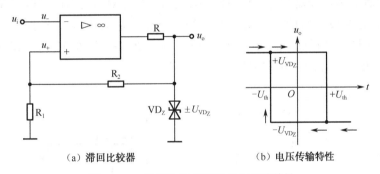

（a）滞回比较器　　　　　　（b）电压传输特性

图 10-40　滞回比较器及其电压传输特性

从集成运算放大器输出端的限幅电路可以看出，$u_o=\pm U_{VD_Z}$。集成运算放大器反相输入端电位 $u_-=u_i$，同相输入端电位为：

$$u_+=\pm\frac{R_1}{R_1+R_2}U_{VD_Z}$$

令 $u_-=u_+$，因此得出门限电压 U_{th} 为：

$$\pm U_{th}=\pm\frac{R_1}{R_1+R_2}U_{VD_Z}$$

由此可知，滞回比较器有两个门限电压，其电压传输特性如图 10-40（b）所示。两个门限电压之间的差值称门限宽度，记为 ΔU_{th}，即：

$$U_{th}=\frac{2R_1}{R_1+R_2}U_{VD_Z}$$

调节 R_1 和 R_2 的阻值，可以控制门限宽度 U_{th}。

假如 u_i 从小于 $-U_{th}$ 逐渐增加到 U_{th}，u_o 应为 $+U_Z$；如果 u_i 从大于 $+U_{th}$ 逐渐小到 $-U_{th}$，那

么 u_o 应为$-U_{VD_z}$；曲线具有方向性，如图 10-40（b）所示。

滞回比较器的抗干扰能力很强，电路一旦翻转，只要叠加在 u_i 上的干扰不超过 ΔU_{th}，就不会再翻转过来。但是随之而来的是比较器分辨能力差，在 ΔU_{th} 范围内的信号变化不能分辨。由于抗干扰能力和分辨能力相互矛盾，应在相互兼顾的前提下来选择 ΔU_{th} 的大小。

若将图 10-41（a）中电阻 R_1 的接地端接 U_{REF}，如图 10-41（a）所示，则同相输入端的电位为：

$$u_+ = \frac{R_2}{R_1 + R_2}U_{REF} \pm \frac{R_1}{R_1 + R_2}U_{VD_z}$$

令 $u_- = u_+$，则求出的 u_i 就是门限电压，因此得出：

$$U_{th1} = \frac{R_2}{R_1 + R_2}U_{REF} + \frac{R_1}{R_1 + R_2}U_{VD_z}$$

$$U_{th2} = \frac{R_2}{R_1 + R_2}U_{REF} - \frac{R_1}{R_1 + R_2}U_{VD_z}$$

当 $U_{REF} > 0$ 时，图 10-41（a）所示电路的电压传输特性如图 10-41（b）所示。

改变参考电压的大小和极性，电压传输特性将产生水平方向的移动；改变 U_{VD_z} 的大小，可产生垂直方向移动。

目前有很多种集成比较器芯片，如 AD790、LM119、LM193、MC1414、MAX900 等，虽然它们比集成运算放大器的开环增益低，失调电压大，共模抑制比小，但是它们速度快，传输延迟时间短，而且一般不需要外加电路就可以直接驱动 TTL、CMOS 等集成电路，并可以直接驱动继电器等功率器件。

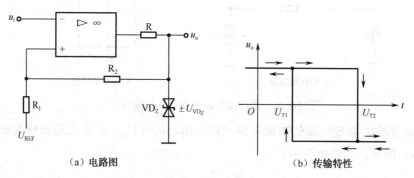

（a）电路图　　　　　　　　　　　（b）传输特性

图 10-41　带参考电压的滞回比较器

10.5　集成运算放大器使用中应注意的问题

本节将对使用集成运算放大器时应注意的问题、集成运算放大器的保护措施及使用技巧等方面做一简单介绍。

10.5.1　使用原则

1. 根据实用电路要求，选择合适型号

集成运算放大器的品种繁多，按其性能不同来分类，除高增益的通用型集成运算放大器外，还有高输入阻抗、低漂移、低功耗、高速、高压、高精度和大功率等各种专用型集成运算放大器。要根据实用电路的要求和整机特点，查集成运算放大器有关资料，选择额定值、直流参数和交流特性参数都符合要求的集成运算放大器。

2．按各类集成运算放大器的外形结构特点、型号和管脚标记，看清它的引线排列，明了各引脚作用，正确进行连线

目前集成运算放大器的常见封装方式有金属壳封装和双列直插式封装等，外形如图 10-42 所示，而且以双列直插式封装居多。双列直插式有 8、10、12、14、16 引脚等种类。虽然它们的外引线排列日趋标准化，但各生产商仍略有区别。因此，使用前必须查阅相关资料，以便正确连线。

图 10-42　常见集成运算放大器外形

3．使用前应对所选的集成运算放大器进行参数测量

使用集成运算放大器之前往往要用简易测试法判断其好坏，例如，用万用表欧姆（"×100 Ω"或"×10 Ω"）对照管脚测试有无短路和断路现象，必要时还可采用测试设备测量集成运算放大器的主要参数。

4．要注意调零及消除自激振荡

由于失调电压及失调电流的存在，输入为零时输出往往不为零，此时一般需外加调零电路。

为防止电路产生自激振荡，应在集成运算放大器电源端加上去耦电容，有的集成运算放大器还需外接频率补偿电路。

10.5.2　保护措施

在实际应用中，我们总是希望电路性能好，故障率低，工作安全可靠。集成运算放大器在工作中出现故障或损坏，往往是由于使用不当造成，如输入信号过大、电源电压极性接反或过高、输出端直接接"地"或接正负电源等。因此，为使集成运算放大器安全，稳定工作，适当对其采取一些保护措施是很必要的。

1．对输入端的保护

对输入端保护的目的是防止传输到集成运算放大器两输入端之间的电压超过差模或共模电压而造成集成运算放大器的损坏。

（1）对具有较小差模输入电压的输入端的保护。图 10-43（a）是单端输入时的输入端保护电路，图 10-43（b）是差动（双端）输入时的输入端保护电路。

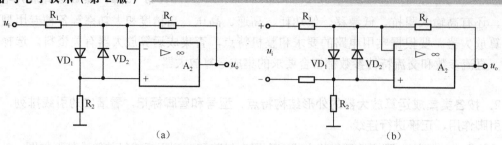

图 10-43　较小差模输入电压的输入端保护电路

图 10-43 中 VD_1、VD_2 是保护二极管，通常采用硅二极管。当同相与反相输入端之间的电压高于 0.7 V 时，VD_1、VD_2 分别导通，从而使集成运算放大器两输入端间电压被箝制在 ±0.7 V，起到保护作用。图中 R_1、R_2 起限流作用，有些集成运算放大器内只包含 VD_1、VD_2 两个二极管。

（2）对具有较大差模输入电压的输入端的保护。选择稳压二极管 VD_Z 的稳压值 VD_Z 等于或小于集成运算放大器的最大差动电压值。将两个稳压二极管反向串联在集成运算放大器反相、同相端之间。这样就可保证输入集成运算放大器两输入端的电压不会超过最大差动电压。图 10-44（a）是单端输入时的输入端保护电路，图 10-44（b）是双端输入时的输入端保护电路。

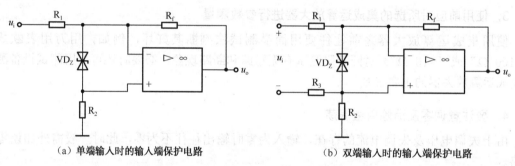

（a）单端输入时的输入端保护电路　　　　（b）双端输入时的输入端保护电路

图 10-44　具有较大差模输入电压的输入端的保护

（3）对输入电压可能超过 U_{CC} 或 U_{EE} 的输入端的保护。图 10-45（a）是单端输入时的输入端电路，图 10-45（b）是双端输入时的输入端电路。

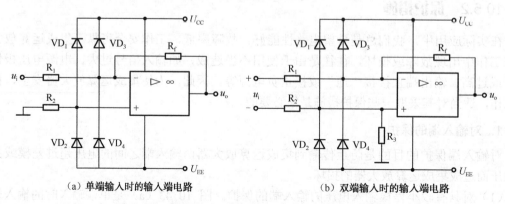

（a）单端输入时的输入端电路　　　　　（b）双端输入时的输入端电路

图 10-45　输入电压可能超过 U_{CC} 或 U_{EE} 的输入端保护

当反相输入端电压高于 U_{CC} 时，VD_3 导通，使之箝位在（U_{CC}-0.7）V；当反相输入端电压低于 U_{EE} 时，VD_4 导通，使之箝位在（U_{CC}-0.7）V。

同相输入端的情况与此相同。

2. 对输出端的保护

有些集成运算放大器输出端内部具有短路保护，而一般集成运算放大器内部不具有输出短路保护电路。这样的集成运算放大器当输出端对地短路或与某电源接触时，就会使通过集成运算放大器内部输出级的电通过大，时间稍长就会由于发热而遭破坏，造成整个集成运算放大器的损坏。因此，设置集成运算放大器输出保护措施对于那些不具有内部输出保护功能的集成运算放大器是很必要的。

（1）输出端串联限流保护电阻的输出端保护。这种方法是最简单的保护措施。当输出端出现对地短路或与某电源接触时，限流电阻 R_4 限制了流入或流出集成运算放大器的电流，使之不会过大。但由于限流电阻要减小正常工作时的电压和输出电流幅度，故选择 R_4 的阻值时要适度。输出端串联限流保护电阻的输出端保护电路如图 10-46 所示。

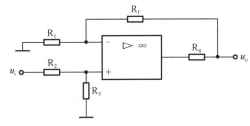

图 10-46　输出端串联保护电阻的输出端保护电路

（2）分别设置过压或过流保护的输出端保护。在图 10-47 中由 VD_1、VD_2 两个硅二极管对输入端实现过压保护，使集成运算放大器输出端电压最大值为±0.7 V，在集成运算放大器输出端接触某电源端时，集成运算放大器输出级不会承受高压。

图 10-48 是利用 VD_{Z1}、VD_{Z2} 两个硅稳压二极管使集成运算放大器输出端电压限制在±$U_Z + U_D$。其中一个反向击穿时，另一个正向导通。

图中 R_4 是限流保护电阻，实现过流保护。

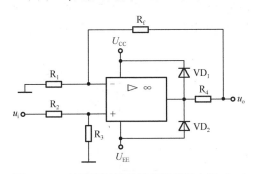 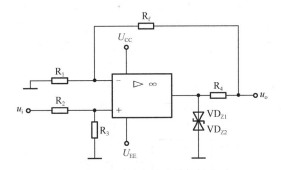

图 10-47　过压和过流的输出端保护电路（一）　　　　图 10-48　过压和过流的输出端保护电路（二）

3. 对电源端的保护

集成运算放大器的另一种故障是由电源极性接反或电源电压瞬变导至。尤其是在初学者或有多人共同调试、操作的场合，设置电源端保护是必要的。

在供电导线上串入二极管可实现电源电压极性的保护。

图 10-49 是双电源供电时的二极管保护电路。图 10-50 是单电源供电时的二极管保护

电路。如果电源极性接反，由于二极管截止，相当于断路，则反极性电源电压不能送入集成运算放大器，从而起到保护作用。

电源电压极性正确时，二极管导通，为电源供电提供通路。

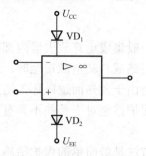

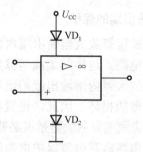

图 10-49　双电源供电时的二极管保护电路　　　图 10-50　单电源供电时的二极管保护电路

10.5.3　使用技巧

每一种型号的集成运算放大器都有它确定的性能指标，但在某些具体场合使用时，可能某一项或两项指标不满足使用要求。在这种情况下我们可以在集成运算放大器的外围附加一些元件，来提高电路的某些指标，这就是集成运算放大器的使用技巧。

1．提高输出电压

除高压集成运算放大器外，一般集成运算放大器的最大输出电压在供电电压为±15 V 时仅有±12V 左右。这在高保真音响电路和自动控制电路中均不能满足要求。这时可采用提高输出电压的方法将输出电压幅度扩展。图 10-51 为简单输出扩展电压电路。

2．增大输出电流

集成运算放大器的输出电流一般在±10 mA 以下，要想扩大输出电流，最简单的方法是在集成运算放大器输出端加一级射极输出器。图 10-52 为双极性输出时的电流扩展电路。当输出电压为正时，VT_1 导通，VT_2 截止；输出电压为负时，VT_1 截止，VT_2 导通。由于有射极输出器的电流放大作用，使输出电流得到扩展。电路中两个二极管的作用是给 VT_1、VT_2 提供合适的直流偏压，以消除交越失真。

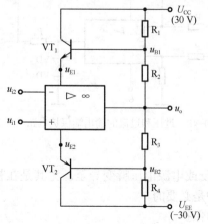

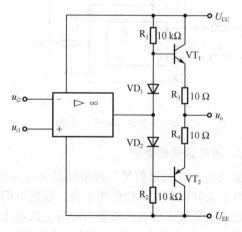

图 10-51　简单输出扩展电压电路　　　图 10-52　双极性输出时的电流扩展电路

技能训练 10　集成运算放大器的加法、减法运算电路

1．训练目的

（1）掌握集成运算放大器的线性应用。

（2）学习加法、减法电路的原理及测量方法。

2．实验仪器

模拟电路实验装置（可在扩展区自行设计）1 台，万用表 1 个，双踪示波器 1 台。

3．实验原理

集成运算放大器是具有两个输入端、一个输出端的高增益、高输入阻抗、低输出阻抗的直接耦合多级放大器。外接深度电压负反馈后，输出电压与输入电压的运算关系仅决定于外接反馈网络与输入端的外接阻抗，而与运算放大器本身无关。改变反馈网络与输入端的外接阻抗的形式和参数，即能对输入信号进行各种数字运算，如比例、加法、减法、积分、微分等。这里仅讨论加法、减法运算。

在实际运算电路中，大多数集成运算放大器工作在线性范围内。由于实际集成运算放大器的性能都比较接近理想集成运算放大器的性能，故在一般分析讨论中，理想集成运算放大器的三条基本结论也适用：开环放大倍数为无穷大；集成运算放大器两输入端之间的差模输入电压为零（虚短，$u_+ = u_-$）；集成运算放大器两输入端的输入电流为零（虚断，$i_+ = i_- = 0$）。

（1）反相加法运算电路如图 10-53 所示。反向加法运算电路的函数关系式为：

$$u_o = -\left(\frac{R_f}{R_1} u_{i1} + \frac{R_f}{R_2} u_{i2} \right)$$

（2）减法运算电路如图 10-54 所示。减法运算电路的函数关系式为：

$$u_o = \frac{R_f}{R_1} (u_{i2} - u_{i1})$$

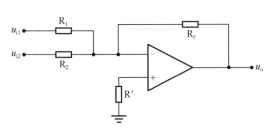

图 10-53　反相加法运算电路

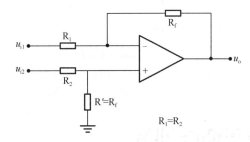

图 10-54　减法运算电路

4．实验内容及步骤

1）反相加法运算电路

（1）按图 10-55 连接电路正确无误后接通电源。

（2）输入端输入两直流信号，按表 10-1 中的内容进行测量，并与预习的计算结果比较。

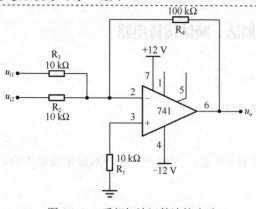

图 10-55 反相加法运算连接电路

表 10-1　反向加法运算实验数据

u_{i1}	0.5 V	−0.5 V
u_{i2}	0.25 V	−0.25 V
u_o		

（3）用示波器观察一个直流电压 0.2V 和一个交流电压 0.1V 相加的输出结果。

2）减法运算电路

（1）按照图 10-56 连接电路，正确无误后，接通电源。

（2）输入端输入两直流信号，按表 10-2 中的内容进行测量，并与预习的计算结果比较。

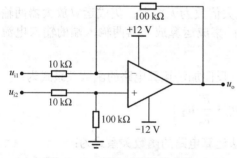

图 10-56　减法运算连接电路

表 10-2　减法运算实验数据

u_{i1}	0.25 V	0.5 V
u_{i2}	0.5 V	0.25 V
u_o		

（3）输入两个相同交流信号，看输出波形是否为零。

5．实验报告

（1）推导实验电路原理过程。

（2）记录实验中所测的输出与输入信号的变化情况，绘出波形图比较。

（3）分析实验结果，总结实验心得。

知识梳理与小结

当集成电路接深度负反馈时，集成运算放大器工作在线性区，其电路特点为"虚短"、"虚断"；当开环或者接正反馈时，集成运算放大器工作在非线性区，其电路特点为"虚断"。

负反馈放大电路基本类型有如下几种。

（1）电压并联负反馈：稳定输出电压，减小输出、输入电阻。

（2）电压串联负反馈：稳定输出电压，减小输出电阻，增大输入电阻。

（3）电流并联负反馈：稳定输出电流，增大输出电阻，减小输入电阻。

（4）电流串联负反馈：稳定输出电流，增大输出、输入电阻。

反相比例运算电路：$u_o = -\dfrac{R_f}{R_1} u_i$。

同相比例运算电路：$u_o = \left(1 + \dfrac{R_f}{R}\right) u_+ = \left(1 + \dfrac{R_f}{R}\right) u_i$。

积分电路：$u_o = -\dfrac{1}{C} \displaystyle\int_0^t i_c \mathrm{d}t = -\dfrac{1}{RC} \displaystyle\int_0^t u_i(t) \mathrm{d}t$。

微分电路：$u_o(t) = -i_f R_f = -R_f C \dfrac{\mathrm{d}u_i(t)}{\mathrm{d}t}$。

思考与练习题 10

1．填空题

（1）负反馈对放大电路有减小非线性失真、＿＿＿＿、＿＿＿、＿＿＿和改变输出电阻等影响。

（2）① 某放大电路引入串联负反馈，放电电路的输入电阻＿＿＿＿＿＿＿＿；

② 某放大电路引入并联负反馈，放电电路的输入电阻＿＿＿＿＿＿＿＿；

③ 某放大电路引入电压负反馈，放电电路的输出电阻＿＿＿＿＿＿＿＿；

④ 某放大电路引入电流负反馈，放电电路的输出电阻＿＿＿＿＿＿＿＿。

（3）① 某放大电路希望稳定输出电压，应该引入＿＿＿＿＿＿＿＿负反馈；

② 某放大电路希望减小输出电阻与输入电阻，应该引入＿＿＿＿＿＿＿负反馈；

③ 某放大电路希望稳定输出电流，同时减小输入电阻，应该引入＿＿＿＿＿＿＿负反馈；

④ 某放大电路希望增加输出电阻，同时减小输入电阻，应该引入＿＿＿＿＿＿＿负反馈。

2．判断与计算题

（1）在图 10-57 所示的各电路中，试判断:

① 反馈网络由哪些元件组成？

② 哪些构成本级反馈？哪些构成级间反馈？

③ 若为交流反馈,请分析反馈的极性和组态。

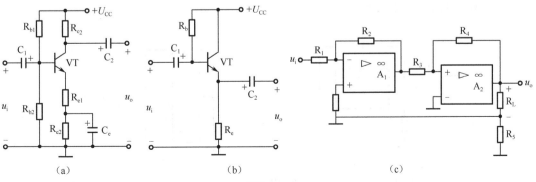

图 10-57

（2）如图 10-58 所示电路，集成运算放大器输出电压的最大幅值为±10 V，填表 10-3。

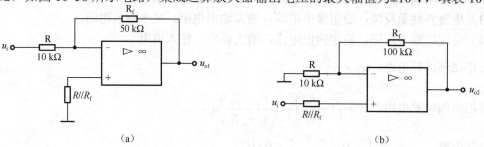

（a）   （b）

图 10-58

表 10-3   实验数据

u_i（V）	0.02	0.1	0.3	0.8	1.5
u_{o1}（V）					
u_{o2}（V）					

（3）试求图 10-59 所示各电路输出电压与输入电压的运算关系式。

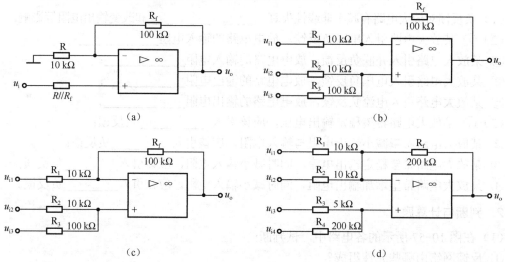

（a）   （b）

（c）   （d）

图 10-59

（4）在图 10-60（a）所示电路中，已知输入电压 u_i 的波形如图 10-60（b）所示，当 $t=0$ 时，$u_o=0$，试画出 u_o 的波形。

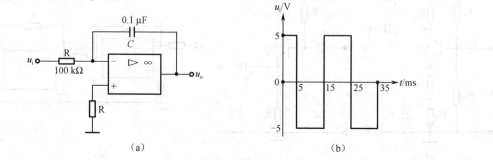

（a）   （b）

图 10-60

3．设计与分析题

（1）运用反相比例运算放大电路，设计一个 $u_o=-10u_i$ 的电路，并设 $R_f=100$ kΩ。

（2）运用反相比例运算放大电路，设计一个 $u_o=6u_i$ 的电路；并设 $R_f=100$ kΩ。

（3）试画一个运算放大器和若干电阻构成一加减运算电路，使 $u_o=-u_{i1}+2u_{i2}+3u_{i3}-4u_{i4}$。要求各输入信号的负端接地，电路应保持平衡，并设 $R_f=30$ kΩ。

（4）图 10-61 是一减法运算电路，试推导出 u_o 的表达式。若取 $R_f=100$ kΩ，要求 $u_o=5u_{i1}-2u_{i2}$，问 R_1、R_2 应取何值？

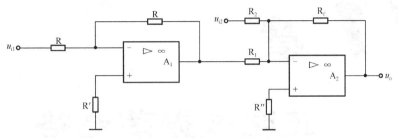

图 10-61

（5）试分别求图 10-62 所示各电路的电压传输特性。

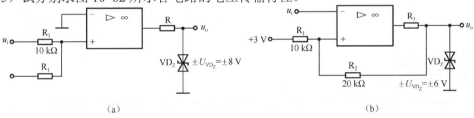

图 10-62

（6）微分电路和它的输入波形分别如图 10-63（a）、（b）所示。试画出其输出电压波形。

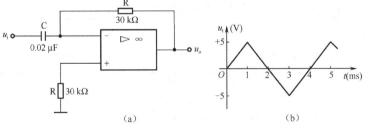

图 10-63

（7）在图 10-64 所示电路中，设电容器初始电压 $u_C=0$ V，输入信号电压 $u_{i1}=1.1$ V，$u_{i2}=1$ V，试画出接入 u_{i1} 和 u_{i2} 的波形，计算出输出电压 u_o 由 0 V 达到 10 V 所需的时间。

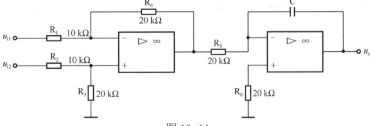

图 10-64

第 11 章

正弦波振荡电路

教学导航

教	知识重点	产生正弦波的振荡条件； RC、LC 正弦波振荡电路的工作原理及其振荡频率； 石英晶体的特性及振荡电路的工作原理
	知识难点	振荡电路的振荡条件
	推荐教学方式	启发性（实际应用电路）课堂教学讲授、学生互动探讨教学方式等
	建议学时	6（理论 4+实践 2）
学	学习目标	产生正弦波振荡的条件； RC、LC 正弦波振荡电路的工作原理及其振荡频率； LC 正弦波振荡电路的工作原理及其振荡频率； 石英晶体的特性及振荡电路的工作原理； 振荡电路的典型电路
	学习技能	振荡电路的测试； 相关仪器的使用

正弦波振荡电路是用来产生一定频率和幅度的正弦交流信号的电子电路。它的频率范围可以从几赫兹到几百兆赫兹，输出功率可能从几毫瓦到几十千瓦。正弦波振荡电路是利用正反馈原理构成的反馈振荡电路，广泛用于各种电子电路中。

11.1 振荡电路的基本原理

在放大电路中，输入端接有信号源后，输出端才有信号输出。如果一个放大电路在输入信号为零时，输出端却有一定频率和幅值的信号输出，这种现象称为放大电路的自激振荡。

11.1.1 正弦波电路框图

图 11-1 是正弦波电路的正反馈框图，首先讨论反馈放大器产生自激振荡的条件。由图 11-1 可知，在放大器的输入端存在如下关系：

$$X_i = X_s + X_f \tag{11-1}$$

其中 X_i 为净输入信号，且：

$$X_f = FX_o \ 及 \ X_o = AX_i$$

正反馈放大器的闭环增益为：

$$A_f = \frac{X_o}{X_s} = \frac{AX_i}{X_i - X_f} = \frac{AX_i}{X_i - AFX_i} = \frac{A}{1 - AF} \tag{11-2}$$

如果条件满足，则：

$$|1 - AF| = 0, \ 即 AF = 1 \tag{11-3}$$

这就表明，在图 11-1 中如果有很小的信号 X_s 输入，便可以有很大的信号 $X_o = A_f X_s$ 输出。如果使反馈信号与净输入信号相等，则：

$$X_f = X_i$$

那么可以不外加信号 X_s 而用反馈信号 X_f 取代输入信号 X_s，仍能确保信号的输出，这时整个电路就成为一个自激振荡电路，自激振荡器的框图就可以绘成如图 11-2 所示的形式。

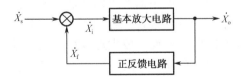

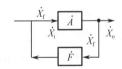

图 11-1 正弦波电路的正反馈框图　　　图 11-2 自激振荡器的框图

11.1.2 自激振荡的条件

由上述分析可知，当 $AF=1$ 时自激振荡可维持振荡。$AF=1$ 即为自激振荡的平衡条件，其中 A 和 F 都是频率的函数，可用复数表示为：

$$A = A\angle\varphi_a, \quad F = F\angle\varphi_f$$

则：

$$AF = |AF|\angle\varphi_a + \angle\varphi_f$$

即

$$|AF| = AF = 1 \tag{11-4}$$

$$\varphi_{a} + \varphi_{f} = 2n\pi \qquad n = 0,1,2,3\cdots\cdots \tag{11-5}$$

式（11-4）称为自激振荡的振幅平衡条件，式（11-5）称为自激振荡的相位平衡条件。

综上所述，振荡器就是一个没有外加输入信号的正反馈放大器，要维持等幅的自激振荡，放大器必须满足振幅平衡条件和相位平衡条件。上述振荡条件如果仅对某一单一频率成立时，则振荡波形为正弦波，称为正弦波振荡器。

11.1.3　基本构成

正弦波振荡电路一般包含以下几个基本组成部分。

1．放大器

为交流信号提供足够的增益，且增益的值具有随输入电压增大而减小的变化特性。

2．反馈电路

形成正反馈，以满足相位平衡条件。

3．选频电路

实现单一频率信号的振荡。在构成上，选频电路与反馈电路可以单独构成，也可合二为一。很多正弦波振荡电路中，选频电路与反馈电路结合在一起，选频电路由 LC 电路组成称为 LC 正弦波振荡电路，由 RC 电路组成称为 RC 正弦波振荡电路，由石英晶体组成称为石英晶体正弦波振荡电路。

4．稳幅环节

利用电路元件的非线性特性和负反馈电路，使波形幅值稳定，而且波形的形状良好。

11.1.4　起振和稳定过程

实际上，振荡器在接通电源时就能自行起振，而不需要借助外加信号。因为当振荡电路接通电源时，在放大器内部会产生噪声信号，其中包含着各种频率谐波分量。在正弦波发生器中，由于选频电路的存在，使 $f = f_0$ 的信号被反复放大形成稳定的正弦波，而其他 $f \neq f_0$ 的频率分量则被抑制。在信号发生器的振荡建立阶段，要求 $HF > 1$，使信号逐渐增大而起振；在信号稳幅的过程中，则要求 $HF = 1$，使信号保持不失真的等幅振荡。至此振荡就建立起来。

振荡产生的输出电压幅度是否会无限制地增长下去呢？由于三极管的特性曲线是非线性的，当信号幅度增大到一定程度时，电压放大倍数 A_u 就会随之下降，最后达到 $AF=1$，振荡幅度就会自动稳定在某一振幅上。从 $AF>1$ 到 $AF=1$ 过程，就是振荡电路自激振荡的建立与稳定的过程。

11.1.5　振荡器的分类

根据选频电路的不同，可将振荡器分为 RC 振荡器（振荡频率范围为几十赫兹至几十千

赫兹）、LC 振荡器（振荡频率的范围为几千赫兹至几百千赫兹）、石英晶体振荡器（约为兆赫兹数量级）。每一类电路中，放大电路和反馈电路又可采用各种不同的电路形式。

11.2　RC 振荡电路

振荡频率在几百千赫兹以下的振荡电路常采用 RC 振荡电路。由 RC 元件组成的选频电路有 RC 串并联电路（又称 RC 桥式振荡器）、RC 移相式振荡电路和 RC 双 T 电路式振荡电路。

RC 串并联电路因具有振荡频率稳定、输出波形失真小等优点而被广泛应用，下面对其重点介绍。

1．电路组成

图 11-3 所示电路是 RC 桥式振荡电路的原理图，它由同相放大器 A 及反馈电路 F 两部分组成。图中 RC 串并联电路组成正反馈选频电路，电阻 R_f、R 是同相放大器中的负反馈回路，由它决定放大器的放大倍数。

2．RC 串并联电路的频率特性

RC 串并联电路如图 11-4 所示，设 $R_1=R_2=R$，$C_1=C_2=C$，则：

$$Z_1 = R_1 + \frac{1}{j\omega C_1} = \frac{1+j\omega CR}{j\omega C}$$

$$Z_2 = \frac{R_2 \cdot \frac{1}{j\omega C_2}}{R_2 + \frac{1}{j\omega C_2}} = \frac{R}{1+j\omega CR}$$

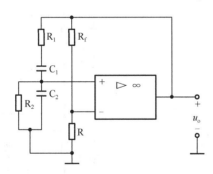

图 11-3　RC 桥式振荡电路

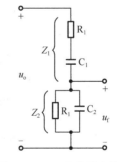

图 11-4　RC 串并联电路

则反馈系数为：

$$F = \frac{u_f}{u_o} = \frac{Z_2}{Z_1+Z_2} = \frac{1}{3+j\left(\omega CR - \frac{1}{\omega CR}\right)} \tag{11-6}$$

令　$\omega_0 = \frac{1}{R_C}$，即 $f_0 = \frac{1}{2\pi RC}$，则式（11-6）可写为：

$$F = \cfrac{1}{3 + j\left(\cfrac{\omega}{\omega_0} - \cfrac{\omega_0}{\omega}\right)} = \cfrac{1}{3 + j\left(\cfrac{f_0}{f_0} - \cfrac{f_0}{f}\right)}$$

其频率特性曲线如图 11-5（a）、（b）所示。从图中可看出，当信号频率 $f=f_0$ 时，u_f 与 u_o 同相，且有反馈系数 $F = \dfrac{u_f}{u_o} = \dfrac{1}{3}$ 为最大。

3．RC 串并联电路的起振条件

同相放大器的输出电压 u_o 与输入电压 u_i 同相，即 $\varphi_a = 0$，从分析 RC 串并联电路的频率特性可知，当输入 RC 电路的信号频率 $f=f_0$ 时，u_o 与 u_f 同相，即 $\varphi_f = 0$，整个电路的相移 $\varphi = \varphi_a + \varphi_f = 0$，即为正反馈，满足相位平衡条件。

放大器的放大倍数 $A_u = 1 + \dfrac{R_f}{R}$，从分析 RC 串并联电路的频率特性可知，在 $R_1=R_2=R$，$C_1=C_2=C$ 的条件下，当 $f=f_0$ 时，反馈系数 $F=1/3$ 达到最大，此时，只要放大器的电压放大倍数略大于 3（即 $R_f \geq 2R$），就能满足 $AF > 1$ 的条件，振荡电路能自行建立振荡。

4．稳幅措施

在振荡电路中自动稳幅的措施是引入负反馈。图 11-3 所示电路中引入 R_f 和 R_1 组成负反馈电路的目的是稳定输出幅度、改善波形、减小非线性失真。在实际应用中，负反馈支路常利用二极管、稳压管、热敏电阻和场效应管等元件的非线性特性来自动稳定振荡幅度。图 11-6 所示电路就是一个稳幅的 RC 振荡电路。图中 R_1、R_2、C_1、C_2 构成正反馈选频电路，结型场效应管作为可变电阻的稳幅电路，这种电路使场效应管工作在可变电阻区，使其成为压敏电阻。场效应管的 D 和 S 两端的等效阻抗随栅压而变，以控制反馈通路的反馈系数，从而稳定振幅。

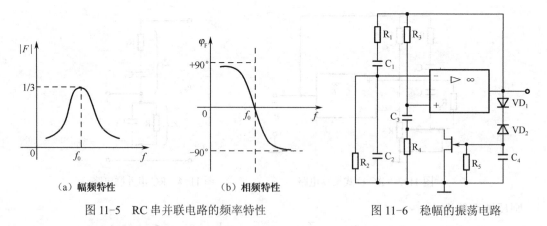

（a）幅频特性　　（b）相频特性

图 11-5　RC 串并联电路的频率特性　　　　图 11-6　稳幅的振荡电路

11.3　LC 正弦波振荡电路

由 LC 选频电路构成的正弦振荡电路主要用来产生高频正弦信号。LC 振荡电路通常采用电压正反馈。按反馈电压取出方式不同，可分为互感耦合式（变压器反馈式）、电感

三点式、电容三点式三种典型电路。三种电路的共同特点是采用 LC 并联谐振回路作为选频电路。

11.3.1 变压器反馈式振荡电路

在变压器反馈式振荡电路中，其谐振回路接在共发射极电路的集电极的称为共射调集振荡电路，类似的还有共射调基振荡电路和共基调射振荡电路。下面以共射调集变压器反馈式 LC 振荡电路为例进行分析。

1．电路组成

图 11-7 所示电路就是共射调集变压器反馈式 LC 振荡电路，它由放大电路、LC 选频电路和变压器反馈电路三部分组成。线圈 L 与电容 C 组成的并联谐振回路作为三极管的集电极负载，起选频作用，由变压器副边绕组来实现反馈，所以称为变压器反馈式 LC 正弦波振荡电路，输出的正弦波通过 L_1 耦合给负载，C_b 为基极耦合电容。

2．振荡的建立与稳定

首先，按图 11-7 所示反馈线圈 L_2 的极性标记，根据同名端及用"瞬时极性法"判别可知其符合正反馈要求，满足振荡的相位条件。其次，当电源接通后瞬间，电路中会存在各种电的扰动，这些扰动都是谐振回路两端产生较大的电压，通过反馈线圈回路送到放大器的输入端进行放大造成的。经放大和反馈的反复循环，频率为 f_0 的正弦电压的振幅就会不断地增大，于是振荡就建立起来。

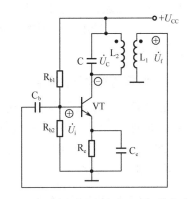

图 11-7 变压器反馈式 LC 振荡电路

由于三极管的输出特性是非线性的，放大器增益将随输入电压的增大而减小，直到 $AF=1$ 为止，振荡趋于稳定，最后电路就稳定在某一幅度下工作，维持等幅振荡。

3．振荡频率

$$f = f_0 \approx \frac{1}{2\pi\sqrt{LC}}$$

（11-7）

当改变 LC 回路的参数 L 或 C 时，就可改变输出信号的频率。

4．电路的优缺点

变压器反馈式 LC 振荡电路通过互感实现耦合和反馈，很容易实现阻抗匹配及达到起振要求，所以效率较高，应用很普遍。可以在 LC 回路中安装可变电容器来调节振荡频率，调频范围较宽，一般为几千赫兹到几百千赫兹，为了进一步提高振荡频率，选频放大器可改为共基极接法。该电路在安装中要注意的问题是反馈线圈的极性不能接反，否则就变成负反馈而不能起振，若反馈线圈的连接正确仍不能起振，可增加反馈线圈的匝数。

11.3.2 电感三点式振荡电路

三点式振荡电路有电容三点式电路和电感三点式电路，它们的共同点是谐振回路的三个引出端与三极管的三个电极相连接（指交流通路）。其中，与发射极相连接的为两个同性质电抗，与集电极和基极相连接的是异性质电抗。这种规定可作为三点式振荡电路的组成法则，利用这个法则，可以判断三点式振荡电路的连接是否正确。

1. 电路组成

电感三点式振荡电路，也称为哈特莱振荡电路，如图 11-8 所示，它由放大电路、选频电路和正反馈回路组成。选频电路是由带中间抽头的电感线圈 L_1、L_2 与电容 C 组成，将电感线圈的三个端点—首端、中间抽头和尾端分别与放大电路相连。对交流通路而言，电感线圈的三个端点分别与三极管的三个极相连，其中与发射极相连接的是 L_1 和 L_2。线圈 L_2 为反馈元件，通过它将反馈电压送到输入端。C_1、C_2 及 C_e 对交流视为短路。

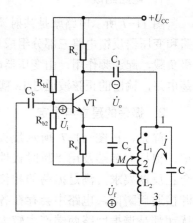

图 11-8　电感三点式振荡电路

2. 振荡的相位平衡条件

由"瞬时极性法"和同名端差别可知，当输入信号瞬时极性为 ⊕ 时，经过三极管倒相输出为 ⊖ ，即 $\varphi_f = 180°$，整个闭环相移 $\varphi = \varphi_a + \varphi_f = 360°$，即反馈信号与输入信号同相，电路形成正反馈，满足相位平衡条件。

3. 振荡的振幅平衡条件

只要三极管的 β 值足够大，该电路就能满足振荡的振幅平衡条件。L_2 越大，反馈越强，振荡输出越大，电路越容易起振，只要求用较小 β 的三极管就能够使振荡电路起振。

4. 振荡频率

$$f = \frac{1}{2\pi\sqrt{LC}} = \frac{1}{2\pi\sqrt{(L_1 + L_2 + 2M)C}} \tag{11-8}$$

式（11-8）中 M 为耦合线圈的互感系数。通过改变电容 C 可改变输出信号频率。

5. 电路优缺点

（1）电路较简单，易连接。

（2）耦合紧，同名端不会接错，易起振。

（3）采用可变电容器，能在较宽范围内调节振荡频率，振荡频率一般为几十赫兹至几十兆赫兹。

（4）高次谐波分量大，波形较差。

13.3.3　电容三点式振荡电路

1．电路组成

电容三点式振荡电路又称为考毕兹电路，如图 11-9 所示，反馈电压取自 C_1、C_2 组成的电容分压器。三极管 VT 为放大器件，R_{b1}、R_{b2}、R_c、R_e 用来建立直流通路和合适的工作点电压，C_b 为耦合电容，C_e 为旁路电容，L、C_1、C_2 并联回路组成选频反馈电路。与电感三点式振荡电路的情况相似，这样的连接也能保证实现正反馈，产生振荡。

2．振荡频率

$$f_0 \approx \frac{1}{2\pi\sqrt{LC}} \tag{11-9}$$

式（11-9）中，$C = \dfrac{C_1 C_2}{C_1 + C_2}$。

3．电路优缺点

（1）反馈电压从电容 C_2 两端取出，频率越高，容抗越小，反馈越弱，减小了高次谐波分量，从而输出波形好，频率稳定性也较高。

（2）振荡频率较大，可达 100 MHz 以上。

（3）要改变振荡频率，必须同时调节 C_1 和 C_2，这样既不方便，又将导致振荡稳定性变差。

4．克拉泼振荡电路

为了方便地调节电容三点式振荡电路的振荡频率，通常在线圈 L 上串联一个容量较小的可变电容 C_3，如图 11-10 所示。

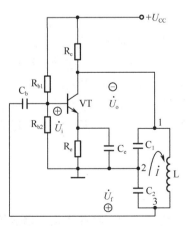
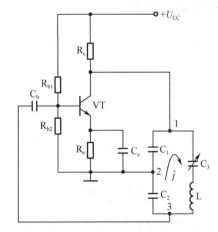

图 11-9　电容三点式振荡电路　　　　图 11-10　改进型电容三点式振荡电路

实例 11-1　标出图 11-11 所示电路中变压器的同名端，使其满足产生振荡的相位条件。

解　运用"瞬时极性法"，欲使电路满足相位条件，应符合图中标示的极性，那么，a 与 d 是同名端，b 与 c 是同名端。

例 11-2 如图 11-11 所示电路，$L_1=0.3$ mH，$L_2=0.2$ mH，$M=0.1$ mH，电容 C 在 33～330 pF 范围内可调。

（1）画出交流通路。

（2）求振荡频率 f 的变化范围。

解 交流通路如图 11-12 所示。

$$L = L_1 + L_2 + 2M = 0.7 \text{ mH}$$

$$f_H = \frac{1}{2\pi\sqrt{LC}} = \frac{1}{2 \times 3.14\sqrt{0.7 \times 10^{-3} \times 33 \times 10^{-12}}} = 1.048 \text{ MHz}$$

$$f_L = \frac{1}{2\pi\sqrt{LC}} = \frac{1}{2 \times 3.14\sqrt{0.7 \times 10^{-3} \times 330 \times 10^{-12}}} = 331.31 \text{ MHz}$$

则振荡频率 f 在 331.31kHz～1.048MHz 范围内可调。

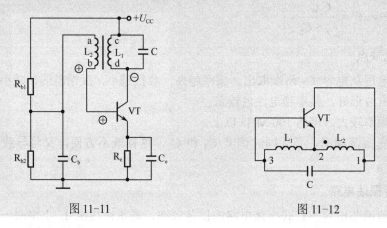

图 11-11　　　　　　　　　图 11-12

11.4　晶体振荡电路

石英晶体振荡电路是利用石英晶体的压电效应制成的一种谐振器件，如图 11-13 所示。在晶体的两个电极上加交流电压时，晶体就会产生机械振动，而这种机械振动反过来又会产生交变电场，在电极上出现交流电压，这种物理现象称为压电效应。如果外加交变电压的频率与晶片本身的固有振动频率相等，振幅明显加大，比其他频率下的振幅大得多，这种现象称为压电振荡，称该晶体为石英晶体振荡器，简称晶振，它的谐振频率仅与晶片的外形尺寸与切割方式等有关。

11.4.1　石英晶体的频率特性

石英晶体的符号和等效电路如图 11-14（a）、（b）所示。由石英晶体振荡器的等效电路可知，它有串联谐趣振频率 f_s 和并联谐振频率 f_P。

（1）当 LCR 支路发生串联谐振时，它的等效阻抗最小（等于 R），谐振频率为：

$$f_s = \frac{1}{2\pi\sqrt{LC}} \tag{11-10}$$

 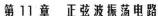

图 11-13　晶体外形

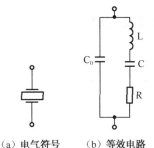  

（a）电气符号　　（b）等效电路　　（c）校正电路　　（d）电抗频率特性

图 11-14　石英晶体的符号、等效电路和电抗频率特性

（2）当频率高于 f_S 时，LCR 支路呈感性，可与电容 C_0 发生并联谐振，谐振频率为：

$$f_P = \frac{1}{2\pi\sqrt{L\dfrac{CC_0}{C+C_0}}} \tag{11-11}$$

由于 $C \ll C_0$，因此 f_S 和 f_P 非常接近，即：

$$f_P = f_S\sqrt{1+\frac{C}{C_0}}$$

根据石英晶体的等效电路，可定性地画出它的电抗频率曲线，如图 11-14（d）所示，当频率 $f<f_S$ 或 $f>f_P$ 时，石英晶体呈容性；当 $f_S<f<f_P$ 时，石英晶体呈感性。

通常，石英晶体产品给出的标称频率不是 f_S 也不是 f_P，而是串接一个负载小电容 C_3 时的校正振荡频率，如图 11-14（c）所示。利用 C_3 可使得石英晶体的谐振频率在一个小范围内（即 $f_S \sim f_P$ 之间）调整，C_3 值应远远比 C 小。

11.4.2　石英晶体振荡电路

石英晶体振荡电路的形式是多种多样的，但其基本电路只有两类，即并联晶体振荡器和串联晶体振荡器。现以图 11-15 所示的并联晶体振荡器的原理图为例做简要介绍。

图 11-15 所示电路是石英晶体以并联振荡电路的形式出现的，从图中可看出，该电路是电容三点式 LC 振荡电路，晶体在此起电感的作用。谐振频率 f 在 f_S 与 f_P 之间，由 C_1、C_2、C_3 和石英晶体等效电感 L 决定，由于 $C_1 \gg C_3$ 和 $C_2 \gg C_3$，所以振荡频率主要取决于石英晶体与 C_3 的谐振频率。

石英晶振的频率相对偏移率为 $10^{-9} \sim 10^{-11}$，RC 振荡器在 10^{-3} 以上，LC 振荡器在 10^{-4} 左右。晶振的频率稳定度远高于后两者，一般用在对频率稳定要求较高的场合，如用在数字电路和计算机中的时钟脉冲发生器等。

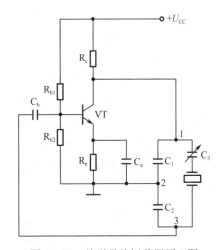

图 11-15　并联晶体振荡器原理图

技能训练 11 LC 振荡电路的性能测试

1．训练目的

（1）进一步学习 LC 振荡电路的组成、工作原理。

（2）学会调试、观察实验现象。

（3）学会相关仪器的使用。

2．实验仪器

模拟电路实验装置 1 台，双踪示波器 1 台，万用表 1 台。

3．实验内容

（1）电路原理（如图 11-16 所示）

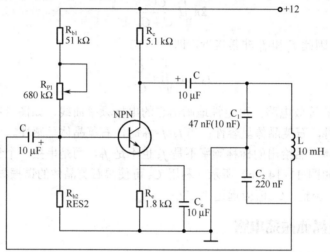

图 11-16　电路原理图

（2）按图示连接好电路，检查无误后，接通电源 U_{CC}=12 V。

（3）检查静态工作点。

（4）振荡频率与振荡幅度测试。改变 C_1 的容量，即 C_1 分别为 10 nF 和 47 nF 时，用示波器测量相应振荡电压的峰峰值 U_{P-P} 及振荡信号的频率，将结果填入表 11-1。

（5）调节静态工作点，观察输出波形的变化。

（6）如果输出波形有一点失真，可以在发射极引入一个 100 Ω 的负反馈。

表 11-1　测量结果

C_1	f（kHz）	U_{P-P}
10 nF		
47 nF		

4．实验报告

（1）整理表格，分析实验结果。

（2）回答思考题。

5．思考题

本振荡电路有什么特点？

知识梳理与总结

1. 振荡的条件

振幅平衡条件：$|AF| = AF = 1$

相位平衡条件：$\varphi_a + \varphi_f = 2n\pi$ 　　　　　　$n = 0, 1, 2, 3 \cdots$

2. RC 振荡电路

RC 振荡电路一般产生的频率为几百千赫兹以下。因具有振荡频率稳定、输出波形失真小等优点而被广泛应用。　振荡频率为 $f_0 = \dfrac{1}{2\pi RC}$，且有反馈系数 $F = \dfrac{u_f}{u_o} = \dfrac{1}{3}$ 为最大。

3. LC 振荡电路

LC 振荡电路主要用来产生高频正弦信号。典型电路有电容三点式、互感耦合式（变压器反馈式），电感三点式。

4. 石英晶体

当 LCR 支路发生串联谐振时，谐振频率为 $f_s = \dfrac{1}{2\pi\sqrt{LC}}$；LCR 支路呈感性，发生并联谐振，谐振频率为 $f_P = \dfrac{1}{2\pi\sqrt{L\dfrac{CC_0}{C+C_0}}} = f_s\sqrt{1 + \dfrac{C}{C_0}}$

思考与练习题 11

1. 简答题

（1）产生自激振荡的振幅平衡条件和相位平衡条件是什么？

（2）正弦波振荡电路一般包括哪几个组成部分？各部分的作用是什么？

（3）组成 RC 文氏电桥振荡器的基本放大电路的放大倍数必须为多少？设图 7-13 所示电路中 $R=5\ k\Omega$，问：$R_f=5\ k\Omega$、$R_f=20\ k\Omega$ 及 $R_f=8.2\ k\Omega$ 的电阻和 $10\ k\Omega$ 的可调电阻串联，这三种情况能否分别产生正弦波振荡？

2. 分析与计算题

（1）试判断图 11-17 所示电路中，哪些能产生振荡，哪些不能产生振荡。

（2）图 11-18 是一个振荡电路，$C_1=C_2=C_3=0.1\ \mu F$，$C_4=510\ pF$，$C_5=2\ 200\ pF$，问：

① 该电路是什么形式的振荡电路？

② 若振荡频率 $f_0=100\ kHz$，L 是多少？

（3）在图 11-19 所示的改进型电容三点式正弦波振荡电路中，设 $C_1=C_2=1\ 000\ pF$，$L=50\ \mu H$，可变电容 C_3 在 $12\sim365\ pF$ 范围内可调，试求其振荡频率的变化范围。

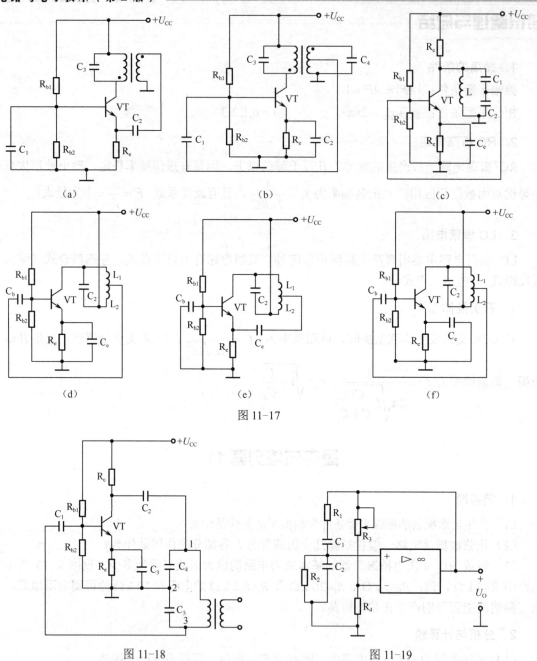

图 11-17

图 11-18　　　　　　　　　　　图 11-19

（4）RC 文氏电桥电路如图 11-20 所示，$R_1=R_2=R_4=1\,000\,\text{k}\Omega$，$R_3$ 的最大阻值为 $250\,\text{k}\Omega$，$C_1=C_2=0.1\,\mu\text{F}$。求：

① 电路的振荡频率是多少？

② 欲使振荡频率为 10 kHz，试问电容 C_1、C_2 的数值应为大？

③ 可变电阻 R_3 的数值应如何确定？

（5）在如图 11-20 所示电路中，石英晶体起什么作用（电感、电容）？属于何种类型晶体振荡电路？

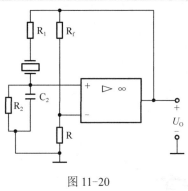

图 11-20

第12章

直流稳压电源

教	知识重点	整流电路； 滤波电路； 稳压电路
	知识难点	全波整流电路
	推荐教学方式	启发性（直流电源电路）课堂教学讲授、学生互动探讨教学方式等
	建议学时	8 学时（理论 6+实践 2）
学	必须掌握的理论知识	全波桥式整流电路； 滤波电路； 集成块稳压电路
	必须掌握的技能	直流稳压电源电路的设计； 直流稳压电源电路的参数测定

在工农业生产和日常生活中主要采用交流电，而交流电也是最容易获得的，但在电子电路和自动控制装置等许多方面还需要电压稳定的直流电源供电。为了获得直流电，除用电池和直流发电机之外，目前广泛采用半导体直流电源。

最简单的小功率直流稳压电源的组成原理如图 12-1 所示，主要由四部分组成，各部分功能如下。

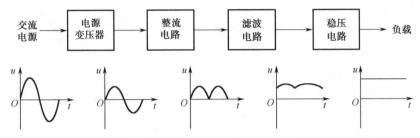

图 12-1   直流稳压电源原理框图

（1）变压器：将正弦工频交流电源电压变换为符合用电设备所需要的正弦工频交流电压。

（2）整流电路：将工频交流电转换为具有直流电成分的脉动直流电。

（3）滤波电路：将脉动直流中的交流成分滤除，减少交流成分，增加直流成分。

（4）稳压电路：对整流后的直流电压采用负反馈技术进一步稳定直流电压。在对直流电压的稳定程度要求较低的电路中，稳压环节也可以不要。

直流稳压电源的工作过程一般为：首先由电源变压器将 220V 的交流电压变换为所需要的交流电压值；然后利用整流元件（二极管、晶闸管）的单向导电性将交流电压整流为单向脉动的直流电压，再通过电容或电感储能元件组成的滤波电路减小其脉动成分，从而得到比较平滑的直流电压；经过整流、滤波后得到的直流电压是易受电网波动（一般有 ±10% 的波动）及负载变化的影响，因而在整流、滤波电路之后，还需稳压电路，当电网电压波动、负载和温度变化时，维持输出直流电压的稳定。

12.1   整流电路

整流电路的任务是将交流电变换成直流电。完成这一任务主要靠二极管的单向导电作用，因此二极管是构成整流电路的关键元件（常称之为整流管）。常见的整流电路有单相半波、桥式和倍压整流电路。

12.1.1   二极管整流电路

1. 单相半波整流电路

图 12-2 是一个最简单的单相半波整流电路。图中 T 为电源变压器，它将 220 V 的电网电压变换为合适的交流电压，VD 为整流二极管，电阻 R_L 代表需要用直流电源的负载。

（1）工作原理。设 $u_2 = \sqrt{2}U_2 \sin \omega t(V)$，其中 U_2 为

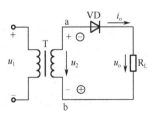

图 12-2   单相半波整流电路

变压器副边电压有效值。在 0～π 时间内，即在变压器副边电压 u_2 的正半周内，其极性是上端为正、下端为负，二极管 VD 承受正向电压而导通，此时有电流通过负载，并且与二极管上通过的电流相等，即 $i_o=i_{VD}$。忽略二极管上的压降，负载上输出电压 $u_o=u_2$，输出波形与 u_2 相同。

　　在 π～2π 时间内，即在 u_2 负半周时，变压器副边电压上端为负，下端为正，二极管 VD 承受反向电压，此时二极管截止，负载上无电流通过，输出电压 $u_o=0$，此时 u_2 电压全部加在二极管VD 上。其电路波形如图 12-3 所示。

　　综上所述，单相半波整流电路的工作原理为：在变压器副边电压 u_2 为正的半个周期内，二极管正向导通，电流经二极管流向负载，在 R_L 上得到一个极性为上正下负的电压；而在 u_2 为负半周时，二极管反向截止，电流等于零。所以在负载电阻 R_L 两端得到的电压 u_o 的极性是单方向的，达到了整流的目的。从上述分析可知，此电路只有半个周期有波形，另外半个周期无波形，因此称其为半波整流电路。

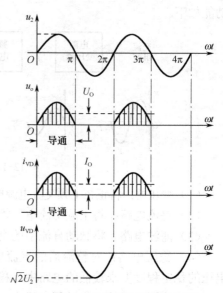

图 12-3　单相半波整流电路波形

　　（2）单相半波整流电路的指标。单相半波整流电路不断重复上述过程，则整流输出电压为：

$$u_o = \begin{cases} \sqrt{2}U_2 \sin \omega t(\text{V}) & 0 \leqslant \omega t \leqslant \pi \\ 0 & \pi \leqslant \omega t \leqslant 2\pi \end{cases}$$

负载上输出平均电压（U_O）即单相半波整流电压的平均值为：

$$U_O = \frac{1}{2\pi}\int_0^{2\pi} u_o \mathrm{d}(\omega t) = \frac{1}{2\pi}\int_0^{2\pi} \sqrt{2}u_2 \sin \omega t \mathrm{d}(\omega t) = \frac{\sqrt{2}}{\pi}U_2 = 0.45U_2 \qquad (12\text{-}1)$$

　　为了选用合适的二极管，还须计算出通过二极管的正向平均电流 I_{VD} 和二极管承受的最高反向电压 U_{RM}。

　　流经二极管的电流等于负载电流，即：

$$I_{VD} = I_O = \frac{U_O}{R_L} = 0.45\frac{U_2}{R_L} \qquad (12\text{-}2)$$

　　二极管承受的最大反向电压为变压器副边电压的峰值，即：

$$U_{RM} = \sqrt{2}U_2 \qquad (12\text{-}3)$$

　　单相半波整流电路比较简单，使用的整流元件少；但由于只利用了交流电压的半个周期，因此变压器利用率和整流效率低，输出电压脉动大，仅适用于负载电流较小（几十毫安以下）对电源要求不高的场合。

2. 单相桥式整流电路

　　单相半波电路有明显的不足之处，针对这些不足，在实践中又产生了桥式整流电路，

如图 12-4 所示。单相桥式整流电路由变压器、四个二极管和负载组成。四个二极管组成一个桥式整流电路，这个桥也可以简化成图 12-4（b）。

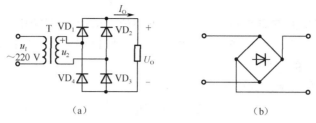

图 12-4 桥式整流电路

1）工作原理

当 u_2 为正半周时，二极管 VD_1 和 VD_3 导通，而二极管 VD_2 和 VD_4 截止，负载 R_L 上的电流是自上而下通过负载，负载上得到了与 u_2 正半周相同的电压。

当 u_2 的负半周，二极管 VD_2 和 VD_4 导通而 VD_1 和 VD_3 截止，负载 R_L 上的电流仍然是自上而下通过负载，负载上得到了与 u_2 负半周相同的电压。其电路工作波形如图 12-5 所示。

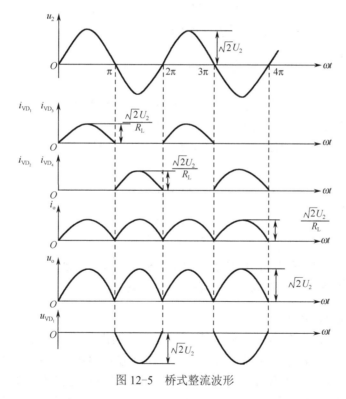

图 12-5 桥式整流波形

2）单相桥式整流电路的指标

（1）输出电压、电流的平均值：

$$U_o=0.9U_2 \tag{12-4}$$

$$I_o=0.9U_2/R_L \tag{12-5}$$

（2）整流二极管的平均电流：

$$I_{VD} = \frac{1}{2}I_O = 0.45\frac{U_2}{R_L} \tag{12-6}$$

这个数值与单相半波整流相同，虽然是全波整流，但由于是两组二极管轮流导通，对于单个二极管仍然是半个周期导通，半个周期截止，所以在一个周期内通过每个二极管的平均电流只有负载电流的一半。

整流二极管承受的最大反向电压为：

$$U_{RM} = \sqrt{2}U_2 \tag{12-7}$$

综上所述，单相桥式整流电路比单相半波整流电路只是增加了整流二极管的个数，结果使负载上的电压与电流都比单相半波整流提高一倍，而其他参数没有变化。因此，单相桥式整流电路得到了广泛应用。

实例 12-1 有一单相桥式整流电路要求输出电压 U_O=110 V，R_L=80 Ω，交流电压为 380 V。①如何选用合适的二极管？②求整流变压器变比和（视在）功率容量。

解：

$$I_O = \frac{U_O}{R_L} = \frac{110}{80} = 1.4 \text{ A}$$

$$I_{VD} = \frac{1}{2}I_O = 0.7 \text{ A}$$

$$U_2 = \frac{U_O}{0.9} = 122 \text{ V}$$

$$U_{RM} = 2\sqrt{2}U_2 = \sqrt{2} \times 122 = 172 \text{ V}$$

由此可选 2CZ12C 二极管，其最大整流电流为 1A，最高反向电压为 300 V。

求整流变压器变比：考虑到变压器副边绕组及管子上的压降，变压器副边电压大约要高出 10%，即：

$$U_2 = 122 \times 1.1 = 134 \text{ V}$$

则变压器变比为：

$$n = \frac{380}{134} = 2.8$$

再求变压器容量：变压器副边电流 $I=I_O \times 1.1 = 1.55$ A，乘 1.1 倍主要是考虑变压器损耗。故整流变压器（视在功率）容量为 $S=U_2I=134 \times 1.55 = 208$ VA。

3）常用的整流组合元件

常用的整流组合元件有半桥堆和全桥堆。半桥堆的内部由两个二极管组成，而全桥堆由四个二极管组成。半桥堆内部的两个二极管连接方式如图 12-6（a）所示，电路及外形分别如图 12-6（b）、（c）所示；全桥堆内部的四个二极管连接方式如图 12-7（a）所示，电气符号及外形分别如图 12-7（b）、（c）所示，常见整流桥如图 12-7（d）所示。

全桥堆的型号用 QL（额定正向整流电流）A（最高反向峰值电压）表示，如 QL2A200。半桥堆的型号用 1/2QL（额定正向整流电流）A（最高反向峰值电压）表示，如 1/2QL1A200。

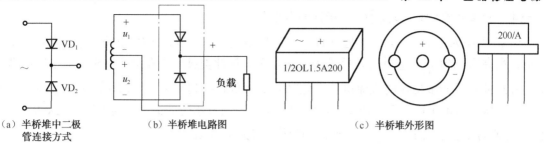

（a）半桥堆中二极
管连接方式

（b）半桥堆电路图

（c）半桥堆外形图

图 12-6　半桥堆

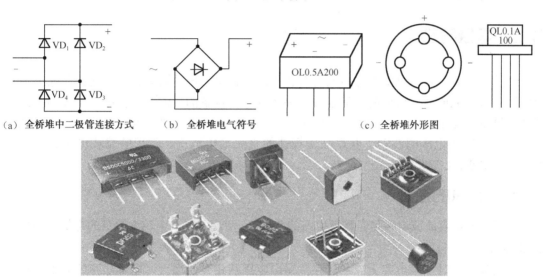

（a）全桥堆中二极管连接方式

（b）全桥堆电气符号

（c）全桥堆外形图

（d）常见整流桥

图 12-7　全桥堆

12.1.2　倍压整流电路

图 12-8 为倍压整流电路，利用倍压整流电路可以得到比输入交流电压高很多倍的输出直流电压。

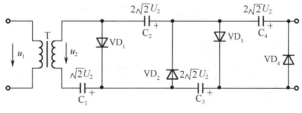

图 12-8　倍压整流电路

设电流变压器二次侧电压 $u_2 = \sqrt{2}U_2\sin\omega t$(V)，电容器初始电压为零。

当 u_2 为正半周时，二极管 VD_1 正向偏置导通，u_2 通过 VD_1 向电容器 C_1 充电，在理想情况下，充电至 $u_{C_1} \approx \sqrt{2}U_2$，极性为右正左负。

当 u_2 为负半周时，二极管 VD_1 反偏截止，二极管 VD_2 正偏导通，u_2 通过 VD_2 向电容器

C_2 充电，最高可充到 $u_{C_2} \approx 2\sqrt{2}U_2$，极性为右正左负。

当 u_2 再次为正半周时，二极管 VD_1、VD_2 反偏截止，二极管 VD_3 正偏导通，电容器 C 充电，最高可充到 $u_{C_3} \approx 2\sqrt{2}U_2$，极性为右正左负。依此类推，若在上述倍压整流电路中多增加几级便可得到多倍压的直流电压。此时只要将负载接到有关电容两端，就可以得到相应的多倍压的直流电压。在倍压整流电路中，每个二极管承受的最高反向电压为 $2\sqrt{2}U_2$；电容 C_1 的耐压值就大于 $\sqrt{2}U_2$，其余电容的耐压值大于 $2\sqrt{2}U_2$。

倍压整流电路一般用于高电压、小电流（几毫安以下）的电源中。

12.2　滤波电路

经过整流后，输出电压在方向上没有变化，但输出电压的波动较大，这说明输出的直流电压含有交流成分。这样的直流电源如果作为电子设备的电源大都会产生不良的影响，甚至使设备不能正常工作。为了改善输出电压的脉动性，必须采用滤波电路，以降低交流成分，减小输出电压的波动，获得品质极佳的直流输出电压。常用的滤波电路有电容滤波、电感滤波、LC 滤波和 π 型号滤波。

12.2.1　电容滤波

最简单的电容滤波电路是在整流电路的负载 R_L 两端并联一个较大容量的电解电容器，如图 12-9（a）所示。

当负载开路时，设电容无能量储存，输出电压从零开始增大，电容器开始充电，充电时间常数 $\tau = R_{in}C$（其中 R_{in} 为变压器二次侧绕组和二极管的正向电阻），由于变压器副边绕组和二极管的正向电阻很小，电容器充电很快达到 u_2 的最大值 $u_C = \sqrt{2}U_2$，此后 u_2 下降，由于 $u_2 < u_C$ 四个二极管处于反向偏置状态而截止，电容无放电回路，所以 u_o 从最大值下降时，电容可通过负载 R_L 放电，放电时间常数为 $\tau = R_L C$，在 R_L 较大时，放电时间常数比充电时间常数大，u_o 按指数规律下降。u_o 再增大后，电容再继续充电，同时向负载提供电流，电容上的电压仍然很快地上升，达到 u_2 的最大值后，电容又通过负载 R_L 放电，这样不断地进行充电放电，在负载上得到比较平滑的电流电压波形，如图 12-9（b）所示。

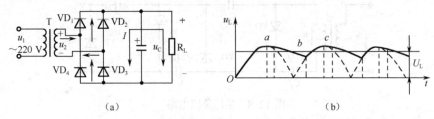

（a）　　　　　　　　　　　　　　（b）

图 12-9　桥式整流电容滤波电路和工作波形

在实际应用中，为了保证输出电压平滑，使脉动成分减小，电容器 C 的容量选择应满足 $R_L C \geq (3 \sim 5) T/2$，其中 T 为交流电的周期。在单相桥式整流电容滤波时的直流电压一般为：

$$U_O \approx 1.2 U_2 \tag{12-8}$$

电容滤波电路简单，易于实现，适用较广。但负载电流不能过大，否则会影响滤波效果，所以电容滤波适用于负载变动不大、电流较小的场合。

12.2.2　电感滤波

在整流电路和负载之间，串联一个电感量较大的铁芯线圈就构成了一个简单的电感滤波电路，如图 12-10 所示。

根据电感的特点，通过线圈的电流发生变化时，线圈中要产生自感电动势的方向与电流方向相反，自感电动势阻碍电流的增加，同时将能量储存起来，使电流增加缓慢；反之，当电流减小时，自感电流减小缓慢。因而使负载电流和负载电压脉动大为减小。

电感滤波电路外特性较好，带负载能力较强，但是体积大，比较笨重，电阻也较大，因而其上有一定的直流压降，造成输出电压的降低。单相桥式整流电感滤波电路的直流电压一般为：

$$U_O \approx 0.9U_2 \tag{12-9}$$

12.2.3　复式滤波

1. LC 滤波电路

采用单一的电容或电感滤波时，电路虽然简单，但滤波效果欠佳，大多数场合要求滤波效果更好，则可把两种滤波方式结合起来，组成 LC 滤波电路，如图 12-11 所示。

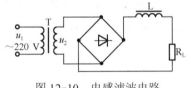
图 12-10　电感滤波电路

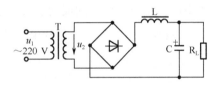
图 12-11　LC 滤波电路

与电容滤波电路比较，LC 滤波电路的优点是：外特性比较好，负载对输出电压影响小，电感元件限制了电流的脉动峰值，减小了对整流二极管的冲击。它主要适用于电流较大，要求电压脉动较小的场合。LC 滤波电路的直流输出电压平均值和电感滤波电路一样，为：

$$U_O \approx 0.9U_2 \tag{12-10}$$

2. π型滤波电路

为了进一步减小输出的脉动成分，可在 LC 滤波电路的输入端再增加一个滤波电容，这就组成了 LC-π滤波电路，如图 12-12（a）所示。这种滤波电路的输出电流波形更加平滑，适当选择电路参数，输出电压同样可以达到 $U_O \approx 1.2U_2$。

当负载电阻 R_L 较大，负载电流较小时，可用电阻代替电感，组成 RC-π滤波电路，如图 12-12（b）所示。这种滤波电路体积小，质量小，所以得到广泛应用。

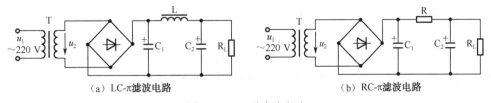
（a）LC-π滤波电路　　　　　　（b）RC-π滤波电路
图 12-12　π型滤波电路

12.3 硅稳压二极管稳压电路

整流、滤波后得到的直流输出电压往往会随交流电压的波动和负载的变化而变化。一些精密仪器、计算机、自动控制设备等都要求有很稳定的直流电源，因此需要在整流滤波电路后面再加一级稳压电路，以获得稳定的直流输出电压。

利用一个硅稳压二极管 VD_Z 和一个限流电阻 R 即可组成一简单稳压电路，如图 12-13 所示。图中稳压二极管 VD_Z 与负载电阻 R_L 并联，在并联后与整流滤波电路连接时，要串上一个限流电阻 R，由于 VD_Z 与 R_L 并联，所以也称并联型稳压电路。

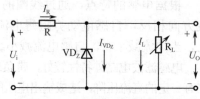

图 12-13 硅稳压二极管稳压电路

这里要指出的是，硅稳压二极管的极性不可接反，一定要使它处于反向工作状态，如果接错，硅稳压二极管正向导通而造成短路，输出电压 U_O 也将趋近于零。

1. 工作原理

（1）如果输入电压 U_i 不变而负载电阻 R_L 减小，这时负载上电流 I_L 要增加，电阻 R 上的电流 $I_R = I_L + I_{VD_Z}$ 也有增大的趋势，则 $U_R = I_R R$ 也趋于增大，这将引起输出电压 $U_O = U_{VD_Z}$ 的下降。稳压二极管的反向伏安特性已经表明，如果 I_R 基本不变，这样输出电压 $U_O = U_i - I_R R$ 也就基本稳定下来。当负载电阻 R_L 增大时，I_L 减小，I_{VD_Z} 增加，保证了 I_R 基本不变，同样稳定了输出电压 U_O。稳压过程可表示为：

$$R_L \downarrow \rightarrow I_L \uparrow \rightarrow I_R \uparrow \rightarrow U_R \uparrow \rightarrow U_O(U_{VD_Z}) \downarrow \rightarrow I_{VD_Z} \downarrow \rightarrow I_R \downarrow \rightarrow U_R \downarrow \rightarrow U_O \uparrow 或$$

$$R_L \uparrow \rightarrow I_L \downarrow \rightarrow I_R \downarrow \rightarrow U_R \downarrow \rightarrow U_O \uparrow$$

（2）如果负载电阻 R_L 保持不变，而电网电压的波动引起输入电压 U_i 升高时，电路的传输作用使输出电压即稳压二极管两端电压趋于上升。由稳压二极管反向伏安特性可知，稳压二极管电流 I_{VD_Z} 将显著增加，于是电流 $I_R = I_L + I_{VD_Z}$ 加大，所以电压 $U_R = I_R R$ 升高，即输入电压的增加量基本降落在电阻 R 上，从而使输出电压 U_O 基本上没有变化，达到了稳定输出电压的目的；同理，电压 U_i 降低时，也通过类似过程来稳定输出电压 U_O。稳定过程可表示为

$$U_i \uparrow \rightarrow U_{VD_Z} \uparrow \rightarrow I_Z \uparrow \rightarrow I_R \uparrow \rightarrow U_R \uparrow \rightarrow U_O \downarrow 或$$

$$U_i \downarrow \rightarrow U_{VD_Z} \downarrow \rightarrow I_Z \downarrow \rightarrow I_R \downarrow \rightarrow U_R \downarrow \rightarrow U_O \uparrow$$

由此可见，稳压二极管稳压电路是依靠稳压二极管的反向特性，即反向击穿电压有微小的变化引起电流较大的变化，通过限流电阻的电压调整，来达到稳压的目的。

2. 电路参数的选择

（1）硅稳压二极管的选择。可根据下列条件初选管子：

$$\left. \begin{array}{l} U_{VD_Z} = U_O \\ I_{VD_Z\ max} \geqslant (2\sim 3)I_{Lmax} \end{array} \right\}$$

当 U_i 增加时，会使硅稳压二极管的 I_{VD_Z} 增加，所以电流选择应适当大一些。

（2）输入电压 U_i 的确定。U_i 大，R 大，稳定性能好，但损耗大。一般 $U_i = (2\sim 3)U_O$。

（3）限流电阻 R 的选择。限流电阻 R 的选择，主要是确定其阻值和功率。

① 阻值的确定。在 U_i 最小和 I_L 最大时，通过稳压二极管的电流最小，此时电流不能低于稳压二极管最小稳定电流。

$$I_{VD_Z} = \frac{U_{imin} - U_{VD_Z}}{R} - I_{Lmax} \geqslant I_{VD_Z min}$$

即：

$$R \leqslant \frac{U_{imin} - U_{VD_Z}}{I_{VD_Z max} + I_{Lmax}} \tag{12-11}$$

在 U_i 最大和 I_L 最小时，通过稳压二极管的电流最大，此时应保证电流 I_{VD_Z} 不大于稳压二极管最大稳定电流值。

$$I_{VD_Z} = \frac{U_{imax} - U_{VD_Z}}{R} - I_{Lmax} \leqslant I_{VD_Z min}$$

即：

$$R \geqslant \frac{U_{imax} - U_{VD_Z}}{I_{VD_Z max} + I_{Lmax}} \tag{12-12}$$

限流电阻 R 的阻值应同时满足以上两式。

② 功率的确定。

$$P_R = (2 \sim 3)\frac{U_{RM}^2}{R} (2 \sim 3)\frac{(U_{imax} - U_{VD_Z})^2}{R} \tag{12-13}$$

P_R 应适当选择大一些。

实例 12-2　选择图 12-13 所示稳压电路元件参数。要求：U_O=10 V，I_L=0～10 mA，U_i 波动范围为 ±10%。

解　（1）选择稳压管。

$$U_{VD_Z} = U_O = 10 \text{ V}$$

$$I_{VD_Z} = 2I_{Lmax} = 2 \times 10 \times 10^{-3} = 20 \text{ mA}$$

查手册得 2CW7 管参数为：

$$U_{VD_Z} = 9 \sim 10.5 \text{ V}, I_{VD_Z max} = 23 \text{ mA}, I_{VD_Z min} = 5 \text{ mA}, P_{RM} = 0.25 \text{ W}$$

符合要求，故选 2CW7。

（2）确定 U_i：

$$U_i = (2 \sim 3)U_O = 2.5 \times 10 = 25 \text{ V}$$

（3）选择 R：

$$U_{imax} = 1.1U_i = 27.5 \text{ V}$$

$$U_{imin} = 0.9U_i = 22.5 \text{ V}$$

$$\frac{U_{imax} - U_{VD_Z}}{I_{VD_Z max} + I_{Lmin}} \leqslant R \leqslant \frac{U_{imin} - U_{VD_Z}}{I_{VD_Z min} + I_{Lmax}}$$

$$\frac{27.5 - 10}{23 + 0} \leqslant R \leqslant \frac{22.5 - 10}{5 + 10}$$

$$761\,\Omega \leqslant R \leqslant 833\,\Omega$$

取 $R=820\ \Omega$。

（4）确定电阻功率。

$$P_\mathrm{R} = 2.5 \times \frac{(U_{\mathrm{imax}} - U_{\mathrm{VD_Z}})^2}{R} = 2.5 \times \frac{(27.5 - 10)^2}{820} = 0.93\ \mathrm{W}$$

取 $P_\mathrm{R}=1\mathrm{W}$。

12.4 具有放大环节的串联型可调稳压电路

简单稳压电路的稳压效果不够理想，输出电压不能调节，并且只能用于负载电流较小的场合。为了克服这些缺点，可采用具有放大环节的串联型可调稳压电路。

1．电路组成

图 12-14（a）为串联型可调稳压电路的组成框图。图 12-14（b）为串联型可调稳压电路。它由调整部分（调整管 VT_1）、采样环节（R_1、R_P、R_2 组成的分压器）、基准环节（稳压管 VD_Z 和 R_Z 组成的稳压电路）、比较放大级（放大管 VT_2）等部分组成。调整管 VT_1 是稳压电路的关键元件，利用其集-射之间的电压 U_{CE} 受基极电流控制的原理，与负载 R_L 串联，用于调整输出电压。

2．稳压过程

当 U_i 或 I_o 的变化引起 U_o 变化时，由采样环节——R_1、R_P、R_2 组成的分压器输出电压 U_o，变化量的一部分送入比较放大级 VT_2 的基极与基准电压 $U_{\mathrm{VD_Z}}$ 相比较，其差值信号经 VT_2 放大后去控制调整管 VT_1 的基极电流 I_{B1}，从而调整 VT_1 的集-射之间电压 U_{CE1}，补偿输出电压 U_o 的变化，使之保持稳定，达到稳定电压的目的。其调整过程为：

$$U_i\uparrow(I_o\uparrow)\rightarrow U_o\uparrow U_{\mathrm{BE2}}\uparrow\rightarrow I_{\mathrm{B2}}\uparrow\rightarrow I_{\mathrm{C2}}\uparrow\rightarrow U_{\mathrm{C2}}\downarrow\rightarrow U_{\mathrm{BE1}}\downarrow\rightarrow I_{\mathrm{B1}}\downarrow\rightarrow I_{\mathrm{C1}}\downarrow\rightarrow U_{\mathrm{CE1}}\uparrow\rightarrow U_o\downarrow$$

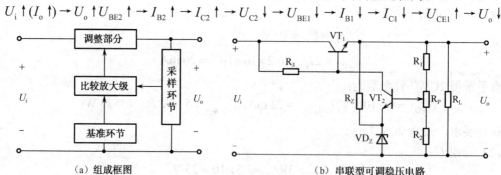

（a）组成框图 　　　　　　　　　　（b）串联型可调稳压电路

图 12-14　串联型可调稳压电路

当输出电压下降或负载增大时，调整过程与上述过程相反。不难看出，上述稳压电路实际上是一个闭环的反馈控制系统。

3．输出电压

在忽略放大管 VT_2 的基极电流的情况下，按分压关系有：

$$U_{\mathrm{B2}} = U_{\mathrm{BE2}} = U_Z = \frac{(R_2 + R_2')}{(R_1 + R_2 + R_P)} U_o$$

若 $U_Z \gg U_{BE2}$，则有：

$$U_o = (R_1 + R_2 + R_P) \frac{U_Z}{(R_2 + R_2')} \tag{12-14}$$

当电位器 R_P 的滑动端移到最下端时有：

$$U_o = (R_1 + R_2 + R_P) \frac{U_Z}{R_2}$$

当电位器 R_P 的滑动端移到最上端时有：

$$U_o = (R_1 + R_2 + R_P) \frac{U_Z}{R_2 + R_P}$$

则

$$(R_1 + R_2 + R_P) \frac{U_Z}{R_2 + R_P} \leq U_o \leq (R_1 + R_2 + R_P) \frac{U_Z}{R_2}$$

因此，调节电位器 R_P 即可改变输出电压 U_o 的大小。

值得注意的是：要使输出电压可调，一般要求输入电压大于输出电压 2～3 V 以上，即保证调整管工作在放大状态。

4. 电路参数的选择

（1）采样环节。采样电路的分压比越稳定，稳压性能越好。为此，采样电阻 R_1、R_2 和 R_P 应采用金属膜电阻。

（2）基准环节。U_Z 越稳定，则输出电压 U_o 也越稳定。为此稳压二极管应选用动态电阻小、电压温度系数小的硅稳压二极管。

（3）比较放大环节。放大级的电压放大倍数越大，稳压性能越好，调压越灵敏，所以应使比较放大级有较高的增益和较高的稳定性。

（4）调整环节。输出功率较大的稳压电源，应选用大功率三极管为调整管。

12.5 集成稳压器

随着集成工艺的发展，稳压电路也制成了集成器件。它将调节管、比较放大单元、启动单元和保护环节等集成在一块芯片上，具有体积小、质量小、使用调整方便、运行可靠和价格低等一系列优点，因而得到广泛的应用。

集成稳压器的规格种类繁多，具体电路结构也有差导。按内部工作方式分为串联型（调整电路与负载相串联）、并联型（调整电路与负载相并联）和开关型（调整电路工作在开关状态）。按引出端子分类，有三端固定式、三端可调式和多端可调式稳压器等。实际应用中最简便的是三端集成稳压器，它只有三个引线端：输入端、输出端和公共接地端。

12.5.1 固定式三端集成稳压器

1. 正电压输出稳压器

常用的三端固定正电压稳压器有 7800 系列，型号中的后两位数表示输出电压的稳定值，分别为 5、6、9、12、15、18、24 V。例如，7812 的输出电压为 12 V，7805 的输出电

压是 5V。

按输出电流大小不同，又分为：CW7800 系列，最大输出电流为 1～1.5 A；CW78M00 系列，最大输出电流为 0.5 A；CW78L00 系列，最大输出电流为 100 mA 左右。

7800 系列三端稳压器的外部引脚如图 12-15（a）所示，1 引脚为输入端，2 引脚为输出端，3 引脚为公共接地端。

2．负电压输出稳压器

常用的三端固负电压稳压器有 7900 系列，型号中的后两位表示输出电压的稳定值，和 7800 系列相对应，分别为-5、-6、-9、-12、-15、-18、-24V。

按输出电流大小不同，同 7800 系列一样，也分为 CW7900 系列、CW79M00 系列和 CW79L00 系列。引脚如图 12-15（b）所示，1 引脚为公共接地端，2 引脚为输出端，3 引脚为输入端。

图 12-15　三端集成稳压器外形和引线端排列

3．固定式三端集成稳压器应用举例

1）78L×× 输出固定电压 U_o 的实际应用电路

如图 12-16 所示为 78L×× 输出固定电压 U_o 的实际应用电路。为了保证输出电压稳定，一般要求输入、输出的电压差应为 $U_i - U_o \geqslant 2\,\text{V}$。

电容 C_1 为滤波电容；电容 C_3 为输出端的滤波电容，以减小稳压电源输出端由输入电源引入的低频干扰。

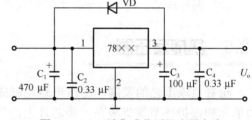

图 12-16　三端集成稳压器应用电路

电容 C_2、C_4 的主要作用是为高频退耦，电容容量为 0.1～0.33 μF。由于电源引线过长或者稳压器带高频负载时，滤波电容 C_1 对高频负载电流呈现为电感效应而失去滤波作用，易引起电路的高频自激振荡，故 C_2、C_4 在高频工作状态时起到消除高频自激振荡的作用。

VD 是保护二极管，当输入端意外短路时，给输出电容器 C_3 一个放电通路，防止 C_3 两端电压作用于稳压管芯片，造成稳压管击穿而损坏。

2）提高输出电压电路

提高输出电压的应用电路如图 12-17 所示，其中图（a）电路的输出电压为：

$$U_o = U_{××} + U_z。$$

其中图（b）电路的输出电压为：

$$U_o = U_{××} + \left(\frac{U_{××}}{R_1} + I_Q\right)R_2;$$

由于 $I_Q \gg 0$，所以 $U_o = U_{××} + \frac{U_{××}}{R_1}R_2$。

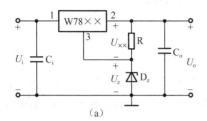 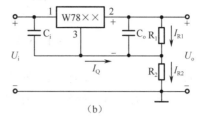

图 12-17　提高输出电压电路

3）扩大输出电流电路

扩大输出电流的应用电路，如图 12-18 所示。

4）输出±15 V 稳定电压电路

输出±15 V 稳定电压的应用电路，如图 12-19 所示。

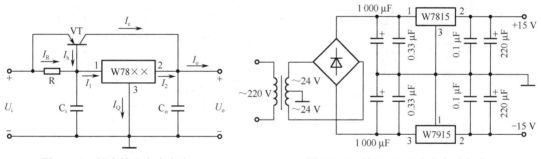

图 12-18　扩大输出电流电路　　　　图 12-19　输出±15 V 稳定电压电路

12.5.2　可调式三端集成稳压器

常用可调式三端集成稳压器有 CW117、CW217、CW317、CW337 和 CW337L 系列。图 12-20（a）为正可调输出稳压器，图 12-20 为负可调输出稳压器。

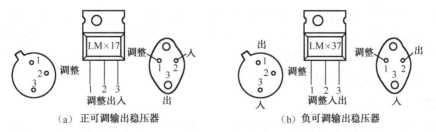

（a）正可调输出稳压器　　　　　　（b）负可调输出稳压器

图 12-20　可调式三端集成稳压器外形及引脚排列

可调式三端集成稳压器的调压范围为 1.25～37 V，输出电流可达 1.5 A；基准电压为

1.25 V ，即输出端和调整端的电压 $U_{\mathrm{REF}} = 1.25\ \mathrm{V}$ ；调整端 adj 输出电流非常小，约为 $50\ \mu\mathrm{A}$ ，即 $I_{\mathrm{REF}} \approx 50\ \mu\mathrm{A}$ ，计算时往往忽略不计。用这种电路实现可调电压非常方便。

（1）图 12-21 为 CW317 可调式三端稳压器的典型应用电路。为保证在空载情况下输出电压稳定，R_1 不宜大于 $240\ \Omega$ ，典型值为 $120 \sim 240\ \Omega$ 。由图 12-21 可知：

$$U_{\mathrm{o}} = 1.25\left(1 + \frac{R_{\mathrm{P}}}{R_1}\right) + 50\ \mu\mathrm{A} \cdot R_{\mathrm{P}}$$

$$\approx 1.25\left(1 + \frac{R_{\mathrm{P}}}{R_1}\right)$$

（2）图 12-22 为可调式三端稳压器的典型应用电路，由 LM117 和 LM317 组成正、负输出电压可调的稳压器。该电路输入电压 U_{i} 分别为 $\pm 25\mathrm{V}$ ，输出电压可调范围为 $\pm (1.2 \sim 20)\mathrm{V}$ 。

注意这类稳压器是依靠外接电阻来调节输出电压的，为保证输出电压的精度和稳定性，要选择精度高的电阻，同时电阻要紧靠稳压器，防止输出电流在电阻上产生误差电压。

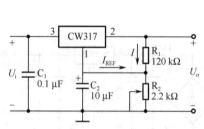

图 12-21　可调式三端稳压器应用电路

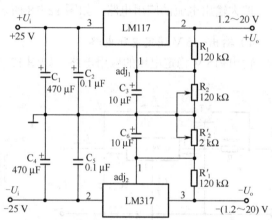

图 12-22　可调式三端稳压器应用电路

12.6　开关型稳压电源

12.6.1　开关型稳压电源的特点

线性稳压电源具有结构简单、调整方便、输出电压稳定、纹波小等优点，由于调整管工作是始终处于线性放大状态，尤其当负载电流较大而输出电压较小时，调整管本身的功率损耗很大，效率低，效率仅为 40%～60%，而且为了解决功率管散热所加的散热器，体积大，利用开关型稳压电源可解决上述问题。

1. 优点

开关型稳压电源，由于调整管工作在截止与饱和交替的开关状态，可以根据电网电压和负载电流的大小，通过控制调整管的通、断时间来稳定输出电压，因而管耗小。

与线性稳压电路相比，开关型稳压电路具有许多优点：

（1）功耗小，效率高，一般可达 70%～95%；

（2）没有变压器和散热器，故体积小，重量轻；

（3）适应市电变化的能力强（130～265 V），输入和输出可以隔离，也可不隔离；

（4）工作频率高，滤波率高；

（5）电路的类型灵活多样。

开关型稳压电源具有如此多优点，因而被广泛应用于工业自动化控制、小型计算机、航天航空、数据通信、交通邮电等领域中，其外形如图 12-23 所示。

图 12-23 开关型稳压电源外形

2．缺点

开关型稳压电路的缺点是存在较为严重的开关干扰，影响整机工作。另外开关型稳压电源无工频变压器隔离时，这些干扰就会串入工频电网，形成电网干扰。

开关型稳压电源朝着高频、高可靠、低耗、低噪声、抗干扰和集成化的方向发展。

12.6.2 开关型稳压电路的工作原理

开关型稳压电源根据调整管与负载的连接方式分为串联型和并联型两种类型，如图 12-24 所示。

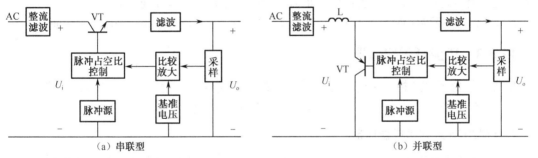

图 12-24 开关式稳压电源原理框图

1．开关型稳压电源的工作原理

开关型稳压电路的基本工作原理就是通过调整管 VT 周期性的开关作用，将输入端的能量注入储能电路，由储能电路滤波后送到负载。调整管 VT 导通的时间越长，储能电路获得的能量就越多，输出电压越高。

调整管 VT 的开关时间受基极脉冲电压的控制。基极脉冲电压由脉冲发生器产生，受脉冲调宽电路控制。脉冲宽度越宽，调整管饱和导通的时间越长。脉冲宽度还受取样电压与基准电压比较电压后的误差电压控制。比如：输出电压增大时，取样电压增大，比较后误差电压增大，使脉冲调宽电路的脉冲宽度变窄，调整管导通的时间减少，储能电路获得的能量减少，使输出电路的电压降低。反之，输出电压增加。

2．开关型电源脉冲与平均电压的关系

直流平均电压取决于矩形脉冲的宽度，脉冲越宽，其直流平均电压值就越高，如图 12-25

所示，即：

$$U_o = U_m \frac{T_1}{T}$$

式中 U_m 为矩形脉冲的最大电压值；T 为矩形脉冲周期；T_1 为矩形脉冲宽度。从上式可以看出，当 U_m 与 T 不变时，直流平均电压 U_o 将与脉冲宽度 T_1 成正比。这样，只要设法使脉冲宽度随稳压电源输出电压的增加而变窄，就可以达到稳定电压的目的。

3．开关型稳压电源的分类

开关型稳压电源的电路结构有以下多种分类方法：

（1）按驱动方式分，有自励式和他励式。

（2）按 DC/DC 变换器的工作方式分：①单端正励式和反励式、推挽式、半桥式、全桥式等；②降压型、升压型和升降压型等。

（3）按电路组成分，有谐振型和非谐振型。

（4）按控制方式分：①脉冲宽度调制（PWM）式；②脉冲频率调制（PFM）式；③PWM 与 PFM 混合式。

（5）按电源是否隔离和反馈控制信号耦合方式分，有隔离式、非隔离式和变压器耦合式、光电耦合式等。

以上这些方式的组合可构成多种方式的开关型稳压电源。因此设计者需根据各种方式的特点进行有效地组合，就能制作出满足需要的高质量开关型稳压电源。

目前，自激式脉宽控制开关型稳压电路的性能日趋完善，已有集成化稳压器大量面世。

12.6.3 集成开关稳压器

集成开关稳压器是指调整管、比较放大电路、采样电路（输出可调除外）、基准电压、脉冲源、启动电路、输入欠压锁定控制电路等保护电路都集成到同一块芯片内。

1．LM2575 系列集成稳压器

LM2575 系列开关稳压集成电路是美国国家半导体公司生产的 1 A 集成稳压电路，它内部集成了一个固定的振荡器，只须极少外围器件便可构成一种高效的稳压电路；可大大减小散热片的体积，而且在大多数情况下不需散热片；内部有完善的保护电路，包括电流限制及热关断电路等。LM2575 系列集成稳压器芯片外形与外部控制引脚，如图 12-26 所示。

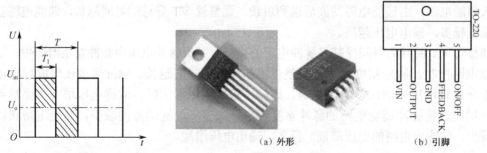

图 12-25 脉冲与平均电压关系　　　　图 12-26 五端开关稳压器外形

该系列分为 LM1575、LM2575 及 LM2575HV 等系列，其中 LM1575 为军品级产品，

LM2575 为标准电压产品，LM2575HV 为高电压输入产品。每一种产品系列均提供 3.3V、5V、12V、15V 及可调（ADJ）等多个电压挡次产品。除军品级产品外，其余两个系列均提供 TO-200 直脚、TO-220 弯脚、塑封 DIP-16 脚、表面安装 DIP-24 脚、表面安装　T-263-5 脚等多种封装形式。

（1）LM2575T 系列开关稳压集成电路芯片的主要参数如下：

系列\n参数	LM1575	LM2575	LM2575HV
最大输出电流	1 A	1 A	1 A
最大输入电压	45 V	45 V	63 V
输出电压	3.3 V、5 V、12 V、ADJ（可调）；	3.3 V、5 V、12 V、ADJ（可调）；	3.3 V、5 V、12 V、ADJ（可调）；
振荡频率	52 kHz	52 kHz	52 kHz
最大稳压误差	4%	4%	4%
转换效率	75%～88%	75%～88%	75%～88%
工作温度范围	−55 ℃～+150 ℃	−40 ℃～+125 ℃	−40 ℃～+125 ℃

（2）引脚功能。如图 12-26 是 LM2575 集成稳压器的引脚功能如下：

VIN	OUTPUT	GND	FEEDBACK	ON/OFF
未稳压电压输入端	开关电压输出，接电感及快恢复二极管	公共端	反馈输入端	控制输入端，接公共端时，稳压电路工作；接高电平时，稳压电路停止

（3）LM2575 典型电路如图 12-27 所示。图（a）为正电压输出电路，图（b）为负电压输出电路。

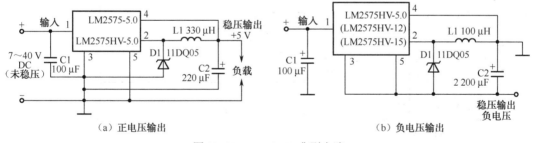

图 12-27　LM2575 典型电路

在利用 LM2575 设计电路时，应注意以下几点（以 LM2575T-5.0 为例）。

① 电感的选择：根据输出电压等级、最大输入电压 U_{in}（MAX）、最大负载电流 I_{load}（MAX）等参数选择电感时，可参照相应的电感曲线图来查找所需选用的电感值。

② 输入输出电容的选择：输入电容应大于 47 μF，并要求尽量靠近电路。而输出电容推荐使用的电容量为 100～470 μF，其耐压值应大于额定输出电压的 1.5～2 倍。对于 5 V 电压输出，推荐使用耐压值为 16 V 的电容。

③ 二极管的选择：二极管的额定电流值应大于最大负载电流的 1.2 倍，但考虑到负载

短路的情况，二极管的额定电流值应大于 LM2575 的最大电流限制；另外二极管的反向电压应大于最大输入电压的 1.25 倍。

2．集成 PWM 电路的开关电源

采用集成 PWM 电路是开关电源的发展趋势，其特点是能使电路简化、使用方便、工作可靠、性能提高。它将基准电压源、三角波电压发生器、比较器等集成到一块芯片上，做成各种封装的集成电路，习惯上称为集成脉宽调制器。

使用 PWM 的开关电源，既可以降压，又可以升压，既可以把市电直接转换成需要的直流电压（AC-DC 变换），还可以用于使用电池供电的便携设备（DC-DC 变换）。

1）PWM 电路 MAX668

MAX668 是 MAXIM 公司的产品，被广泛用于便携产品中。该电路采用固定频率、电流反馈型 PWM 电路，脉冲占空比由 $(U_{out}-U_{in})/U_{in}$ 决定，其中 U_{out} 和 U_{in} 是输出、输入电压。输出误差信号是电感峰值电流的函数，内部采用双极性和 CMOS 多输入比较器，可同时处理输出误差信号、电流检测信号及斜率补偿纹波。MAX668 具有低的静态电流（220 μA），工作频率可调（100～500 kHz），输入电压范围为 3～28 V，输出电压可高至 28 V。用于升压的典型电路如图 12-28 所示，该电路把 5 V 电压升至 12 V，在输出电流为 1 A 时，转换效率高于 92%。MAX668 的引脚说明如下。

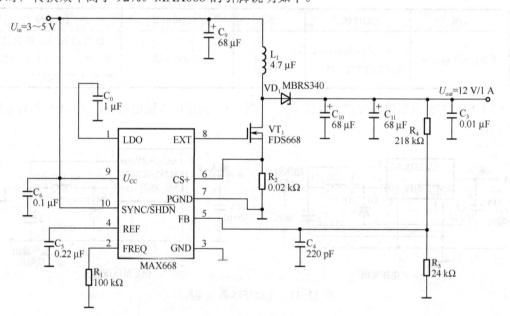

图 12-28　由 MAX668 组成的升压电源

引脚 1（LDO）：该引脚是内置 5 V 线性稳压器输出，应该连接 1 μF 的陶瓷电容。

引脚 2（FREQ）：工作频率设置。

引脚 3（GND）：模拟地。

引脚 4（REF）：1.25 V 基准输出，可提供 50 μA 电流。

引脚 5（FB）：反馈输入端，FB 的门限为 1.25 V。

引脚 6（CS+）：电流检测输入正极，检测电阻接到 CS+ 与 PGND 之间。

引脚 7（PGND）：电源地。

引脚 8（EXT）外部 MOSFET 门极驱动器输出。

引脚 9（U_{CC}）：电源输入端，旁路电容选用 0.1 µF 电容。

引脚 10（SYNC/$\overline{\text{SHDN}}$）：停机控制与同步输入，有两种控制状态：低电平输入，DC-DC 关断；高电平输入，DC-DC 工作频率由 FREQ 端的外接电阻 R_1 确定。

2）TOP Switch 系列开关电源电路

TOP Switch 系列开关电源电路是美国 Power Integration 公司的产品，该产品集控制电路和功率变换电路于一体，具备 PWM 电源的全部功能。该系列电源有很多型号，其功率、封装形式因型号的不同而不同，它的输入电压范围为 AC 85～265 V，功率为 2～100 W。TOP 系列电路采用 CMOS 制作工艺，而功率变换器采用场效应管实现能量转换。该器件有三个引脚，它们是：漏极 D——主电源输入端；控制极 C——控制信号输入端；源极 S——电源接通的基准点，也是初级电路的公共端。该电路以线性控制电流来改变占空比，具有过流保护电路和热保护电路，常用型号有 TOP200～204/214；TOP221～217。该电路的参数如下：输出频率为 10 kHz，漏极电压为 36～700 V，占空比为 2%～67%，控制电流为 100 mA，控制电压为–0.3～8 V，工作结温为–40～150 ℃，热关闭温度为 145 ℃，截止状态电流为 500 µA，动态阻抗为 15 Ω。

图 12-29 所示电路是 TOP220YAI 设计的 12 V/30 W 的高精度开关稳压电源，其工作电压范围较大，为 85～265 V。

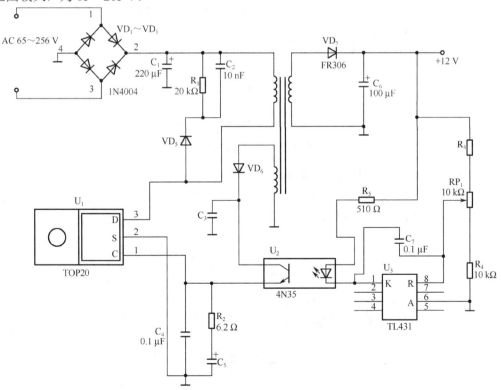

图 12-29　TOP Switch 构成的稳压电源

电路中，并联在开关变压器上的由 R_1、C_2、VD_5 组成的反向电压泄放电路，用于消除变压器关断瞬间形成的反向高压，以保护 TOP Switch 开关。由高频整流输出端引出反馈信号，经过光电耦合器 U_2 送至 TOP Switch 的控制端，以保持输出电压的稳定，串联在光电传感器发光管回路的 U_3 是一个可调精密基准源，其控制端的电压变化可以控制通过它的电流变化，进而改变反馈深度，这样调整电阻 RP_1 就可以调节输出电压。

技能训练 12　直流稳压电源的设计与性能测试

1. 训练目的

（1）熟悉桥式、整流、稳压二极管稳压电路的特性。

（2）学会用相关仪器观察输出波形和主要性能指标测试。

2. 实验仪器及材料

示波器 1 台，万用表 1 台。

3. 实验内容

（1）桥式整流电路如图 12-30 所示。分别接两种电路，用示波器观察 U_2 及 U_L 的波形。并测量 U_2、U_L。

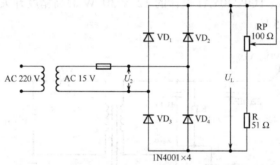

图 12-30　桥式整流电路

（2）电容滤波电路如图 12-31 所示。①分别用不同电容接入电路，R_L 先不接，用示波器观察波形，用电压表测 U_L 并记录；②接上 R_L，先令 $R_L=1$ kΩ，重复上述实验并记录；③将 R_L 改为 150 kΩ，重复上述实验。

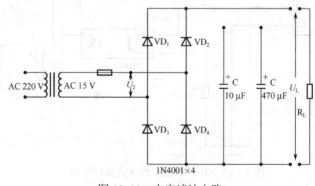

图 12-31　电容滤波电路

（3）并联稳压二极管稳压电路，如图 12-32 所示。

① 电源输入电压不变负载变化时电路的稳压性能。改变负载电阻 R_L（调节 RP），使其从大到小变化，观察稳压效果，并测出稳压时的最小 R_L。

② 负载不变电源电压变化时电路的稳压性能。使 RP=22 kΩ，用可调的直流电压变化模拟 220 V 电源电压变化，将电源电压分别按表 12-1 调节，将结果填入表中。

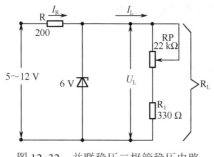

图 12-32　并联稳压二极管稳压电路

表 12-1　测量结果

U_1	U_L（V）	I_R（mA）	I_L（A）
10 V			
5 V			
7 V			
9 V			
11 V			
12 V			

4．实验报告

（1）整理实验数据并按实验内容计算。

（2）总结实验心得。

知识梳理与总结

（1）单相半波整流电压的平均值：$U_O = 0.45U_2$。

流经二极管的电流等于负载电流：$I_{VD} = I_O = 0.45\dfrac{U_2}{R_L}$。

二极管承受的最大反向电压：$U_{RM} = \sqrt{2}U_2$。

（2）单相桥式整流电路的输出电压：$U_O=0.9U_2$。

整流二极管的平均电流：$I_{VD} = 0.45\dfrac{U_2}{R_L}$。

整流二极管承受的最大反向电压：$U_{RM} = \sqrt{2}U_2$。

单相桥式整流电容滤波时的直流电压一般为 $U_O \approx 1.2U_2$；单相桥式整流电感滤波时的直流电压一般为 $U_O \approx 0.9U_2$；LC 滤波电路的直流输出电压平均值为 $U_O \approx 0.9U_2$。

（3）采用稳压二极管稳压电路时，要特别注意与稳压二极管相串联的电阻，可根据

$$\dfrac{U_{imax} - U_{VD_Z}}{I_{VD_Z max} + I_{Lmax}} \leqslant R \leqslant \dfrac{U_{imin} - U_{VD_Z}}{I_{VD_Z max} + I_{Lmax}}$$ 选择限流电阻。

（4）串联型可调稳压电路由调整、采样环节、基准环节、比较放大级四部分组成。调整管是稳压电路的关键元件，利用其集-射之间的电压 U_{CE} 受基极电流控制的原理，与负载 R_L 串联，用于调整输出电压。

（5）集成稳压器具有体积小、质量小、使用调整方便、运行可靠和价格低等一系列优点，因而得到广泛的应用。

思考与练习题 12

1．简答题

（1）直流稳压电源一般由几部分组成？每部分的作用是什么？

（2）什么是滤波器？我们所介绍的几种滤波器，它们如何起滤波作用？

（3）倍压整流电路工作原理如何？它们为什么能提高电压？

（4）为什么未经稳压的电源在实际中应用得较少？

（5）稳压二极管稳压电路中限流电阻应根据什么来选择？

（6）集成稳压器有什么优点？

（7）开关式稳压电源是怎样实现稳压的？

2．选择题

（1）整流的目的是＿＿＿＿＿。

A．将交流变为直流　　　　B．将高频变为低频　　　　C．将正弦波变为方波

（2）在单相桥式整流电路中，若有一个整流管接反，则＿＿＿＿＿。

A．输出电压约为 $2U_{VD}$　　　B．变为半波整流　　　　C．整流管将因过流而烧坏

（3）直流稳压电源中滤波电路的作用是＿＿＿＿＿。

A．将交流变为直流　　　　B．将高频变为低频

C．将交、直流混合量中的交流成分滤掉

（4）串联型稳压电路中的放大环节所放大的对象是＿＿＿＿＿。

A．基准电压　　　　　　　B．采样电压　　　　　　C．基准电压与采样电压之差

（5）开关型直流电源比线性直流电源效率高的原因是＿＿＿＿＿。

A．调整管工作在开关状态　　B．输出端有 LC 滤波电路　C．可以不用电源变压器

3．分析与计算题

（1）在图 12-33 中，稳压管的稳压值 $U_{VD_Z}=9$ V，最大工作电流为 25 mA，最小工作电流为 5 mA；负载电阻在 300～450 kΩ 之间变动，$U_i=15$ V，试确定限流电阻 R 的选择范围。

（2）有一桥式整流电容滤波电路，已知交流电压源电压为 220 V，$R_L=50$ Ω，要求输出直流电压为 12 V。①求每个二极管的电流和最大反向工作电压；②选择滤波电容的容量和耐压值。

（3）如图 12-34 所示电路。合理连线，构成 5 V 的直流电源。

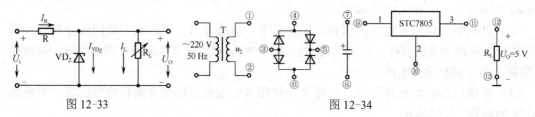

图 12-33　　　　　　　　　　　　　　　　图 12-34

附录A　部分电气图形符号

A.1　电阻器、电容器、电感器和变压器（见表A-1）

表A-1　电阻器、电容器、电感器和变压器的电气图形符号

图形符号	名称与说明	图形符号	名称与说明
	电阻器一般符号		电感器、线圈、绕组或扼流圈。 注：符号中半圆数不得少于3个
	可变电阻器或可调电阻器		带磁芯、铁芯的电感器
	滑动触点电位器		带磁芯连续可调的电感器
	极性电容		双绕组变压器 注：可增加绕组数目
	可变电容器或可调电容器		绕组间有屏蔽的双绕组变压器 注：可增加绕组数目
	双联同调可变电容器。 注：可增加同调联数		在一个绕组上有抽头的变压器
	微调电容器		

A.2　半导体管（见表A-2）

表A-2　半导体管的电气图形符号

图形符号	名称与说明	图形符号	名称与说明
	二极管的符号	（1） （2）	JFET 结型场效应管 （1）N 沟道；（2）P 沟道
	发光二极管		
	光电二极管		PNP 型三极管
	稳压二极管		NPN 型三极管
	变容二极管		全波桥式整流器

A.3　其他电气图形符号（见表A-3）

表A-3　其他电气图形符号

图 形 符 号	名称与说明	图 形 符 号	名称与说明
	具有两个电极的压电晶体 （注：电极数目可增加）	或	接机壳或底板
	熔断器		导线的连接
	指示灯及信号灯		导线的不连接
	扬声器		动合（常开）触点开关
	蜂鸣器		动断（常闭）触点开关
	接大地		手动开关

附录 B 常用电子元器件型号命名法及主要技术参数

B.1 电阻器和电位器

1. 电阻器和电位器的型号命名方法

表 B-1 电阻器型号命名方法

第一部分：主称		第二部分：材料		第三部分：特征分类			第四部分：序号
符号	意义	符号	意义	符号	意义		
					电阻器	电位器	
R	电阻器	T	碳膜	1	普通	普通	对主称、材料相同，仅性能指标、尺寸大小有差别，但基本不影响互换使用的产品，给予同一序号；若性能指标、尺寸大小明显影响互换，则在序号后面用大写字母作为区别代号
W	电位器	H	合成膜	2	普通	普通	
		S	有机实芯	3	超高频	——	
		N	无机实芯	4	高阻	——	
		J	金属膜	5	高温	——	
		Y	氧化膜	6	——	——	
		C	沉积膜	7	精密	精密	
		I	玻璃釉膜	8	高压	特殊函数	
		P	硼碳膜	9	特殊	特殊	
		U	硅碳膜	G	高功率	——	
		X	线绕	T	可调	——	
		M	压敏	W	——	微调	
		G	光敏	D	——	多圈	
		R	热敏	B	温度补偿用	——	
				C	温度测量用	——	
				P	旁热式	——	
				W	稳压式	——	
				Z	正温度系数	——	

示例：

（1）精密金属膜电阻器（见图 B-1）

图 B-1 精密金属膜电阻器

（2）多圈线绕电位器（见图 B-2）

图 B-2 多圈线绕电位器

2．电阻器的主要技术指标

（1）额定功率。电阻器在电路中长时间连续工作不损坏或不显著改变其性能所允许消耗的最大功率称为电阻器的额定功率。电阻器的额定功率并不是电阻器在电路中工作时一定要消耗的功率，而是电阻器在电路工作中所允许消耗的最大功率。不同类型的电阻器具有不同系列的额定功率，如表 B-2 所示。

表 B-2　电阻器的功率等级

名　　称	额定功率（W）					
实芯电阻器	0.25	0.5	1	2	5	—
线绕电阻器	0.5	1	2	6	10	15
	25	35	50	75	100	150
薄膜电阻器	0.025	0.05	0.125	0.25	0.5	1
	2	5	10	25	50	100

（2）标称阻值。标称阻值是电阻的主要参数之一，不同类型的电阻，标称阻值范围不同，不同精度的电阻其标称阻值系列也不同。根据国家标准，常用的标称阻值系列如表 B-3 所示。E24、E12 和 E6 系列也适用于电位器和电容器。

表 B-3　标称值系列

标称值系列	精度	电阻器（Ω）、电位器（Ω）、电容器标称值（pF）							
E24	±5%	1.0	1.1	1.2	1.3	1.5	1.6	1.8	2.0
		2.2	2.4	2.7	3.0	3.3	3.6	3.9	4.3
		4.7	5.1	5.6	6.2	6.8	7.5	8.2	9.1
E12	±10%	1.0	1.2	1.5	1.8	2.2	2.7	—	—
		3.3	3.9	4.7	5.6	6.8	8.2		
E6	±20%	1.0	1.5	2.2	3.3	4.7	6.8	8.2	—

注：表中数值再乘以 10^n，其中 n 为正整数或负整数。

（3）允许误差等级（见表 B-4）。

表 B-4　电阻的精度等级

允许误差（%）	±0.001	±0.002	±0.005	±0.01	±0.02	+0.05	±0.1
等级符号	E	X	Y	H	U	W	B
允许误差（%）	±0.2	±0.5	±1	±2	±5	±10	±20
等级符号	C	D	F	G	J（I）	K（II）	M（III）

3．电阻器的标注内容及方法

文字符号直标法：用阿拉伯数字和文字符号有规律地组合来表示标称阻值、额定功率、允许误差等级等。符号前面的数字表示整数阻值，后面的数字依次表示第一位小数阻值和第二位小数阻值，其文字符号所表示的单位如表 B-5 所示，如 1R5 表示 1.5 Ω，2K7 表示 2.7 kΩ。

表 B-5　电阻器的标注内容及方法

文字符号	R	K	M	G	T
表示单位	欧姆（Ω）	千欧姆（10^3Ω）	兆欧姆（10^6Ω）	千兆欧姆（10^9Ω）	兆兆欧姆（10^{12}Ω）

示例（见图 B-3）：

图 B-3　示例图

由标号可知，它是精密金属膜电阻器，额定功率为 1/8 W，标称阻值为 5.1 kΩ，允许误差为 ±10%。

（2）色标法：色标法是将电阻器的类别及主要技术参数的数值用颜色（色环或色点）标注在它的外表面上。色标电阻（色环电阻）器可分为三环、四环、五环三种标法，其含义如图 B-4 和图 B-5 所示。

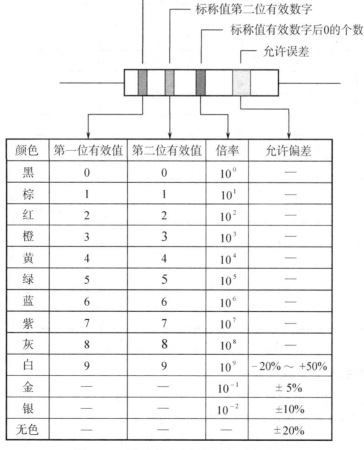

颜色	第一位有效值	第二位有效值	倍率	允许偏差
黑	0	0	10^0	—
棕	1	1	10^1	—
红	2	2	10^2	—
橙	3	3	10^3	—
黄	4	4	10^4	—
绿	5	5	10^5	—
蓝	6	6	10^6	—
紫	7	7	10^7	—
灰	8	8	10^8	—
白	9	9	10^9	$-20\% \sim +50\%$
金	—	—	10^{-1}	$\pm 5\%$
银	—	—	10^{-2}	$\pm 10\%$
无色	—	—	—	$\pm 20\%$

图 B-4　两位有效数字阻值的色环表示法

三色环电阻器的色环表示标称电阻值（允许误差均为±20%）。例如，色环为棕黑红，表示 $10×10^2=1.0$ kΩ±20%的电阻器。

四色环电阻器的色环表示标称值（二位有效数字）及精度。例如，色环为棕绿橙金表示 $15×10^3=15$ kΩ±5%的电阻器。

五色环电阻器的色环表示标称值（三位有效数字）及精度。例如，色环为红紫绿黄棕表示 $275×10^4=2.75$ MΩ±1%的电阻器。

一般四色环和五色环电阻器表示允许误差的色环的特点是该环离其他环的距离较远。较标准的表示应是表示允许误差的色环的宽度是其他色环的1.5～2倍。

有些色环电阻器由于厂家生产不规范，无法用上面的特征判断，这时只能借助万用表判断。

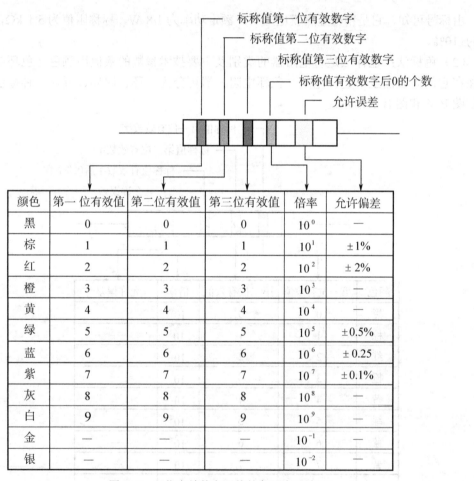

颜色	第一位有效值	第二位有效值	第三位有效值	倍率	允许偏差
黑	0	0	0	10^0	—
棕	1	1	1	10^1	±1%
红	2	2	2	10^2	±2%
橙	3	3	3	10^3	—
黄	4	4	4	10^4	—
绿	5	5	5	10^5	±0.5%
蓝	6	6	6	10^6	±0.25
紫	7	7	7	10^7	±0.1%
灰	8	8	8	10^8	
白	9	9	9	10^9	
金	—	—	—	10^{-1}	
银	—	—	—	10^{-2}	

图 B-5　三位有效数字阻值的色环表示法

4. 电位器的主要技术指标

（1）额定功率。电位器的两个固定端上允许耗散的最大功率为电位器的额定功率。使用中应注意额定功率不等于中心抽头与固定端的功率。

（2）标称阻值。标在产品上的名义阻值，其系列与电阻的系列类似。

（3）允许误差等级。实测阻值与标称阻值的误差范围，根据不同精度等级可允许 ±20%、±10%、±5%、±2%、±1% 的误差。精密电位器的精度可达 ±0.1%。

（4）阻值变化规律。指阻值与滑动片触点旋转角度（或滑动行程）之间的变化关系，这种变化关系可以是任何函数形式，常用的有直线式、对数式和反转对数式（指数式）。

在使用中，直线式电位器适合于作为分压器；反转对数式（指数式）电位器适合于作为收音机、录音机、电唱机、电视机中的音量控制器。维修时若找不到同类产品，可用直线式代替，但不宜用对数式代替。对数式电位器只适合于作为音调控制等。

5．电位器的一般标注方法（见图 B-6 和图 B-7）

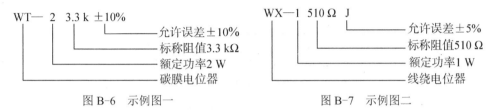

图 B-6　示例图一　　　　　　　　　　图 B-7　示例图二

B.2　电容器

1．电容器型号命名法（见表 B-6）

表 B-6　电容器型号命名法

第一部分：主称		第二部分：材料		第三部分：特征、分类						第四部分：序号
符号	意义	符号	意义	符号	意义					
					瓷介	云母	玻璃	电解	其他	
C	电容器	C	瓷介	1	圆片	非密封	—	箔式	非密封	对主称、材料相同，仅尺寸、性能指标略有不同，但基本不影响互换使用的产品，给予同一序号；若尺寸性能指标的差别明显，影响互换使用时，则在序号后面用大写字母作为区别代号
		Y	云母	2	管形	非密封	—	箔式	非密封	
		I	玻璃釉	3	迭片	密封	—	烧结粉固体	密封	
		O	玻璃膜	4	独石	密封	—	烧结粉固体	密封	
		Z	纸介	5	穿心	—	—	—	穿心	
		J	金属化纸	6	支柱	—	—	—	—	
		B	聚苯乙烯	7	—	—	—	无极性	—	
		L	涤纶	8	高压	高压	—	—	高压	
		Q	漆膜	9	—	—	—	特殊	特殊	
		S	聚碳酸脂	J	金属膜					
		H	复合介质	W	微调					
		D	铝							
		A	钽							
		N	铌							
		G	合金							
		T	钛							
		E	其他							

示例：

（1）铝电解电容器（见图 B-8）。

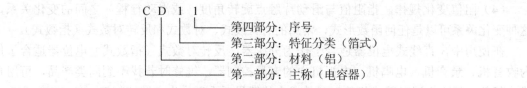

图 B-8　铝电解电容器

(2) 圆片形瓷介电容器（见图 B-9）。

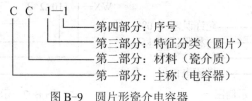

图 B-9　圆片形瓷介电容器

（3）纸介金属膜电容器（见图 B-10）。

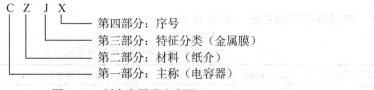

图 B-10　纸介金属膜电容器

2. 电容器的主要技术指标

（1）电容器的耐压：常用固定式电容的直流工作电压系列为 6.3 V、10 V、16 V、25 V、40 V、63 V、100 V、160 V、250 V、400 V。

（2）电容器容许误差等级：常见的有 7 个等级，如表 B-7 所示。

表 B-7　电容器容许误差等级

容许误差	±2%	±5%	±10%	±20%	+20% −30%	+50% −20%	+100% −10%
级别	0.2	I	II	III	IV	V	VI

（3）标称电容量，见表 B-8。

表 B-8　固定式电容器标称容量系列和容许误差

系列代号	E24	E12	E6
容许误差	±5%（I）或（J）	±10%（II）或（K）	±20%（III）或（M）
标称容量对应值	10,11,12,13,15,16,18,20,22,24,27,30,33,36,39,43,47,51,56,62,68,75,82,90	10,12,15,18,22,27,33,39,47,56,68,82	10,15,22,23,47,68

注：标称电容量为表中数值或表中数值再乘以 10^n，其中 n 为正整数或负整数，单位为 pF。

3．电容器的标注方法

（1）直标法。容量单位为 F（法拉）、μF（微法）、nF（纳法）、pF（皮法或微微法）。1 法拉=10^6 微法=10^{12} 微微法，1 微法=10^3 纳法=10^6 微微法，1 纳法=10^3 微微法

例如，4n7 表示 4.7 nF 或 4 700 pF，0.22 表示 0.22 μF，51 表示 51 pF。

有时用大于 1 的两位以上的数字表示单位为 pF 的电容，如 101 表示 100 pF；用小于 1 的数字表示单位为 μF 的电容，如 0.1 表示 0.1 μF。

（2）数码表示法。一般用三位数字来表示容量的大小，单位为 pF。前两位为有效数字，后一位表示倍率，即乘以 10^i，i 为第三位数字，若第三位数字是 9，则乘 10^{-1}。例如，223J 代表 22×10^3 pF=22 000 pF=0.22 μF，允许误差为±5%；又如 479K 代表 47×10^{-1} pF，允许误差为±5%。这种表示方法最为常见。

（3）色码表示法。这种表示法与电阻器的色环表示法类似，颜色涂于电容器的一端或从顶端向引线排列。色码一般只有三种颜色，前两环为有效数字，第三环为倍率，单位为 pF。有时色环较宽，如红红橙，两个红色环涂成一个宽的，表示 22 000 pF。

B.3　电感器

1．电感器的分类

常用的电感器有固定电感器、微调电感器、色码电感器等。变压器、阻流圈、振荡线圈、偏转线圈、天线线圈、中周、继电器及延迟线和磁头等，都属于电感器种类。

2．电感器的主要技术指标

（1）电感量。在没有非线性导磁物质存在的条件下，一个载流线圈的磁通量与线圈中的电流成正比，其比例常数称为自感系数，用 L 表示，简称为电感，即：

$$L = \frac{\Phi}{I}$$

式中，Φ——磁通量；I——电流。

（2）固有电容。线圈各层、各匝之间、绕组与底板之间都存在着分布电容，统称为电感器的固有电容。

（3）品质因数。电感线圈的品质因数定义为：

$$Q = \frac{\omega L}{R}$$

式中，ω——工作角频率；L——线圈电感量，R——线圈的总损耗电阻。

（4）额定电流。线圈中允许通过的最大电流。

（5）线圈的损耗电阻。线圈的直流损耗电阻。

3．电感器电感量的标注方法

（1）直标法。单位为 H（亨利）、mH（毫亨）、μH（微亨）。

（2）数码表示法。方法与电容器的表注方法相同。

（3）色码表示法。这种表示法也与电阻器的色标法相似，色码一般有四种颜色，前两种颜色为有效数字，第三种颜色为倍率，单位为μH，第四种颜色是误差位。

B.4 半导体分立器件

1. 半导体分立器件的命名方法

（1） 我国半导体分立器件的命名法（见表 B-9）。

表 B-9 国产半导体分立器件型号命名法

第一部分		第二部分		第三部分				第四部分	第五部分
用数字表示器件电极的数目		用汉语拼音字母表示器件的材料和极性		用汉语拼音字母表示器件的类型				用数字表示器件序号	用汉语拼音表示规格的区别代号
符号	意义	符号	意义	符号	意义	符号	意义		
2	二极管	A	N 型，锗材料	P	普通管	D	低频大功率管		
		B	P 型，锗材料	V	微波管		(f_α<3 MHz,		
		C	N 型，硅材料	W	稳压管		P_C≥1 W）		
		D	P 型，硅材料	C	参量管	A	高频大功率管		
				Z	整流管		(f_α≥3 MHz,		
3	三极管	A	PNP 型，锗材料	L	整流堆		P_C≥1 W）		
		B	NPN 型，锗材料	S	隧道管	T	半导体闸流管		
		C	PNP 型，硅材料	N	阻尼管		（晶闸管整流器）		
		D	NPN 型，硅材料	U	光电器件	Y	体效应器件		
		E	化合物材料	K	开关管	B	雪崩管		
				X	低频小功率管	J	阶跃恢复管		
					（f_α<3 MHz,	CS	场效应器件		
					P_C<1 W）	BT	半导体特殊器件		
				G	高频小功率管	FH	复合管		
					（f_α≥3 MHz	PIN	PIN 型管		
					P_C<1 W）	JG	激光器件		

示例（见图 B-11）：

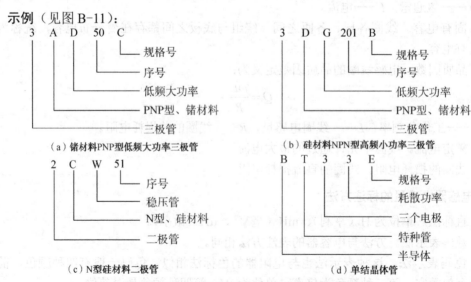

（a）锗材料PNP型低频大功率三极管　　（b）硅材料NPN型高频小功率三极管

（c）N型硅材料二极管　　（d）单结晶体管

图 B-11 国产半导体分立器件命名方法示例图

（2）国际电子联合会半导体器件命名法（见表 B-10）。

表 B-10　国际电子联合会半导体器件型号命名法

第一部分		第二部分				第三部分		第四部分	
用字母表示使用的材料		用字母表示类型及主要特性				用数字或字母加数字表示登记号		用字母对同一型号者分档	
符号	意义	符号	意义	符号	意义	符号	意义	符号	意义
A	锗材料	A	检波、开关和混频二极管	M	封闭磁路中的霍尔元件	三位数字	通用半导体器件的登记序号（同一类型器件使用同一登记号）	A B C D E …	同一型号器件按某一参数进行分档的标志
		B	变容二极管	P	光敏元件				
B	硅材料	C	低频小功率三极管	Q	发光器件				
		D	低频大功率三极管	R	小功率晶闸管				
		E	隧道二极管	S	小功率开关管				
C	砷化镓	F	高频小功率三极管	T	大功率晶闸管	一个字母加两位数字	专用半导体器件的登记序号（同一类型器件使用同一登记号）		
D	锑化铟	G	复合器件及其他器件	U	大功率开关管				
		H	磁敏二极管	X	倍增二极管				
R	复合材料	K	开放磁路中的霍尔元件	Y	整流二极管				
		L	高频大功率三极管	Z	稳压二极管即齐纳二极管				

示例（见图 B-12）：

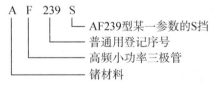

图 B-12　国际电子联合会半导体器件型号命名法示例图

国际电子联合会三极管型号命名法的特点：

① 这种命名法被欧洲许多国家采用。因此，凡型号以两个字母开头，并且第一个字母是 A、B、C、D 或 R 的三极管，大都是欧洲制造的产品或是按欧洲某一厂家专利生产的产品。

② 第一个字母表示材料（A 表示锗管，B 表示硅管），但不表示极性（NPN 型或 PNP 型）。

③ 第二个字母表示器件的类别和主要特点。例如，C 表示低频小功率管，D 表示低频大功率管，F 表示高频小功率管，L 表示高频大功率管等。若记住了这些字母的意义，不查手册也可以判断出类别，如 BL49 型一见便知是硅大功率专用三极管。

④ 第三部分表示登记顺序号。三位数字者为通用品；一个字母加两位数字者为专用

品，顺序号相邻的两个型号的特性可能相差很大。例如，AC184 为 PNP 型，而 AC185 则为 NPN 型。

⑤ 第四部分字母表示同一型号的某一参数（如 h_{FE} 或 N_F）进行分挡。

⑥ 型号中的符号均不反映器件的极性（指 NPN 或 PNP）。极性的确定需要查阅手册或测量。

（3）美国半导体器件型号命名法。美国三极管或其他半导体器件的型号命名法较混乱。这里介绍的是美国三极管标准型号命名法，即美国电子工业协会（EIA）规定的三极管分立器件型号的命名法，如表 B-11 所示。

表 B-11 美国电子工业协会半导体器件型号命名法

第一部分		第二部分		第三部分		第四部分		第五部分	
用符号表示 用途的类型		用数字表示 PN 结的数目		美国电子工业协会 （EIA）注册标志		美国电子工业协会 （EIA）登记顺序号		用字母表示 器件分档	
符号	意义	符号	意义	符号	意义	符号	意义	符号	意义
JAN 或 J	军用品	1	二极管	N	该器件已在美国电子工业协会注册登记	多位数字	该器件在美国电子工业协会登记的顺序号	A B C D ⋮	同一型号的不同档别
		2	三极管						
无	非军用品	3	三个 PN 结器件						
		n	n 个 PN 结器件						

示例（见图 B-13）：

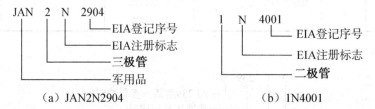

（a）JAN2N2904　　　　　　　　　（b）1N4001

图 B-13 美国电子工业协会半导体器件型号命名法示例图

美国三极管型号命名法的特点：

① 型号命名法规定较早，又未做过改进，型号内容很不完备。例如，对于材料、极性、主要特性和类型，在型号中不能反映出来。又如，2N 开头的既可能是一般三极管，也可能是场效应管。因此，仍有一些厂家按自己规定的型号命名法命名。

② 组成型号的第一部分是前缀，第五部分是后缀，中间的三部分为型号的基本部分。

③ 除去前缀以外，凡型号以 1N，2N，3N…开头的三极管分立器件，大都是美国制造的或按美国专利在其他国家制造的产品。

④ 第四部分数字只表示登记序号，而不含其他意义。因此，序号相邻的两器件可能特性相差很大。例如，2N3464 为硅 NPN，高频大功率管，而 2N3465 为 N 沟道场效应管。

⑤ 不同厂家生产的性能基本一致的器件，都使用同一个登记号。同一型号中某些参数的差异常用后缀字母表示。因此，型号相同的器件可以通用。

⑥ 登记序号数大的通常是近期产品。

（4）日本半导体器件型号命名法。日本半导体分立器件（包括三极管）或其他国家按日本专利生产的这类器件，都是按日本工业标准（JIS）规定的命名法（JIS－C－702）命名的。

日本半导体分立器件的型号，由五至七部分组成。通常只用到前五部分。前五部分符号及意义如表 B-12 所示。第六、七部分的符号及意义通常是各公司自行规定的。第六部分的符号表示特殊的用途及特性，其常用的符号有如下几种。

M——松下公司用来表示该器件符合日本防卫厅海上自卫队参谋部有关标准登记的产品。

N——松下公司用来表示该器件符合日本广播协会（NHK）有关标准的登记产品。

Z——松下公司用来表示专用通信用的可靠性高的器件。

H——日立公司用来表示专为通信用的可靠性高的器件。

K——日立公司用来表示专为通信用的塑料外壳的可靠性高的器件。

T——日立公司用来表示收发报机用的推荐产品。

G——东芝公司用来表示专为通信用的设备制造的器件。

S——三洋公司用来表示专为通信设备制造的器件。

第七部分的符号，常被用来作为器件某个参数的分档标志。例如，三菱公司常用 R、G、Y 等字母；日立公司常用 A、B、C、D 等字母，作为直流放大系数 h_{FE} 的分档标志。

表 B-12　日本半导体器件型号命名法

第一部分		第二部分		第三部分		第四部分		第五部分	
用数字表示类型或有效电极数		S 表示日本电子工业协会（EIAJ）的注册产品		用字母表示器件的极性及类型		用数字表示在日本电子工业协会登记的顺序号		用字母表示对原来型号的改进产品	
符号	意义	符号	意义	符号	意义	符号	意义	符号	意义
0	光电(即光敏)二极管、三极管及其组合管			A	PNP 型高频管		从 11 开始，表示在日本电子工业协会注册登记的顺序号，不同公司性能相同的器件可以使用同一顺序号，其数字越大越是近期产品		用字母表示对原来型号的改进产品
				B	PNP 型低频管				
1	二极管			C	NPN 型高频管			A	
				D	NPN 型低频管			B	
2	三极管、具有两个以上 PN 结的其他三极管	S	表示已在日本电子工业协会（EIAJ）注册登记的半导体分立器件	F	P 控制极晶闸管	四位以上的数字		C	
				G	N 控制极晶闸管			D	
				H	N 基极单结三极管			E	
3	具有四个有效电极或具有三个 PN 结的三极管			J	P 沟道场效应管			F	
：				K	N 沟道场效应管			：	
				M	双向晶闸管			：	
$n-1$	具有 n 个有效电极或具有 $n-1$ 个 PN 结的三极管								

示例（见图 B-14）：

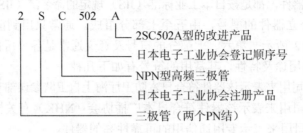

（a）2SC502A（**日本收音机中常用的中频放大管**）

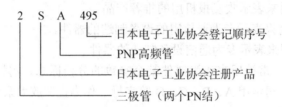

（b）2SA495（**日本夏普公司GF-9494收录机用小功率管**）

图 B-14　日本半导体器件型号命名法示例图

日本半导体器件型号命名法有如下特点。

① 型号中的第一部分是数字，表示器件的类型和有效电极数。例如，用"1"表示二极管，用"2"表示三极管。而屏蔽用的接地电极不是有效电极。

② 第二部分均为字母 S，表示日本电子工业协会注册产品，而不表示材料和极性。

③ 第三部分表示极性和类型。例如，用 A 表示 PNP 型高频管，用 J 表示 P 沟道场效应三极管。但是，第三部分既不表示材料，也不表示功率的大小。

④ 第四部分只表示在日本工业协会（EIAJ）注册登记的顺序号，并不反映器件的性能，顺序号相邻的两个器件的某一性能可能相差很远。例如，2SC2680 型的最大额定耗散功率为 200 mW，而 2SC2681 的最大额定耗散功率为 100 W。但是，登记顺序号能反映产品时间的先后，登记顺序号的数字越大，越是近期产品。

⑤ 第六、七两部分的符号和意义各公司不完全相同。

⑥ 日本有些半导体分立器件的外壳上标记的型号，常采用简化标记的方法，即把 2S 省略。例如，2SD764，简化为 D764，2SC502A 简化为 C502A。

⑦ 在低频管（2SB 和 2SD 型）中，也有工作频率很高的管子。例如，2SD355 的特征频率 f_T 为 100 MHz，所以，它们也可当高频管用。

⑧ 日本通常把 $P_{cm} \geqslant 1$ W 的管子称为大功率管。

2．常用半导体二极管的主要参数（见表 B-13）：

表 B-13　常用半导体二极管的主要参数

类型	参数 / 型号	最大整流电流（mA）	正向电流（mA）	正向压降（在左栏电流值下，V）	反向击穿电压（V）	最高反向工作电压（V）	反向电流（μA）	零偏压电容（pF）	反向恢复时间（ns）
普通检波二极管	2AP9	≤16	≥2.5	≤1	≥40	20	≤250	≤1	f_H(MHz)150
	2AP7	≤16	≥5		≥150	100			
	2AP11	≤25	≥10	≤1		≤10	≤250	≤1	f_H(MHz)40
	2AP17	≤15	≥10			≤100			
锗开关二极管	2AK1	≥150	≤1		30	10		≤3	≤200
	2AK2				40	20			
	2AK5	≥200	≤0.9		60	40		≤2	≤150
	2AK10	≥10	≤1		70	50		≤2	≤150
	2AK13	≥250	≤0.7		60	40			
	2AK14				70	50			
硅开关二极管	2CK70A～E	≥10	≤0.8	A≥30 B≥45 C≥60 D≥75 E≥90	A≥20 B≥30 C≥40 D≥50 E≥60	≤1.5		≤3
	2CK71A～E	≥20						≤4
	2CK72A～E	≥30						
	2CK73A～E	≥50						
	2CK74A～D	≥100	≤1			≤1	≤5
	2CK75A～D	≥150					
	2CK76A～D	≥200					
整流二极管	2CZ52B…H	2	0.1	≤1		25…600			同 2AP 普通二极管
	2CZ53B…M	6	0.3	≤1		50…1 000			
	2CZ54B…M	10	0.5	≤1		50…1 000			
	2CZ55B…M	20	1	≤1		50…1 000			
	2CZ56B…B	65	3	≤0.8		25…1 000			
	1N4001…4007	30	1	1.1		50…1 000	5		
	1N5391…5399	50	1.5	1.4		50…1 000	10		
	1N5400…5408	200	3	1.2		50…1 000	10		

3. 常用整流桥的主要参数（见表 B-14）

表 B-14　几种单相桥式整流器的参数

参数 型号	不重复正向浪涌电流（A）	整流电流（A）	正向电压降（V）	反向漏电（μA）	反向工作电压（V）	最高工作结温（℃）
QL1	1	0.05				
QL2	2	0.1			常见的分挡为：25，50，100，200，400，500，600，700，800，900，1 000	
QL4	6	0.3		≤10		
QL5	10	0.5	≤1.2			130
QL6	20	1				
QL7	40	2				
QL8	60	3		≤15		

4. 常用稳压二极管的主要参数（见表 B-15）

表 B-15　部分稳压二极管的主要参数

测试条件 参数 型号	工作电流为稳定电流 稳定电压（V）	稳定电压下 稳定电流（mA）	环境温度 <50 ℃ 最大稳定电流（mA）	反向漏电流	稳定电流下 动态电阻（Ω）	稳定电流下 电压温度系数（10⁻⁴/℃）	环境温度 <10 ℃ 最大耗散功率（W）
2CW51	2.5～3.5		71	≤5	≤60	≥-9	
2CW52	3.2～4.5		55	≤2	≤70	≥-8	
2CW53	4～5.8		41	≤1	≤50	-6～4	
2CW54	5.5～6.5	10	38		≤30	-3～5	0.25
2CW56	7～8.8		27		≤15	≤7	
2CW57	8.5～9.8		26	≤0.5	≤20	≤8	
2CW59	10～11.8		20		≤30	≤9	
2CW60	11.5～12.5	5	19		≤40	≤9	
2CW103	4～5.8	50	165	≤1	≤20	-6～4	
2CW110	11.5～12.5	20	76	≤0.5	≤20	≤9	1
2CW113	16～19	10	52	≤0.5	≤40	≤11	
2CW1A	5	30	240		≤20	—	1
2CW6C	15	30	70		≤8	—	1
2CW7C	6.0～6.5	10	30		≤10	0.05	0.2

5. 常用半导体三极管的主要参数

（1）3AX51(3AX31)型 PNP 型锗低频小功率三极管的主要参数（见表 B-16）。

表 B-16　3AX51(3AX31)型半导体三极管的主要参数

<table>
<tr><td colspan="2">原型号</td><td colspan="4">3AX31</td><td rowspan="2">测试条件</td></tr>
<tr><td colspan="2">新型号</td><td>3AX51A</td><td>3AX51B</td><td>3AX51C</td><td>3AX51D</td></tr>
<tr><td rowspan="5">极限参数</td><td>P_{CM}(mW)</td><td>100</td><td>100</td><td>100</td><td>100</td><td>T_a=25 ℃</td></tr>
<tr><td>I_{CM}(mA)</td><td>100</td><td>100</td><td>100</td><td>100</td><td></td></tr>
<tr><td>T_{jM}(℃)</td><td>75</td><td>75</td><td>75</td><td>75</td><td></td></tr>
<tr><td>BV_{CBO}(V)</td><td>≥30</td><td>≥30</td><td>≥30</td><td>≥30</td><td>I_C=1 mA</td></tr>
<tr><td>BV_{CEO}(V)</td><td>≥12</td><td>≥12</td><td>≥18</td><td>≥24</td><td>I_C=1 mA</td></tr>
<tr><td rowspan="4">直流参数</td><td>I_{CBO}(μA)</td><td>≤12</td><td>≤12</td><td>≤12</td><td>≤12</td><td>U_{CB}=-10 V</td></tr>
<tr><td>I_{CEO}(μA)</td><td>≤500</td><td>≤500</td><td>≤300</td><td>≤300</td><td>U_{CE}=-6 V</td></tr>
<tr><td>I_{EBO}(μA)</td><td>≤12</td><td>≤12</td><td>≤12</td><td>≤12</td><td>U_{EB}=-6 V</td></tr>
<tr><td>h_{FE}</td><td>40～150</td><td>40～150</td><td>30～100</td><td>25～70</td><td>U_{CE}=-1 V，I_C=50 mA</td></tr>
<tr><td rowspan="6">交流参数</td><td>f_α(kHz)</td><td>≥500</td><td>≥500</td><td>≥500</td><td>≥500</td><td>U_{CB}=-6 V，I_E=1 mA</td></tr>
<tr><td>N_F(dB)</td><td>—</td><td>≤8</td><td>—</td><td>—</td><td>U_{CB}=-2 V，I_E=0.5 mA，f=1 kHz</td></tr>
<tr><td>h_{ie}(kΩ)</td><td>0.6～4.5</td><td>0.6～4.5</td><td>0.6～4.5</td><td>0.6～4.5</td><td rowspan="4">U_{CB}=-6 V，I_E=1 mA，f=1 kHz</td></tr>
<tr><td>h_{re}(×10)</td><td>≤2.2</td><td>≤2.2</td><td>≤2.2</td><td>≤2.2</td></tr>
<tr><td>h_{oe}(μs)</td><td>≤80</td><td>≤80</td><td>≤80</td><td>≤80</td></tr>
<tr><td>h_{fe}</td><td>—</td><td>—</td><td>—</td><td>—</td></tr>
<tr><td colspan="2">h_{FE} 色标分挡</td><td colspan="5">（红）25～60，（绿）50～100，（蓝）90～150</td></tr>
<tr><td colspan="2">引脚</td><td colspan="5" align="center">B
E　C</td></tr>
</table>

（2）3AX81 型 PNP 型锗低频小功率三极管的参数（见表 B-17）。

表 B-17　3AX81 型 PNP 型锗低频小功率三极管的参数

<table>
<tr><td colspan="2">型　号</td><td>3AX81A</td><td>3AX81B</td><td>测试条件</td></tr>
<tr><td rowspan="6">极限参数</td><td>P_{CM}(mW)</td><td>200</td><td>200</td><td></td></tr>
<tr><td>I_{CM}(mA)</td><td>200</td><td>200</td><td></td></tr>
<tr><td>T_{jM}(℃)</td><td>75</td><td>75</td><td></td></tr>
<tr><td>BV_{CBO}(V)</td><td>-20</td><td>-30</td><td>I_C=4 mA</td></tr>
<tr><td>BV_{CEO}(V)</td><td>-10</td><td>-15</td><td>I_C=4 mA</td></tr>
<tr><td>BV_{EBO}(V)</td><td>-7</td><td>-10</td><td>I_E=4 mA</td></tr>
<tr><td rowspan="6">直流参数</td><td>I_{CBO}(μA)</td><td>≤30</td><td>≤15</td><td>U_{CB}=-6 V</td></tr>
<tr><td>I_{CEO}(μA)</td><td>≤1000</td><td>≤700</td><td>U_{CE}=-6 V</td></tr>
<tr><td>I_{EBO}(μA)</td><td>≤30</td><td>≤15</td><td>U_{EB}=-6 V</td></tr>
<tr><td>U_{BES}(V)</td><td>≤0.6</td><td>≤0.6</td><td>U_{CE}=-1 V，I_C=175 mA</td></tr>
<tr><td>U_{CES}(V)</td><td>≤0.65</td><td>≤0.65</td><td>$U_{CE}=U_{BE}$，U_{CB}=0，I_C=200 mA</td></tr>
<tr><td>h_{FE}</td><td>40～270</td><td>40～270</td><td>U_{CE}=-1 V，I_C=175 mA</td></tr>
</table>

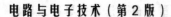

电路与电子技术（第2版）

续表

型　号		3AX81A	3AX81B	测 试 条 件
交流 参数	f_β(kHz)	≥6	≥8	U_{CB}=-6 V, I_E=10 mA
h_{FE}色标分挡		（黄）40～55，（绿）55～80，（蓝）80～120，（紫）120～180，（灰）180～270，（白）270～400		
引脚				

（3）3BX31 型 NPN 型锗低频小功率三极管的参数（见表 B-18）。

表 B-18　3BX31 型 NPN 型锗低频小功率三极管的参数

型　号		3BX31M	3BX31A	3BX31B	3BX31C	测 试 条 件
极限 参数	P_{CM}(mW)	125	125	125	125	T_a=25 ℃
	I_{CM}(mA)	125	125	125	125	
	T_{jM}(℃)	75	75	75	75	
	BV_{CBO}(V)	-15	-20	-30	-40	I_C=1 mA
	BV_{CEO}(V)	-6	-12	-18	-24	I_C=2 mA
	BV_{EBO}(V)	-6	-10	-10	-10	I_E=1 mA
直流 参数	I_{CBO}(μA)	≤25	≤20	≤12	≤6	U_{CB}=6 V
	I_{CEO}(μA)	≤1000	≤800	≤600	≤400	U_{CE}=6 V
	I_{EBO}(μA)	≤25	≤20	≤12	≤6	U_{EB}=6 V
	U_{BES}(V)	≤0.6	≤0.6	≤0.6	≤0.6	U_{CE}=6 V, I_C=100 mA
	U_{CES}(V)	≤0.65	≤0.65	≤0.65	≤0.65	U_{CE}=U_{BE}, U_{CB}=0, I_C=125 mA
	h_{FE}	80～400	40～180	40～180	40～180	U_{CE}=1 V, I_C=100 mA
交流 参数	f_β(kHz)	—		≥8	f_α≥465	U_{CB}=-6 V, I_E=10 mA
h_{FE}色标分挡见		（黄）40～55，（绿）55～80，（蓝）80～120，（紫）120～180，（灰）180～270， （白）270～400				
引脚						

（4）3DG100(3DG6) 型 NPN 型硅高频小功率三极管的参数（见表 B-19）。

表 B-19　3DG100(3DG6) 型 NPN 型硅高频小功率三极管的参数

原　型　号		3DG6				测 试 条 件
新　型　号		3DG100A	3DG100B	3DG100C	3DG100D	
极限 参数	P_{CM}(mW)	100	100	100	100	
	I_{CM}(mA)	20	20	20	20	
	BV_{CBO}(V)	≥30	≥40	≥30	≥40	I_C=100 μA
	BV_{CEO}(V)	≥20	≥30	≥20	≥30	I_C=100 μA
	BV_{EBO}(V)	≥4	≥4	≥4	≥4	I_E=100 μA

续表

原 型 号		3DG6				测 试 条 件
新 型 号		3DG100A	3DG100B	3DG100C	3DG100D	
直流参数	$I_{CBO}(\mu A)$	≤0.01	≤0.01	≤0.01	≤0.01	U_{CB}=10 V
	$I_{CEO}(\mu A)$	≤0.1	≤0.1	≤0.1	≤0.1	U_{CE}=10 V
	$I_{EBO}(\mu A)$	≤0.01	≤0.01	≤0.01	≤0.01	U_{EB}=1.5 V
	$U_{BES}(V)$	≤1	≤1	≤1	≤1	I_C=10mA, I_B=1 mA
	$U_{CES}(V)$	≤1	≤1	≤1	≤1	I_C=10mA, I_B=1 mA
	h_{FE}	≥30	≥30	≥30	≥30	U_{CE}=10V, I_C=3 mA
交流参数	$f_T(MHz)$	≥150	≥150	≥300	≥300	U_{CB}=10 V, I_E=3 mA, f=100 MHz, R_L=5 Ω
	$K_P(dB)$	≥7	≥7	≥7	≥7	U_{CB}=−6 V, I_E=3 mA, f=100 MHz
	$C_{ob}(pF)$	≤4	≤4	≤4	≤4	U_{CB}=10 V, I_E=0
h_{FE}色标分挡		（红）30～60，（绿）50～110，（蓝）90～160，（白）>150				
引脚						

（5）3DG130(3DG12) 型 NPN 型硅高频小功率三极管的参数（见表 B–20）。

表 B–20　3DG130（3DG12）型 NPN 型硅高频小功率三极管的参数

原 型 号		3DG12				测 试 条 件
新 型 号		3DG130A	3DG130B	3DG130C	3DG130D	
极限参数	$P_{CM}(mW)$	700	700	700	700	
	$I_{CM}(mA)$	300	300	300	300	
	$BV_{CBO}(V)$	≥40	≥60	≥40	≥60	I_C=100 μA
	$BV_{CEO}(V)$	≥30	≥45	≥30	≥45	I_C=100 μA
	$BV_{EBO}(V)$	≥4	≥4	≥4	≥4	I_E=100 μA
直流参数	$I_{CBO}(\mu A)$	≤0.5	≤0.5	≤0.5	≤0.5	U_{CB}=10 V
	$I_{CEO}(\mu A)$	≤1	≤1	≤1	≤1	U_{CE}=10 V
	$I_{EBO}(\mu A)$	≤0.5	≤0.5	≤0.5	≤0.5	U_{EB}=1.5 V
	$U_{BES}(V)$	≤1	≤1	≤1	≤1	I_C=100 mA, I_B=10 mA
	$U_{CES}(V)$	≤0.6	≤0.6	≤0.6	≤0.6	I_C=100 mA, I_B=10 mA
	h_{FE}	≥30	≥30	≥30	≥30	U_{CE}=10 V, I_C=50 mA
交流参数	$f_T(MHz)$	≥150	≥150	≥300	≥300	U_{CB}=10 V, I_E=50 mA, f=100 MHz, R_L=5 Ω
	$K_P(dB)$	≥6	≥6	≥6	≥6	U_{CB}=−10 V, I_E=50 mA, f=100 MHz
	$C_{ob}(pF)$	≤10	≤10	≤10	≤10	U_{CB}=10 V, I_E=0
h_{FE}色标分挡		（红）30～60，（绿）50～110，（蓝）90～160，（白）>150				
引脚						

（5）9011～9018塑封硅三极管的参数（见表B-21）。

表B-21 9011～9018塑封硅三极管的参数

型 号		(3DG) 9011	(3CX) 9012	(3DX) 9013	(3DG) 9014	(3CG) 9015	(3DG) 9016	(3DG) 9018
极限参数	P_{CM}(mW)	200	300	300	300	300	200	200
	I_{CM}(mA)	20	300	300	100	100	25	20
	BV_{CBO}(V)	20	20	20	25	25	25	30
	BV_{CEO}(V)	18	18	18	20	20	20	20
	BV_{EBO}(V)	5	5	5	4	4	4	4
直流参数	I_{CBO}(μA)	0.01	0.5	0.5	0.05	0.05	0.05	0.05
	I_{CEO}(μA)	0.1	1	1	0.5	0.5	0.5	0.5
	I_{EBO}(μA)	0.01	0.5	0.5	0.05	0.05	0.05	0.05
	U_{CES}(V)	0.5	0.5	0.5	0.5	0.5	0.5	0.35
	U_{BES}(V)		1	1	1	1	1	1
	h_{FE}	30	30	30	30	30	30	30
交流参数	f_T(MHz)	100	—	—	80	80	500	600
	C_{ob}(pF)	3.5	—	—	2.5	4	1.6	4
	K_P(dB)		—	—	—	—	—	10
h_{FE}色标分挡		（红）30～60，（绿）50～110，（蓝）90～160，（白）>150						
引脚		EBC						

6. 常用场效应三极管主要参数（见表B-22）

表B-22 常用场效应三极管主要参数

参数名称	N沟道结型				MOS型N沟道耗尽型		
	3DJ2 D～H	3DJ4 D～H	3DJ6 D～H	3DJ7 D～H	3D01 D～H	3D02 D～H	3D04 D～H
饱和漏源电流 I_{DSS}(mA)	0.3～10	0.3～10	0.3～10	0.35～1.8	0.35～10	0.35～25	0.35～10.5
夹断电压 U_{GS}(V)	<|1～9|	<|1～9|	<|1～9|	<|1～9|	≤|1～9|	≤|1～9|	≤|1～9|
正向跨导 g_m(μV)	>2 000	>2 000	>1 000	>3 000	≥1 000	≥4 000	≥2 000
最大漏源电压 BV_{DS}(V)	>20	>20	>20	>20	>20	>12～20	>20
最大耗散功率 P_{DNi}(mW)	100	100	100	100	100	25～100	100
栅源绝缘电阻 r_{GS}(Ω)	≥10^8	≥10^8	≥10^8	≥10^8	≥10^8	≥10^8～10^9	≥100
引脚		S G D 或			S D G		

B.5 模拟集成电路

1. 国产模拟集成电路命名方法（见表 B-23）

表 B-23 器件型号的组成

第零部分		第一部分		第二部分	第三部分		第四部分	
用字母表示器件符合国家标准		用字母表示器件的类型		用阿拉伯数字表示器件的系列和品种代号	用字母表示器件的工作温度范围		用字母表示器件的封装	
符号	意义	符号	意义		符号	意义	符号	意义
C	中国制造	T	TTL		C	0～70 ℃	W	陶瓷扁平
		H	HTL		E	−40～85 ℃	B	塑料扁平
		E	ECL		R	−55～85 ℃	F	全封闭扁平
		C	CMOS		M ⋮	−55～125 ℃ ⋮	D	陶瓷直插
		F	线性放大器				P	塑料直插
		D	音响、电视电路				J	黑陶瓷直插
		W	稳压器				K	金属菱形
		J	接口电路				T	金属圆形

示例：（见图 B-15）

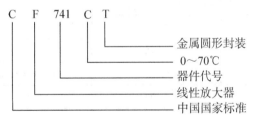

C F 741 C T

- 金属圆形封装
- 0～70℃
- 器件代号
- 线性放大器
- 中国国家标准

图 B-15 国产模拟集成电路命名方法示例图

2. 国外部分公司及产品代号（见表 B-24）

表 B-24 国外部分公司及产品代号

公 司 名 称	代 号	公 司 名 称	代 号
美国无线电公司（BCA）	CA	美国悉克尼特公司（SIC）	NE
美国国家半导体公司（NSC）	LM	日本电气工业公司（NEC）	μPC
美国莫托洛拉公司（MOTA）	MC	日本日立公司（HIT）	RA
美国仙童公司（PSC）	μA	日本东芝公司（TOS）	TA
美国德克萨斯公司（TII）	TL	日本三洋公司（SANYO）	LA，LB
美国模拟器件公司（ANA）	AD	日本松下公司	AN
美国英特西尔公司（INL）	IC	日本三菱公司	M

3. 部分模拟集成电路引脚排列（见图 B-16）

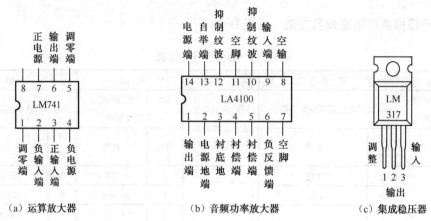

（a）运算放大器　　　　　（b）音频功率放大器　　　　（c）集成稳压器

图 B-16　部分模拟集成电路引脚排列图

4. 部分模拟集成电路主要参数

（1）μA741 运算放大器的主要参数（见表 B-25）。

表 B-25　μA741 运算放大器的主要参数

电源电压 $+U_{CC}$、$-U_{EE}$	+3V～+18 V，典型值+15 V	工 作 频 率	10 kHz
	−3V～−18 V，典型值−15 V		
输入失调电压 U_{IO}	2 mV	单位增益带宽积 $A_u \cdot BW$	1 MHz
输入失调电流 I_{IO}	20 nA	转换速率 S_R	0.5 V/μs
开环电压增益 A_{uo}	106 dB	共模抑制比 CMRR	90 dB
输入电阻 R_i	2 MΩ	功率消耗	50 mW
输出电阻 R_o	75 Ω	输入电压范围	±13 V

（2）LA4100、LA4102 音频功率放大器的主要参数（见表 B-26）。

表 B-26　LA4100、LA4102 音频功率放大器的主要参数

参数名称（单位）	条　　件	典 型 值	
		LA4100	LA4102
耗散电流（mA）	静　态	30.0	26.1
电压增益（dB）	R_{NF}=220 Ω，f=1 kHz	45.4	44.4
输出功率（W）	THD=10%，f=1 kHz	1.9	4.0
总谐波失真×100	P_O=0.5 W，f=1 kHz	0.28	0.19
输出噪声电压（mV）	R_g=0，U_G=45 dB	0.24	0.21

注：$+U_{CC}$=+6 V(LA4100)，$+U_{CC}$=+9 V(LA4102)，R_L=8 Ω。

（3）CW7805、CW7812、CW7912、CW317 集成稳压器的主要参数（见表 B-27）。

表 B-27　CW7805、CW7812、CW7912、CW317 集成稳压器的主要参数

参数名称（单位）	CW7805	CW7812	CW7912	CW317
输入电压（V）	10	19	-19	≤40
输出电压范围（V）	4.75～5.25	11.4～12.6	-11.4～-12.6	1.2～37
最小输入电压（V）	7	14	14	$3 \leqslant U_i - U_o \leqslant 40$
电压调整率（mV）	3	3	3	0.02%（V）
最大输出电流（A）	加散热片可达 1 A			1.5